미적분 직관하기

미적분 직관하기

박원균 지음

1

눈으로 푸는 미분의 비밀

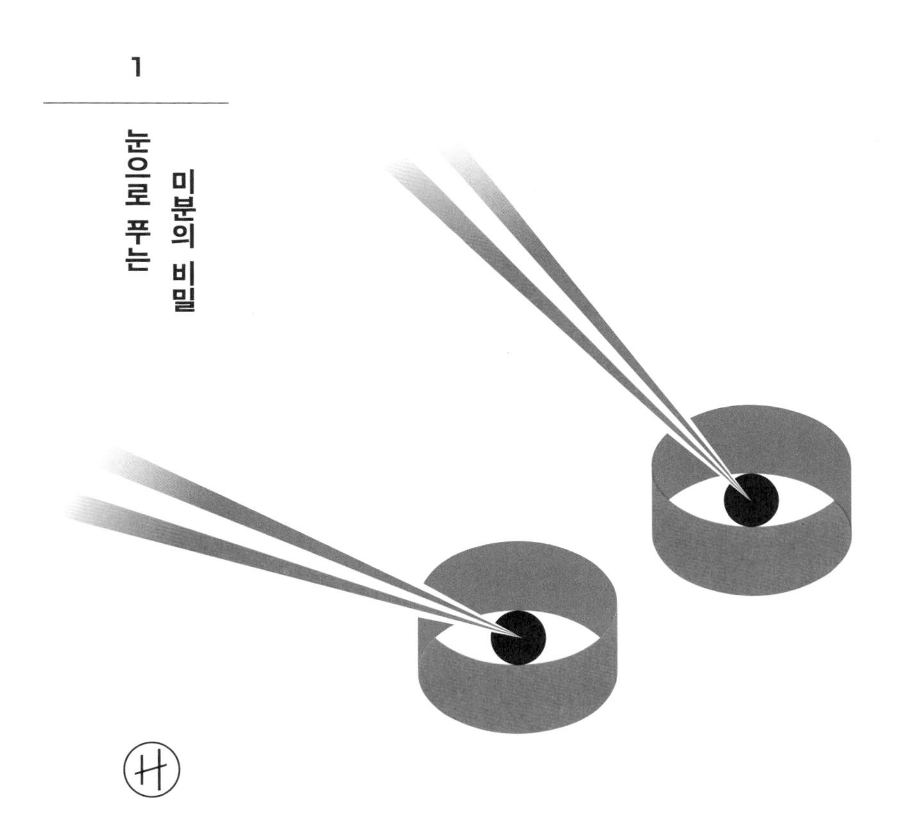

이 책을 먼저 읽은 분들의 찬사

류희찬(전 대한수학교육학회 회장, 전 한국교원대 총장)

이 책은 오랫동안 고등학교에서 미적분을 지도해온 한 수학 교사의 교수학적 노력의 소산으로, 그가 가진 수학적 사유의 깊이와 인문학적 소양의 폭을 음미할 수 있다. 책에 대단한 공력이 느껴진다. 이 책을 통해 미적분이 자연과 사회 현상을 이해하고 통제하는 지혜의 원천임을 직관할 수 있기를 희망한다. 특히 사범대생들이나 수학을 가르치는 사람들에게는 필독서라고 확신한다.

박부성(경남대 수학교육과 교수)

어떤 주제든 한번 붙잡으면 진지하게 파고들어 자기만의 세계를 굳건하게 만들어내던 수학 선생님답게 미적분을 설명하는 멋진 책을 만들어냈다. 미적분이 어려운 과목으로 통하지만, 그 기저를 이루는 직관적 아이디어를 설명하는 책은 많지 않았다. 이 책을 통해 미적분을 조금 다른 관점에서, 하지만 그것이 얼마나 자연스러운지를 깨닫는 계기가 되리라 믿는다.

한석만(깊은생각 원장)

이 책을 통해 딱딱한 교과서 너머에 있는 거인들의 통찰을 접했을 때, '우리도 거인들의 어깨 위에 서면 만물의 이치를 깨달을 수 있다'는 젊은 날의 열정이 새삼 떠올랐다. 획기적인 과학기술이 미래를 이끄는 시대에 이 책은 '꿈꿀 기회, 틀릴 각오를 하고 과감히 생각할 용기가 여전히 우리 모두에게 있음'을 일깨워준다. 고등학생들에게 수학을 가르치며 미래 세대와 교감하려 고군분투하는 '산골 소년'의 정겨운 고백은 무수한 '수포자 어른'들에게도 청소년기의 추억과 함께 또다시 거인들과 마주할 기회를 제공할 것이다.

김흥태(전 성남고 수학 교사)

퇴직하던 해에 선배 교사로서 원고 검토를 부탁받았다. 원고를 공부하듯 꼼꼼히 읽어보고 나서 돌려주며 했던 말이 아직도 기억이 난다.

"박 선생! 이런 책을 왜 이제야 주는 거야? 미리 줬으면 내가 좀 더 나은 수학 교사가 됐을 텐데 말이야."

차순규(중동중 교장, 전 EBS 집필자)

이 책은 미적분을 배우고 있는 고등학생은 물론, 미적분에 관심이 있는 중학생부터 일반인까지, 심지어 미적분을 가르치고자 하는 예비 교사나 선생님들마저 진정한 미적분의 세계로 빠져들게 하는 매우 흥미로운 안내서다. 특히 우주와 과학 이야기와 수학사를 곁들여 읽는 즐거움이 있으며, 미적분의 직관적인 매력을 깊이 있게 탐구할 수 있는 기회를 제공한다.

김배균(성남고 국어 교사)

주로 '언어'와 '문학'을 통해 인생의 극한값을 찾아온 국어 교사인 나는, 두 발은 물론 눈빛으로도 다다를 수 없는 무한한 세계를 탐색하기 위해 미적분을 낳고 기른 수학자들의 이야기에 빠져 수학과 우주 속을 여행하다 인생의 새로운 극한값 하나를 더 찾은 느낌이다.

김민경(둔촌고 수학 교사, EBS 집필자)

책을 읽는 내내, 내가 이미 알고 있다고 생각했던 것조차 제대로 알고 있는 것이 아니었다는 깨달음과 반성의 연속이었다. 앞으로는 나 자신에게, 그리고 학생들에게 자주 이렇게 말해야겠다. "상상해봐! 직관이라는 열차를 타고 수학의 원리를 통찰하는 여행을!" 2권의 적분 여행은 또 날 얼마나 설레게 할지 벌써부터 기대된다.

송교식(엠솔리드 연구고문, 전 한성과학고 교사)

이 책을 읽다 보면 교사의 열정과 학생들의 호기심으로 생동감 넘치는 교실에 나도 함께 있었으면 어떨까 상상하게 한다. 뉴턴이 세상의 원리를 설명하기 위해 미분을 발견했다면, 이 책은 수학의 본질을 설명하기 위해 미분의 아름다움을 보여준다.

류지수(녹동중학교 교감)

고등학교 교사로서 연수생의 입장이 되어 박원균 선생님께 출제 관련 연수를 받던 첫 시간, 선생님은 우리 연수생들을 새로운 수학의 세계로 안내했다. 수학적 직관과 상상력을 통해 천재 수학자의 생각, 미적분의 역사, 수능 문제들에 숨어 있는 수학의 원초를 보고 깨닫는 경험은 소중한 특권이었다. 학교 수학에 생명을 불어넣는 이 책을 통해 연수 내내 느꼈던 놀라움과 감동을 다시금 느낄 수 있었다.

김현식(고등학생)

선생님의 수업은 시험 점수를 위해서만 공부하는 우리에게 수학을 아주 색다른 시각으로 바라볼 수 있는 소중한 기회였다. 선생님의 책을 한 글자 한 글자 읽다 보니 어느새 미적분의 아름다움을 넘어 우주의 신비로움까지 느끼고 있는 나를 발견할 수 있었다.

이승훈(고등학생)

선생님의 수업을 통해 아르키메데스의 적분부터 뉴턴과 라이프니츠의 미적분까지의 역사를 생생하게 알게 되었고, 미적분의 여러 공식들의 직관적 의미까지 알게 되어 매우 행복했다. 그리고 극한 문제를 전혀 새로운 관점에서 바라보는 시각을 가질 수 있었다.

김승우(고등학생)

무한소인 dx와 dy를 이용해 미분과 적분을 설명하신 선생님의 수업을 듣고 큰 충격을 받았다. 항상 공식으로만 문제를 풀었었는데, '왜 그럴까?'라는 의문을 단 한 번도 스스로에게 던지지 않았던 나를 성찰하고 돌아보는 계기가 되었다.

김홍윤(고등학생)

수학의 역사와 개념뿐만 아니라 수능 문제들을 직접 눈으로 보고 관찰하다 보니 수학의 아름다움을 알게 되었고 수학을 바라보는 눈이 한층 높아진 것 같다. 이제는 학교에서 수학을 왜 배우는지 알겠다.

심우진(고등학생)

선생님의 수업은 나에게 가장 많은 깨달음을 주는 수업이다. 그야말로 머리가 깨이는 경험을 한다. 선생님은 교과서, 학교 수업, 학원 수업, 문제집 그 어디에서도 보지 못했던 수학의 본질을 보여주신다. 선생님의 수업은 가장 수학적인 동시에 가장 흥미롭다. 이 책은 미적분이라는 세계를 탐험할 때 없어서는 안 될 필수품이라고 생각하고, 나는 이 책을 평생 소장하며 읽고 또 읽을 것이다.

김민준(고등학생)

학교에서 선생님의 수업이 끝나는 종이 울릴 때면 날마다 머리를 명쾌하게 얻어맞는 듯 했다. 대한민국의 학생으로서 충실히 수학 공부를 해왔던 나였지만, 수학 교과서 너머의 '진짜' 수학은 생각하지 못했던 것이다. 선생님은 늘 수업을 통해 나에게 수학의 원리에 대한 가르침과 더불어 양의 무한대로 발산하는 크기의 재미까지 주셨다. 선생님의 수업을 통해 교과 과목 그 이상도 이하도 아니었던 수학이란 과목을 학문이자 놀이로서 느끼게 된 나처럼, 이 책을 읽는 많은 사람들이 머리에 시원한 파도가 덮친 듯한 깨달음과 수학을 향한 흥미까지 느끼게 되길 바란다.

송승기(고등학생)

박원균 선생님이 보여주는 수학은 학생들이 평상시에 문제 풀이의 대상으로만 바라보는 수학과는 결이 좀 다르다. 수학의 정석이라기보단 수학의 정수, 수학의 본질을 꿰뚫는 수업을 하신다. 나도 수학을 나름 좋아한다고 생각하긴 했지만, 박원균 선생님을 만나서 수학에 대한 탐구욕과 사랑이 싹텄다. 이 책을 마주하면 지금까지 당신이 가지고 있던 수학에 대한 관점과는 다른 참신함과 수학의 깊이에 경외심을 가지게 될 것이다. 수학에 대한 흥미를 느끼고 수학을 좋아할 수 있게 만드는 이 책을 독자 여러분께 진심으로 추천한다.

도수현(고등학생)

수학 박물관에서 경험 많은 해설사로부터 최고의 안내를 받은 것만 같다. 미적분의 역사가 머릿속에 강하게 각인되었다. 극한과 관련된 문제를 보면 수식을 통한 접근만을 고수했었는데, 문제 상황에 대해 생각해보며 문제 해결의 열쇠를 붙잡아보는 경험은 귀한 지적 자산이 되었다. '직관과 논리의 겸비!' 마음속과 머릿속에 새겨둘 만한 생각이다.

한도윤(고등학생)

평소에 우리가 수학 문제를 풀 때 아무 생각 없이 지나가는 것을 하나하나 생각하고 고민하는 방식이 수학의 본질을 향해 가는 느낌이었다. 잠시나마 내가 아르키메데스, 뉴턴, 라이프니츠가 된 것 같은 기분을 느낄 수 있어서 좋았다.

이현우(고등학생)

극한이라는 이름 자체가 뭔가 무서웠는데 직관으로 문제가 해결되는 것을 보고 자신감이 생겼다.

윤민영(고등학생)

스스로 생각하며 스스로 발견하는 경험을 맘껏 할 수 있는, 시간이 지나서도 잊지 못할 최고의 수업이었다.

권예원(고등학생)

미적분을 모르더라도 그동안 내가 배웠던 지식으로 직접 그래프나 도형을 상상으로 그려보면서 수능 문제들을 풀 수 있다는 것 자체가 너무나 신기했다.

들어가며

이해하는 수학에서 발견하는 수학으로

고등학교에서 수학을 가르친 지 어느덧 30년 가까이 되었다. 수학은 내가 고등학교 시절 가장 자신 있었던 과목이었지만, 막상 가르치는 입장이 되어보니 미처 몰랐던 점과 더 배워야 할 점이 많다는 것을 깨달았다. 운이 좋게도 EBS를 비롯한 여러 문제집을 쓸 수 있는 기회를 얻었고, 교과서 집필의 경험도 할 수 있었다. 그 과정에서 다양한 생각과 재미있는 발상들을 계속 만났고, 이러한 발견들이 나를 살아 있게 했다. 무언가를 새롭게 깨달을 때의 희열이 오늘도 나를 수학으로 이끈다.

학생들은 수학이 원래부터 완벽하게 태어나 영원히 지고지순하게 존재하는 학문인 줄 안다. 나 역시 고등학교 시절에는 뉴턴과 라이프니츠가 지금 교과서에 나오는 그대로 미적분을 만들었다고 생각했다. 교과서 속 수학 개념들은 역사와 무관하게 학생들의 학습에 가장 적합한 방식으로 재구성되어 있기 때문에 생기는 당연한 오해였다. 전문가들이 교육 과정을 이렇게 구성한 이유는 수학을 가장 정확하고 효율적으로 가르치는 길이라고 판단했기 때문이리라.

하지만 나는 학생들에게 수학의 본모습을 보여주는 것도 중요하다고 생각하여 교과서의 내용을 수학사의 흐름에 맞춰 재구성하거나, 학생들이 스스로 수학자가 되어 어설프게나마 수학을 직접 만들어보는 경험을 할 수 있도록 다양한 시나리오를 만들고 적용해왔다. 자신의 관점을 견지하며 학생들의 수준에 따라 가르치는 것은 모든 교사가 항상 고민하며 실천하고 있는 일임에도 결코 쉬운 일이 아니라 실패한 적도 많았다. 그럼에도 내가 계속해서 이런 시도를 하는 이유는 수학 수업에서 항상 마주하는 '큰 방해물'을 깨기 위함이다. 바로 많은 학생들이 수업 시간에 배울 내용들을 이미 어디선가 '듣고' 온다는 현실이다. 나의 고등학교 시절에는 몇몇 학생들이 무언가 미리 '읽고' 왔었다는 차이점이 있다.

다행히 수학은 선행 학습 삼아 한두 번 듣거나 읽는 것만으로는 완벽히 이해하기 어려운 과목이라 교사로서의 역할이 여전히 남아 있긴 하다. 하지만 많은 학생들이 내가 가르칠 내용을 이미 알고 있다고 생각하고 교과서의 문제들을 가벼이 여기며 수업에 임하는 현실에서, 교과서 내용을 그대로 가르치는 것은 우선 나부터 재미가 없어서 견딜 수 없었다. 내가 재미없는데 어떻게 학생들이 내 수업을 통해 수학에서 재미를 느끼겠는가?

학생들이 배운 방법대로만 외우고 문제를 풀며 오로지 답을 빨리 맞히는 것에만 목표를 두는 현실도 매우 안타까웠다. 수학을 하면서 얻을 수 있는 진정한 기쁨은 어려운 문제를 해결하는 경험보다는 새로운 생각의 발견에서 온다고 믿기 때문이다.

수학은 생각하는 법을 배우는 학문이다. 내가 꿈꾸는 수업의 목표는 '학생들이 이해하도록 돕는 것'을 넘어 '학생들이 스스로 발견하도록 돕는 것'이다. 그렇게 수업 시간에 학생들에게 가장 자주 묻는 질문은 "왜?"가 되었다.

"왜 수학자들은 $2^0=1$이라고 정의했을까?"

"왜 수학자들은 $180°$를 π라디안으로 정의했을까?"

"수학자들은 미분을 왜 만들었을까?"

"곱의 미분법은 왜 $\{f(x)g(x)\}'=f'(x)g'(x)$가 아닐까?"

수학 문제를 풀 때면 "어떻게 풀 것인가?" 못지않게 "왜 그렇게 풀어야 하는가?"를 스스로 납득해야 함이 중요하다는 것을 강조했다. 수업 시간마다 개념이나 원리의 탄생 배경, 문제를 해결하는 다양한 방법, 문제의 답을 구한 뒤 그 의미를 되새기는 경험 등을 학생들과 나누고자 했다.

그러나 제한된 수업시수와 학생들 간의 수준 차이를 극복하며 내 생각을 온전히 전달하기란 여간 어려운 일이 아니었다. 언제부턴가 수업이 아닌 책을 통해서 이야기해보자는 생각을 하게 되었다. 비록 학생들이 책이 아닌 영상에 더 많은 관심과 시간을 쏟는 시대지만, 스스로 읽고 생각하며 깨닫는 것보다 더 좋은 배움의 길은 없다는 믿음으로 수학 교사로 살면서 느꼈던 고민과 탐구의 결실, 실제 수업을 통해 재구성한 결과물들을 정리해보기로 마음먹었다. 설레는 마음으로 밤을 새우며 첫 원고를 쓴 지 어느덧 4년이 지났다.

물론 지금도 재미있고 유익한 수학 이야기를 담은 훌륭한 책들이 참으로 많다. 하지만 그러한 책들이 교과 내용과는 꽤 동떨어져 있어 입시를 앞둔 고등학생들이 깊은 관심을 갖고 집중하며 보기는 쉽지 않다는 점도 안타깝지만 부인하기 어렵다. 이런 현실 속에서 이 책 《미적분 직관하기》는 교과서를 전제로 하되 이를 색다른 시각으로 좀 더 깊게 들여다보며 이야기하고자 했다. 수학 문제를 해결하는 능력의 향상에도 실질적인 도움이 될 수 있게 말이다.

이 책의 큰 흐름은 인류 지성사의 가장 커다란 혁명인 미적분의 역사를 따라간다. 무엇이든 역사를 알아야 올바르게 이해할 수 있기 때문이다. 그러는 와중에도 단편적인 수학사가 아니라 미적분의 탄생 과정에서 수학자들이 떠올렸던 발상과 영감은 물론 그들이 겪었던 시행착오들도 생생하게 전달하고자 했다. 수학에도 많은 실패와 시행착오, 많은 도전과 진화의 역사가 있었다는 사실을 알리고, 수학도 매우 인간적인 과정을 거쳐 만들어진 학문이라는 감정을 전하고 싶었다.

한편, 나는 수업 시간마다 학생들에게 새로운 생각, 새로운 관점, 새로운 접근에 관한 이야기를 자주 한다. 그러다 보니 '직관'에 대해 자주 강조하고 소개하게 된다. 인류의 위대한 지적知的 성과들은 직관에 의해 싹이 트고 논리와 실험에 의해 입증되어 정립되는 경우가 대부분이기 때문이다. 아르키메데스가 유레카를 외치던 순간은 그가 무엇인가를 열심히 실험하거나 계산하던 때가 아니었다. 목욕을 하다 목욕물이 넘치는 순간에 직관적으로 떠오른 생각 때문이었다. 뉴턴이 중력의 원리를 깨닫는 순간도 마찬가지다. 떨어지는 사과를 보다가 떠오른 영감이 그를 만유인력이라는 위대한 발견으로 이끌었다. 아인슈타인의 상대성 이론에 나오는 광속불변의 원리와 시공간에 대한 개념도 그가 직접 빛의 속력을 확인하여 알아낸 것이 아니라 오직 자신의 머릿속 생각만으로 이끌어낸 고도의 사고실험思考實驗의 결과물이었고, 그것이 사실로 입증된 것은 그가 죽고 나서도 한참 뒤의 일이다. 이러한 직관이 없었다면 인류의 발전은 훨씬 더뎠을 것이고, 이것이 우리 인류가 직관 능력을 기르기 위한 여정을 멈추지 말아야 하는 이유이기도 하다.

그래서 이 책에도 직관에 관한 이야기가 많이 등장한다. 직관을 통해 극한 상황을 상상함으로써 수능 문제를 눈으로 풀 수 있게 하고, 미적분의 여러 가지 개념들의 필연성을 직관적으로 이해하도록 하여 미적분이 쉽고 유용하고 재미있는 학문이라는 새로운 느낌을 전달하려고 했다. 그 과정에서 불가피하게 교육 과정을 넘어서거나 수학적으로 엄밀하지 못한 부분들도 있다는 점을 고백하지 않을 수 없다. 하지만 수학의 논리와 엄밀성만을 강조하다가 학생들로부터 수학에 대한 흥미를 빼앗는 경우를 자주 보아왔기에, 내 생각대로 재구성한 수학적 접근과 해석이 누군가에게는 수학에 대한 새로운 시각을 열게 하는 지렛대가 되기를 바라며 과감히 도전했다.

《미적분 직관하기》 시리즈는 두 권으로 구성되어 있다.

1권에서는 무한無限, infinity과 극한, 미분의 역사에 관한 이야기가 소개되고, 극한과 미분의 개념과 수능 관련 기출문제들을 직관의 눈으로 바라보고 해결하는 방법들이 등장한다. 그리고 우주의 비밀을 수학적으로 파헤치는 천재들의 이야기도 만나볼 수 있다. 특히 미분이 우주를 이해하기 위해 수학자들이 의도적으로 만들고 이용한 학문이라는 점을 통해 우주가 수학적임을 직접 느낄 수 있도록 했다.

2권에서는 적분의 역사와 원리, 그리고 미분과 적분의 극적인 만남을 소개하며, 정적분 기호의 원리를 이용하여 수능 관련 기출문제를 직관적으로 해결하는 예가 여럿 등장한다. 단순히 공식으로 정적분을 계산하는 것에서 벗어나 적분법을 직관적으로 이해하고 활용까지 할 수 있는 능력을 키울 수 있게 될 것이라 기대한다.

나는 이 책을 읽는 모든 독자들이 수학과 우주의 연관성을 통해 수학이 삶에 필요한 이유를 깨닫고 수학의 진면목인 '아름다움'마저 느낄 수 있기를 바란다. 특히 학창 시절의 수학이 '공식 암기'의 끔찍한 악몽으로만 남아 있는 어른들이 이 책을 읽고 수학에 대한 아픈 추억을 넘어 수학에 대한 새로운 관점을 발견하는 계기가 되기를 간절히 희망한다.

오랫동안 써왔던 원고였지만 막상 책으로 내려니 출판이라는 과정이나 혼자만의 힘으로는 어림도 없다는 것을 절실히 깨달았다. 거친 초고를 읽어주며 유익한 의견과 아낌없는 도움을 주신 분들•, 자신의 원고처럼 정성껏 책을 검토하고 완성해주신 편집자님과 선뜻 책을 출간해주신 휴머니스트 출판사분들께도 무한한 감사를 전하고 싶다.

2025년 1월 23일

박원균

• 김민경, 김배균, 김성남, 김용경, 김홍태, 박익균, 송교식, 신범영, 윤형석, 장완영, 최수창, 한석만 선생님 감사합니다.

차례

2부 변화를 직관하다: 미분

끝없는 세계를 직관하다: 극한

1

무한을 품기 시작하다

나와 별

나는 고교 시절까지 농촌에서 살았다. 밤에도 친구들과 어둠 속에서 뛰놀며 많은 추억을 쌓았고, 밤이 깊어 집집마다 불이 꺼지고 나면 가로등도 없던 동네 하늘에 수많은 별들이 떠올랐다. 아무 별 하나를 붙잡고 한참 동안 쳐다보다 보면 그 별은 춤을 추듯 조금씩 움직이기 시작했다. 그러면 난 흔들리는 별을 고정시키기 위해 벽이나 나무에 머리를 기댄 채로 그 별을 다시 보곤 했다. 춤을 춘 것은 별이 아니라 내 눈동자였던 것이다.

그렇게 시간을 보내다 보면 별은 여기저기서 자꾸만 생겨났다. 별 헤는 밤을 경험해 본 사람이라면 누구나 공감할 것이다. 신기하게도 밤하늘을 오래 보고 있으면 있을수록 별이 점점 더 많아진다는 것을.•

• 점차 어둠에 익숙해지면서 잘 보이게 되는 현상을 '암순응(暗順應)'이라고 한다.

내가 인생에서 가장 많은 별을 본 것은 대학 시절에 갔던 지리산 세석 평전에서다. 저녁밥을 먹기 전까지만 해도 구름이 잔뜩 끼어 있었는데, 밥을 먹고 텐트 밖으로 나와 밤하늘을 올려다보는 순간 난 깜짝 놀라고 말았다. 구름이 거짓말처럼 모두 걷히고 말 그대로 셀 수 없는 별들이 또렷하게 나를 내려다보던 광경은 내 인생의 가장 장엄한 기억 중 하나로 각인됐다.

이러한 경험은 내가 서울의 한 고등학교에서 수학을 가르치는 교사가 된 후에도 수업 시간에 종종 우주와 별에 관한 이야기를 하게 만들었고, 시골로 수련회를 가면 밤에 학생들을 숙소 밖 어두운 곳으로 데리고 나가 별을 보여주도록 이끌었다. 그때의 하늘에는 내 기억 속의 시골 하늘에 비하면 실망스러울 정도로 별들이 듬성듬성 떠 있었지만, 뜻밖에도 그 별들만으로도 학생들은 감탄을 쏟아냈다. 전기의 발명과 대기의 오염으로 밤하늘이 점점 밝아지는 동시에 흐려지고 있는 시대에 살다 보니 밤하늘에서 100개가 넘는 별들을 직접 본 것이 그날이 처음이라는 학생들이 절반을 넘었던 것이다.

내가 하늘을 보라고 말할 때까지 스스로 밤하늘을 올려다볼 생각조차 하지 못하던 대부분의 학생들을 보며 마음 한편이 아프기도 했다. 하늘은 언제나 거의 무한한 빛들로 우리를 비춰주고 있는데 말이다.

우리가 밤에 밖에 나가기만 하면 이 드넓은 우주에서 날아온 별빛이 내 머리로, 내 어깨로, 내 가슴으로 쏟아진다. 그저 고개를 들어 밤하늘을 잠깐만 바라보아도 사방에서 다양한 시공간을 날아온 모든 별빛이 내 작은 눈동자에 동시에 담기는 경이로움이 연속적으로 일어난다. 이래도 하늘을 외면할 텐가?

우주 전체의 원자 개수를 세다

우주에는 '많은 것'들이 참 많다.

은하만 세도 2조 개가 넘는다. 하나의 은하마다 수십 억에서 수조 개의 별들이 반짝인다. 그리고 각 별들이 거느린 행성과 혜성, 위성, 소행성은 그 수를 파악하기도 어려울 정도다. 그렇다면 우주에 존재하는 크고 작은 모든 천체의 개수를 대충이라도 셀 수는 있는 것일까? 과학자들이 추정하기로는 사람 한 명의 몸에 있는 원자 개수보다 훨씬 작다고 한다. 그들은 천체의 개수 정도는 식은 죽 먹기라며 아예 우주 전체의 원자 개수를 세는 것에도 도전했다.

과학자들이 우주의 원자 개수를 추론하는 방식은 의외로 간단하다.

밤하늘의 이중성단(Double Cluster)

나 같으면 사람 몸의 원자 개수나 지구의 원자 개수를 먼저 추론하려 할 텐데, 과학자들은 이들 원자 개수는 거들떠보지도 않는다. 태양의 질량이 태양계 전체 질량의 거의 99.9%를 차지하므로 태양의 원자 개수만 세고 나머지 원자 개수쯤은 무시해도 되기 때문이다. 과학자들은 태양의 구성 성분과 질량을 이용해 태양이 품고 있는 원자 개수를 계산했고, 거기에 우주에 존재하는 별의 개수와 평균 질량을 고려해 우주의 원자 개수를 추론했다.

과학자들의 추론 결과를 그대로 소개하면 재미가 없을 것 같아, 나는 학생들에게 다음과 같은 질문을 먼저 던진다.

"우리우주 전체에 존재하는 원자 개수는 1구골googol, 즉 10^{100}보다 클까, 작을까?"

그냥 짐작만 해보라고 하면 대부분

"당연히 훨씬 더 크겠죠."

라고 답한다.

그런데 과학자들이 내놓은 결과는 보통 사람들이 도저히 믿을 수 없을 만큼 충격적이었다. 너무 커서가 아니라 너무 작아서다. 아니 작아 보여서다. 과학자들이 추정한 우주의 원자 개수는 1구골에 턱없이 못 미치는 약 10^{80}~10^{82} 정도라고 한다. 우주 전체에 있는 원자 개수가 많아 봐야 83자릿수에 불과하다니! 내가 그랬던 것처럼 학생들도 약간은 실망하는 눈치다. 그러나 여기서 우리는 정신을 바짝 차려야 한다. 우주의 원자 개수는 여전히 처음에 우리가 생각했던 대로 상상할 수 없을 만큼 어마어마하게 큰 수 그대로다.

10^{82}을 보고 조금이라도 실망했다면, 그것은 우주의 원자 개수가 작아

서가 아니라 10^{82}이라는 수가 우리가 느끼는 것보다 훨씬 크기 때문이라는 것을 깨달아야 한다. 그만큼 아주 큰 수 또는 아주 작은 수에 대한 우리의 감각, 특히 지수에 대한 감각은 터무니없이 부정확하다.

이제 1구골이 얼마나 큰 수인지 실감이 나는가? 얼핏 10^{82}과 10^{100}이 큰 차이가 안 나는 것처럼 느껴질 수도 있으나 그건 지수의 위력을 몰라서 그런 거다.

$$(1구골)=10^{100}=10^{82}\times 10^{18}=(우주의\ 원자\ 개수)\times(100경)$$

이므로 모든 원자 개수가 1구골이 되려면 우리우주와 같은 규모의 우주가 무려 10^{18}=1,000,000,000,000,000,000개나 있는 멀티유니버스(다중우주)가 필요하다. 따라서 설사 미래에 우리우주의 규모가 지금 우리가 알고 있는 것보다 훨씬 크다는 것이 밝혀지더라도 원자 개수가 1구골을 넘기기는 쉽지 않을 것 같다. 그렇다면 우리가 이 우주에서 무엇을 상상하든 10^{100}보다 많은 것은 존재하기 어려울 테니, 1구골 정도면 사실상 무한대라 불러도 전혀 손색이 없는 큰 수임이 틀림없다.

그런데 인간은 정말로 집요하다. 누구나 1구골보다 훨씬 더 큰 수들을 생각할 수 있고, 끊임없이 그 이름•까지 만들어내고 있으니 말이다. 그리고 인간은 정말로 대단하다. 그 누가 아무리 큰 수를 말하더라도 그보다 더 큰 수를 누구나 말할 수 있으니 말이다.

• 재미 삼아 두 개만 소개하면 1구골플렉스(googolplex)는 $10^{1구골}=10^{10^{100}}$을 나타내고, 1구골바텍시(googolbatexi)는 $(((((((((10^{100}!)!)!)!)!)!)!)!)!)!$을 나타낸다. 1구골바텍시에는 1구골과 10개의 팩토리얼(!)이 보인다.

구석기 시대에 무한을 꿈꿨다고?

분수 $\frac{b}{a}$가 무한이 되도록 만들기 위해서는 분자 b를 한없이 크게 해도 되고 분모 a를 0에 한없이 가깝게 해도 된다. 그런데 인류가 무한을 처음으로 삶에 이용하게 된 것은 분자를 한없이 키우는 것이 아니라 분모를 한없이 깎는 것을 통해서였다. 무한을 향한 인류의 끝없는 도전은 석기시대부터 시작됐다고 할 수 있는데, 뾰족한 칼, 도끼, 화살촉 등에서 무한의 개념을 찾아볼 수 있기 때문이다.

고대 인류는 돌도끼의 끝이 날카로울수록 더 강력하다는 것을 깨닫고 최대한 날카로운 돌도끼를 만들기 위해 끊임없이 노력했다. 그리고 무한을 향한 도전을 위해서는 돌이 아닌 쇠라는 새로운 재료가 훨씬 더 적합함을 알게 됐고, 청동기 시대에 이르러서는 금속을 날카롭게 만들 수 있는 기술을 습득해 여러 가지 도구와 무기들을 만들었다. 그들이

$$(\text{압력})=\frac{(\text{수직으로 작용하는 힘})}{(\text{힘을 받는 면의 넓이})}$$

이라는 공식을 알았을 리는 없겠지만, 그 끝이 날카로우면 날카로울수록 더욱 강력한 힘을 발휘한다는 것은 삶의 경험을 통해서 알게 되었을 것이고, 이것은 인류의 직관으로 굳어졌을 것이다. 어쩌면 도끼날과 칼날의 끝을 선으로 만들 수만 있다면, 못과 압정의 끝을 점으로 만들 수만 있다면 무한을 실현할 수 있다는 생각을 고대 인류 중 누군가는 떠올렸을지도 모른다. 그런 의미에서 도끼, 칼, 못, 압정과 같은 날카로운 도구로 인해 인간의 삶이 수월해진 것은 무한을 향한 도전의 결과라고 할 수 있다. 이와 같이 무한이라는 개념을 떠올리는 것 자체는 다른 수학의

개념에 비해 훨씬 쉬워서 수학에서 무한의 기원은 정확히 특정하기 어려울 정도로 오래전으로 거슬러 올라간다.

오늘날의 관점에서 보면, 수학에서 등장한 무한에 관한 첫 번째 예는 기원전 5세기경 고대 그리스 시대(우리나라의 고조선 시대)에 활동했던 피타고라스학파에 의해 밝혀진 무리수의 발견이라 할 수 있다. 무리수의 발견은 그동안 피타고라스학파가 강력하게 신봉하며 설파했던 '세상의 모든 것들은 수로 이루어져 있고, 세상의 모든 수들은 자연수의 비比를 이용해 나타낼 수 있다.'라는 주장에 어긋나는 새로운 수의 등장을 의미했다. 그들은 새로운 수의 발견에 환호하기보다는 숨기기에 급급했다. 새롭게 발견된 그 수는 $\sqrt{2}$다. 그런데 $\sqrt{2}$는 피타고라스학파의 시대로부터 2000년이 넘는 세월이 흐른 뒤에 생겨난 표현법이고, 그 시대에는 $\sqrt{\ }$라는 기호는 물론 소수小數 표기법조차 없었다.• 그들은 한 변의 길이가 1인 정사각형의 대각선의 길이($\sqrt{2}$)가 순환하지 않는 무한소수라는 것을 알아낸 것이 아니라, 그 길이를 두 자연수의 비로 나타내는 것이 불가능하다는 것을 알아냈던 것이다. 만일 그들이 소수 표기법을 알고 있었더라면 $\sqrt{2}$의 값을 구하는 과정에서 불규칙하게 무한히 나열되는 수들을 발견하면서 당황하기보다는 오히려 무척 신비롭게 생각했을지도 모른다. 그랬다면 피타고라스학파는 무리수를 자연스럽게 받아들이고 무한에 대한 탐구에 더욱 매진하지 않았을까?

그 후에도 제논의 역설, 유클리드의 '직선은 무한히 연장할 수 있다.'는 생각, '소수素數, prime number의 개수는 무한하다.'와 같은 증명(311쪽 참조)을 통해 본격적으로 수학이 무한을 품기 시작했다.

• 오늘날과 같은 $\sqrt{\ }$ 기호는 16세기에, 소수 표기법은 17세기에야 정착됐다.

2

무한이 만든 세계관

수학자들을 괴롭힌 무한

여기 $\frac{1}{(1\text{구골})} = \frac{1}{10^{100}}$이라는 아주 작은 양수가 있다. 1구골의 크기를 실감했다면 이 수가 얼마나 작은 수인지도 실감할 수 있을 것이다. 이렇게 작은 수지만 $\frac{1}{10^{100}}$을 10^{100}번 더하면 $\frac{1}{10^{100}} \times 10^{100} = 1$이 되고, $\frac{1}{10^{100}}$을 10^{1000}번 더하면 $\frac{1}{10^{100}} \times 10^{1000} = 10^{900} = (1\text{구골})^9$이 된다.

따라서 $\frac{1}{10^{100}}$을 무한 번 더하면 당연히 무한대∞가 될 것이다. 이처럼 아무리 작은 양수라도 무한 번 더하면 항상 무한대가 된다.

이제 표현을 약간 바꿔 다음과 같이 질문하자.

"무한개의 양수를 더해도 유한有限, finity에 머무는 경우가 설마 존재할까?"

고대 그리스 시대에는 무한을 '한계가 없다' 또는 '수없이 많다'는 말

말고는 명확하게 정의하거나 설명할 방법을 찾을 수가 없어서 무한의 개념은 오랫동안 많은 수학자들을 괴롭혔다. 이 시기에 그들을 가장 집요하면서도 노골적으로 괴롭혔던 예는 바로 그 유명한 '제논의 역설'이다. 기원전 5세기경 고대 그리스의 엘레아학파의 철학자인 제논Zenon, 기원전 490?~기원전 430?은 '무한과 운동'에 관한 역설을 40여 개나 제시했다. 여기서는 제논의 대표적인 역설을 통해 위 질문에서 언급한 '설마'가 수학 잡는 장면을 살펴보자.

거북을 영원히 추월할 수 없다고?

아킬레스가 거북보다 10배 빠르다고 가정하고, 거북이 아킬레스보다 100m 앞에서 아킬레스와 동시에 출발한다고 하자.

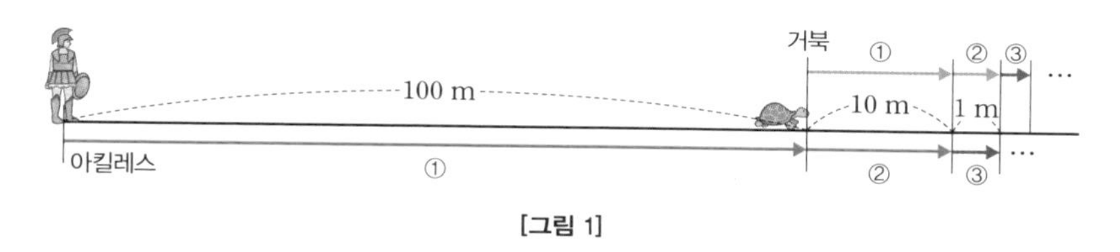

[그림 1]

아킬레스가 거북의 처음 위치에 도달하면 거북은 아킬레스보다 10 m 앞에 있고, 다시 아킬레스가 거북의 두 번째 위치에 도달하면 거북은 아킬레스보다 1 m 앞에 있고, …. 이처럼 아킬레스가 거북이 있던 직전의 위치에 도달할 때마다 거북은 아킬레스보다 조금이라도 앞에 있게 되는 상황이 한없이 반복될 것이므로 아킬레스는 결코 거북을 따라잡을 수 없다고 제논은 주장했다.

당연히 이 역설은 당대의 철학자와 수학자들을 매우 '거북'하게 만들었다. 실제 상황에서 아킬레스가 거북을 금방 따라잡는다는 것은 삼척동자도 알 것이며 제논도 이를 몰랐을 리 없다. 그러나 2000년이 넘는 긴 세월 동안 사람들은 제논의 주장에서 어느 부분이 왜 틀렸는지를 제대로 설명할 수가 없었다.

무한이 유한이 되다

이 역설은 본질적으로 '무한 번의 시행이 반복되려면 무한의 시간이 필요하다'는 직관을 근거로 하고 있다. 따라서 아킬레스가 거북을 따라잡을지의 여부를 따지려면 '시간'이라는 요소를 빠뜨려서는 안 된다. '따라잡는다'는 것은 '같은 시각'에 '같은 위치'에 있을 때만 가능한 것이기 때문이다.

[그림 1]에서 아킬레스가 거북의 첫 위치까지 가는 데 걸리는 시간을 $t_1=10$(초)라고 가정하면 두 번째 위치까지 가는 데 걸리는 시간은 $t_2=1$(초), 그 다음 단계는 $t_3=0.1$(초), …가 된다. 이 상황을 표로 나타내면 다음과 같다.

누적 시간(초)	0	10	11	11.1	11.11	11.111	…
거북의 위치(m)	100	110	111	111.1	111.11	111.111	…
아킬레스의 위치(m)	0	100	110	111	111.1	111.11	…
거북과 아킬레스의 간격(m)	100	10	1	0.1	0.01	0.001	…

아킬레스와 거북이 동시에 출발한 지 x초 후의 둘 사이의 간격을

$$f(x)=(\text{거북의 위치})-(\text{아킬레스의 위치})$$

라 하면

$$f(0)=100,\ f(10)=10,\ f(11)=1,\ f(11.1)=0.1,\ \cdots$$

이므로 함수 $y=f(x)$의 그래프는 직선 $y=-9x+100$이 된다.

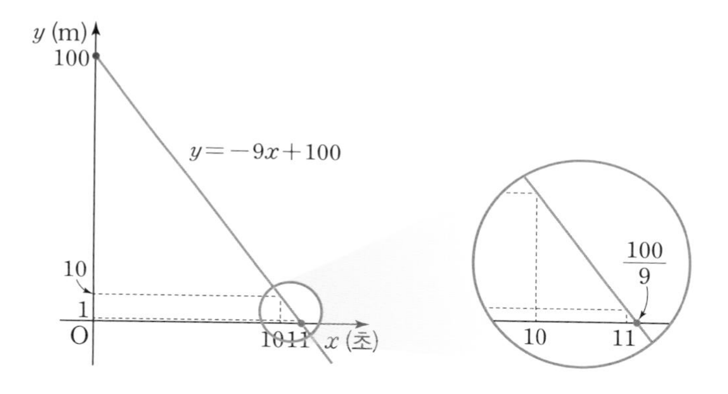

이때 $y=0$, 즉 $0=-9x+100$에서 $x=\frac{100}{9}$이므로 이 직선은 $x=\frac{100}{9}$일 때 x축과 만난다.

하늘이 두 쪽 나더라도 시간은 흘러갈 것이므로 출발한 지 $\frac{100}{9}$초가 지나는 순간 아킬레스와 거북은 같은 지점을 지날 수밖에 없고, 그 이후에는 아킬레스가 앞서게 된다.

오늘날에는 등비급수를 이용해 다음과 같이 간단히 설명할 수 있다.•

• 첫째항이 a, 공비가 $r(-1<r<1)$인 등비수열의 모든 항의 합, 즉 등비급수의 합은 $\frac{a}{1-r}$이다.

$$10+1+\frac{1}{10}+\frac{1}{100}+\cdots=\frac{10}{1-\frac{1}{10}}=\frac{100}{9}$$

두 방법 모두 아킬레스가 거북이 지나간 지점들을 지나는 무한 번의 시행은 출발한 지 $\frac{100}{9}$초가 지난 유한한 시간에 이르러 모두 마무리되고 만다는 것을 증명하고 있다.

제논의 '아킬레스와 거북'의 역설은 '아무리 작은 것들이라도 무한개의 합은 항상 무한할 것'이라는 당연한 직관에서 시작됐다. 이른바 '티끌 모아 태산'이라는 생각이다. 그런데 만약 제논에게 다음 그림을 보여줬다면 제논은 과연 어떤 생각을 발견할 수 있었을까?

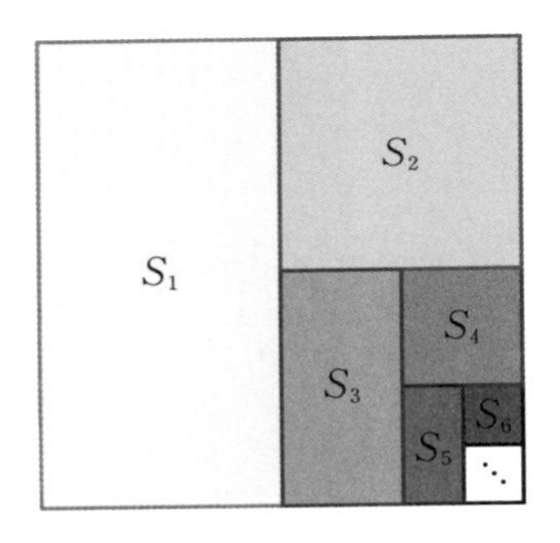

위 그림은 전체 정사각형의 절반의 넓이를 S_1, 남은 부분의 절반의 넓이를 S_2, 다시 남은 부분의 절반의 넓이를 S_3, …이라 할 때, 무한개의 사각형의 넓이의 총합

$$S_1+S_2+S_3+\cdots$$

에 대한 물음을 던지는 동시에 답을 제시하고 있다.

전체 정사각형의 넓이를 S라 하면 무한개의 작은 사각형들의 넓이의 총합 $S_1+S_2+S_3+\cdots$는 S에 한없이 가까워지고 S보다 커질 수는 없음을 이 그림이 증명하고 있다. 즉, 무한개의 양수를 더했음에도 그 합은 유한이 될 수 있음을 보여주며 앞에서 던진 질문 "무한개의 양수를 더해도 유한에 머무는 경우가 설마 존재할까?"에 아주 쉽고 명쾌하게 답하고 있다. 따라서 무한개의 양수의 합은 무한할 것이라는 제논의 논거의 뿌리는 속절없이 무너진다.

이 그림을 제논이 그때 알았더라면 제논은 역설 대신 무한에 대한 "유레카!"를 외쳤을지도 모를 일이다.

무한을 겪으며 살다

아주 작은 양수들의 합을 자연스럽게 경험해 볼 수 있는 실험이 있다.

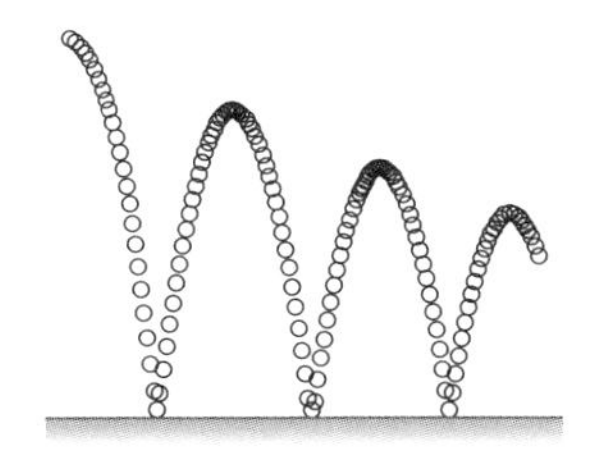

탁구공을 딱딱한 바닥에 떨어뜨리면 바닥에 닿고 다시 튀어 오르는 과정을 반복하는데, 바닥에 닿을 때까지의 시간 간격이 점점 작아지다가 마지막에는 "따다다르르르륵"하는 매우 빠른 간격의 소리를 내며 멈추는 장면을 누구나 경험한 적이 있을 것이다.

"이 탁구공이 완전히 멈출 때까지 바닥에 닿은 횟수는 유한할까, 무한할까?"

이 물음에 나를 비롯한 누구나 당연히 유한이라고 답하겠지만, 그렇게 생각하는 근거가 무엇이냐는 물음에 "탁구공이 유한 시간 내에 결국 멈추었으므로 당연히 유한이다."라고만 답한다면 이는 수학적으로 타당한 설명이 될 수 없다. 유한 시간 내에 무한 번의 시행이 일어난다는 것은 이제 현실에서도, 수학에서도 아무런 문제를 일으키지 않는다는 것이 앞의 제논의 역설을 해결하는 과정을 통해 확인됐기 때문이다.

사실 우리가 움직이는 모든 구간에는 무한개의 지점이 존재하므로 우리는 무한개의 지점을 지나는 시행을 수없이 하면서 일생을 살아가고 있는 중이다. 나는 오늘도 숨 쉬는 횟수보다 훨씬 많은 무한을 겪을 것이다.

무한에 도전받은 세계관

고대 그리스인들은 과학과 철학에서 두 가지 세계관을 두고 논쟁을 벌이곤 했다. 첫 번째는 모든 물질은 더 이상 나눌 수 없는 단위, 즉 원자•로 이루어졌다는 것이고, 두 번째는 모든 것은 무한히 나눌 수 있다는 것이다. 첫 번째 세계관은 시간과 공간이 불연속적이라는 것과 같고, 두 번째 세계관은 시간과 공간이 연속적이라는 것과 같다. 둘 중 하나는 옳

• 오늘날의 원자와는 개념이 약간 다르다.

고 나머지 하나는 틀리다는 것은 자명하다.

사실 제논이 '아킬레스와 거북'의 역설을 제기한 궁극적인 목표는 '시간과 공간을 무한히 작게 나눌 수 있다'는 두 번째 세계관•이 틀렸음을 입증하기 위함이었다.

그런데 제논은 '시간과 공간이 더 이상 나눌 수 없는 단위로 이루어져 있다'는 첫 번째 세계관을 깨기 위한 역설도 제시했는데, 대표적인 것이 '날아가는 화살은 정지해 있다.'라는 역설이다.

제논은 이러한 역설들을 통해 둘 중 하나는 반드시 옳을 수밖에 없는 두 가지 세계관이 모두 모순을 지니고 있음을 밝히고자 하는 무모하고도 대범한 시도를 했던 것이었다.

제논의 모든 역설들은 경험적으로는 '틀림없이 틀린 말'임이 분명했지만, 그 시대에는 제논을 포함해 아무도 반박할 수가 없었다. 당대의 대철학자 아리스토텔레스Aristoteles, 기원전 384~기원전 322조차 제논의 주장을 '반박할 수 없는 틀린 생각'이라고 표현했을 정도다. 그토록 골치 아팠던 근본적인 이유는 제논의 역설들은 모두 무한에 대한 생각을 담고 있었기 때문이다. 그랬으니 고대의 수학자들에게 무한이 얼마나 어렵고, 그래서 얼마나 무서운 존재였을지 조금은 짐작이 간다. 이런 이유로 오랜 세월 동안 수학자들은 무한을 함부로 다루면 안 된다는 두려움에 빠져 무한을 수학의 대상이나 도구로 삼는 것을 회피했고, 이는 그리스 수학이 수론數論보다는 기하학幾何學을 중심으로 발달하도록 하는 결과를 초래했다.

• '아킬레스와 거북이 만나기 직전 둘 사이의 간격이 한없이 작아질 수 있다'는 세계관.

과학자들이 밝힌 오늘날의 세계관

다행히 수학이 발달하면서 제논의 모든 역설은 틀린 것으로 판명되며 말끔히 해결됐다. 지금의 수학과 과학은 첫 번째 세계관과 두 번째 세계관 모두 가능하다고 이야기한다.

그렇다면 '실제 우리우주의 시간과 공간은 과연 무한히 나눌 수 있는 것인가, 없는 것인가?'라는 질문은 여전히 유효하다. 이 물음에 대한 현재 과학자들의 답은 다음과 같다.

"물리적 세계에서는 더 이상 나눌 수 없는 시간과 공간이 존재한다!"

이론상 더 이상 쪼갤 수 없는 최소의 길이는 약 1.62×10^{-35}m이며 이를 '플랑크 길이'라고 부른다. 그리고 플랑크 길이를 빛이 통과하는 데 걸리는 시간인 약 5.39×10^{-44}초를 '플랑크 시간'이라고 한다. 플랑크 시간은 우주에서 존재할 수 있는 최소의 시간이다.

그렇다면 우리의 시공간에는 '그 어떤 양수보다도 크지 않은 최소의 양수', 즉 '무한소無限小, indivisible'가 존재한다고 할 수 있지 않을까? 그렇게 혼자만의 상상을 해 본다.

'만일 세상 모든 사물의 길이가 플랑크 길이의 자연수 배로 이루어져 있다면 세상의 모든 것들의 길이를 자연수의 비로 나타낼 수 있으므로 세상은 수(유리수)로 이루어져 있다는 피타고라스학파의 주장이 옳았던 것은 아닐까?'

3

무한을 정의하다

무한을 향한 첫걸음

우리는 보통 어릴 적에 처음으로 수를 배우면서는 손가락 전체의 개수인 10이 이 세상에서 가장 큰 수인 줄 알다가, 11, 20, 백, 천, 만, …•과 같이 점점 큰 수들이 있다는 것을 배우게 된다.

다음은 어느 두 학생의 대화다.

A 이 세상에서 가장 큰 수가 뭘까?

B 내가 알고 있는 가장 큰 수는 1구골이야.

A 나는 1구골은 처음 들어보지만, 방금 1구골보다 약간 더 큰 수, 아주 더 큰 수, 그리고 아주아주 더 큰 수도 알게 됐어.

B 정말? 어떤 수인데?

• 큰 수를 나타내는 이름으로는 만(10^4), 억(10^8), 조(10^{12}), 경(10^{16}), 해(10^{20}), …, 불가사의(10^{64}), 무량대수(10^{68}), 구골(10^{100}) 등이 있다.

A　약간 더 큰 수는 1구골1이고, 아주 더 큰 수는 2구골이고, 아주아주 더 큰 수는 $(1구골)^2$이야.

B　대단하다. 그럼 내가 아무리 큰 수를 말하더라도 너는 그보다 더 큰 수를 항상 말할 수 있을 테니, 이 세상에서 가장 큰 수는 존재할 수 없겠네?

대체로 사람들은 이와 유사한 과정을 거치면서 '자연수에는 끝이 없다', '가장 큰 수는 없다'는 사실을 깨닫게 되고 의심하지 않게 된다. 그리고 '끝이 없다'는 것을 '무한'으로 표현하게 됨을 배우고는 '자연수의 개수는 무한하다.'라는 결론으로 쉽게 나아간다.

그런데 무리수가 발견되고 나서야 기존의 수에 유리수라는 이름이 붙게 되고, 허수가 발견되고 난 뒤에야 기존의 수에 실수라는 이름이 붙게 되는 것처럼, 인류가 무한을 떠올리고 나서야 유한이라는 말도 비로소 생겼을 것이다.

한편, "이 세상에서 가장 큰 수가 뭐지?"라는 질문에 "∞"라고 답하는 경우를 자주 본다. 그러나 ∞는 '가장 큰 수'가 아니다. '무한히 큰 수'를 나타내는 말도 아니다. 가장 큰 수나 무한히 큰 수는 존재하지 않기 때문이다. 그래서 $\infty - \infty$는 0이 아니고 $\frac{\infty}{\infty}$는 1이 아니다. ∞는 '한없이 커지는 상태'를 나타낸다.

'무한대'를 나타내는 기호 ∞는 뉴턴Isaac Newton, 1642~1727의 스승 격인 영국의 수학자 월리스John Wallis, 1616~1703가 1665년에 처음으로 사용했는데, ∞는 초기 로마 숫자 중 가장 큰 수였던 1,000을 나타내는 문자

CIƆ•에서 유래됐다는 설과 그리스어 알파벳의 마지막 문자 ω(오메가)에서 유래됐다는 설이 있다.

무한의 신비한 성질

수 개념이 발달하기 전에 농장 주인들은 가축 한 마리와 작은 돌멩이 하나를 일대일로 대응시키는 방법을 사용해 가축의 수를 가늠했다고 한다.

학생들에게 "짝수와 자연수 중에서 어느 것이 더 많을까?"라고 물으면 "자연수가 당연히 더 많죠."라는 답이 가장 흔하게 나온다. 짝수는 자연수의 부분이고, '전체는 부분보다 크다'는 것은 직관적으로 너무나 명백해 보이기 때문이다. 그런데 자연수와 짝수를 다음과 같이 일대일로 대응시키다 보면 짝수가 결코 바닥나지 않아서 당황하게 된다.

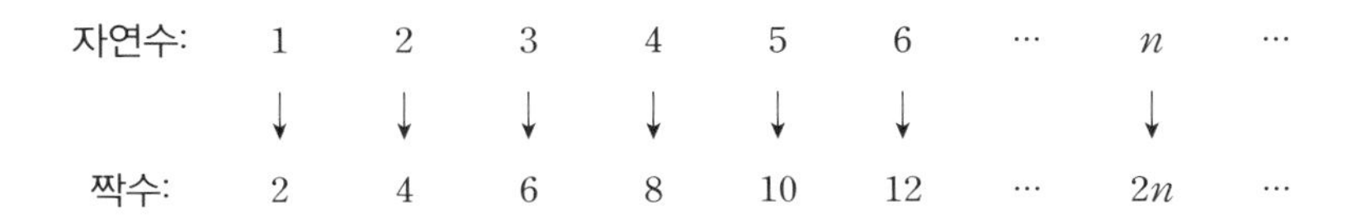

자연수:	1	2	3	4	5	6	⋯	n	⋯
	↓	↓	↓	↓	↓	↓		↓	
짝수:	2	4	6	8	10	12	⋯	$2n$	⋯

이런 식으로는 자연수가 짝수보다 많다는 것을 입증할 수 있는 순간이 영원히 오지 않기 때문이다. 이처럼 자연수와 짝수 사이에

$f(n)=2n$ (n은 자연수)

• 이 문자가 나중에 1,000을 나타내는 M으로 변했다고 한다.

이라는 일대일대응이 존재하므로, 수학자들도 자연수가 짝수보다 많을 것이라는 직관을 포기하고 자연수와 짝수의 개수가 서로 대등하다고 인정할 수밖에 없게 됐다. 이제 자연수와 정수도 다음과 같은 일대일대응에 의해 개수가 서로 대등함이 확인된다.

자연수:	1	2	3	4	5	6	7	8	…
	↓	↓	↓	↓	↓	↓	↓	↓	
정수:	0	1	−1	2	−2	3	−3	4	…

우리의 직관은 여전히 정수의 개수가 자연수의 개수의 2배라고 말하고 싶어 하는데 말이다.

무한을 어떻게 정의할까?

이처럼 무한은 여전히 어렵고 혼란스러워 보인다. 좋게 말하면 신기하고 나쁘게 말하면 속는 기분이다. 무한을 생각하면 생각할수록, 무한을 파고들면 파고들수록 무한은 직관을 거스르고 거부하는 듯하다. 이에 수학자들은 냉정해지기로 했다. 아니 냉철해지기로 했다. 침착하게 생각해 보니 짝수의 집합이 자연수의 집합의 부분집합인 것은 분명하지만, 이 이유만으로 짝수가 자연수보다 수적으로 적다고 단정할 수는 없게 됐다. 자연수와 정수의 관계도 마찬가지다.

이런 초현실적인 일이 가능한 것은 짝수, 자연수, 정수의 개수가 초현실적이기 때문이다. 즉, 무한하기 때문이다. 이를 좀 더 멋있게(수학적으로) 표현하면 전체보다 작지 않은 부분이 존재하기 때문이다. 이는 유한에서는 도저히 실현 불가능한 일이었다. 수학자들은 이를 무한의 초능력으로 인정하기로 했다. 집합론의 창시자인 독일의 수학자 칸토어 Georg Cantor, 1845~1918는 무한을 다음과 같이 정의했다.

> "어떤 집합 A와 그 진부분집합• 사이에 일대일대응이 존재하면, 집합 A에 속한 원소의 개수는 무한하다."

그동안 무한을 '끝이 없음', '수없이 많음'으로 애매하게 정의하던 것에서 벗어나 드디어 '있음' 또는 '존재함'을 이용해 무한을 명확하게 정의할 수 있게 된 것이다.

만일 무한한 재산을 가진 사람이 있다고 가정하면 그가 재산의 절반을 가난한 사람들에게 나누어 주더라도 그의 재산은 여전히 무한할 것이다. 그러나 현실에서는 무한한 재산의 소유자는 존재하지 않는다. 평범한 사람의 입장에서 볼 때 거의 무한대와 같은 어마어마한 재산을 보유한 사람들은 많지만, 그 재산의 일부를 나누면 그만큼 그들의 재산이 줄어드는 것은 분명하다. 무한이 아니기 때문이다.

그렇지만 자신의 유한한 재산의 일부, 유한한 재능의 일부를 선뜻 남을 위해 내놓는 사람들도 많다. 그것은 그들의 마음이 무한하기 때문에 가능한 일이다. 이처럼 유한 속에 살며 무한을 품고 사는 사람도 많다. 비록 무한을 품지는 못하더라도 무한을 상상하며 사는 것도 조금은 멋지지 않을까?

• 집합 B가 집합 A의 부분집합이고 A, B가 서로 같지 않을 때, 집합 B를 집합 A의 진부분집합이라 한다.

4

무한 vs 무한

모든 유리수 줄 세우기

나의 수준에서 보자면 수학자들의 능력도 무한에 가깝다. 그들은 자연수와 유리수가 수적으로 서로 대등함을 보이는 일대일대응도 찾아냈으니 말이다. 솔직히 말해, 자연수와 달리 수직선에서 유리수 1의 바로 앞에 있는 유리수도, 바로 뒤에 있는 유리수도 존재하지 않을 정도로 조밀하게 놓여있는 유리수가 자연수와 대등하다는 것이 상상이 가는가?

그런데 칸토어는 모든 유리수를 일렬로 나열하는 데 기어이 성공하고야 말았다.

모든 양의 유리수를 다음과 같이 분모를 기준으로 나열한 다음, 화살표 방향대로 다시 일렬로 나열하고 약분이 가능한 것들을 제거한 후, 0과 음의 유리수를 교대로 배열하면 모든 유리수를 일렬로 나열할 수 있게 된다.

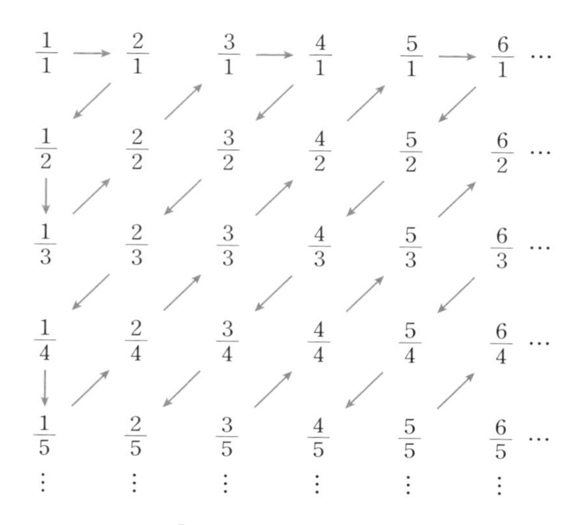

화살표 방향대로 일렬로 나열한다.

$$\frac{1}{1},\ \frac{2}{1},\ \frac{1}{2},\ \frac{1}{3},\ \cancel{\frac{2}{2}},\ \frac{3}{1},\ \frac{4}{1},\ \frac{3}{2},\ \frac{2}{3},\ \frac{1}{4},\ \frac{1}{5},\ \cancel{\frac{2}{4}},\ \cancel{\frac{3}{3}},\ \cancel{\frac{4}{2}},\ \frac{5}{1},\ \frac{6}{1},\ \frac{5}{2},\ \frac{4}{3},\ \cdots$$

약분이 가능한 수를 제거한다.

$$\frac{1}{1},\ \frac{2}{1},\ \frac{1}{2},\ \frac{1}{3},\ \frac{3}{1},\ \frac{4}{1},\ \frac{3}{2},\ \frac{2}{3},\ \frac{1}{4},\ \frac{1}{5},\ \frac{5}{1},\ \frac{6}{1},\ \frac{5}{2},\ \frac{4}{3},\ \cdots$$

0과 음의 유리수를 추가한다.

$$0,\ \frac{1}{1},\ -\frac{1}{1},\ \frac{2}{1},\ -\frac{2}{1},\ \frac{1}{2},\ -\frac{1}{2},\ \frac{1}{3},\ -\frac{1}{3},\ \frac{3}{1},\ -\frac{3}{1},\ \frac{4}{1},\ -\frac{4}{1},\ \cdots$$

그러면 다음과 같이 자연수의 집합과 유리수의 집합 사이에 일대일 대응이 존재하게 된다.

자연수:	1	2	3	4	5	6	7	8	9	10	11	$\cdots$
	↓	↓	↓	↓	↓	↓	↓	↓	↓	↓	↓	
유리수:	0	$\frac{1}{1}$	$-\frac{1}{1}$	$\frac{2}{1}$	$-\frac{2}{1}$	$\frac{1}{2}$	$-\frac{1}{2}$	$\frac{1}{3}$	$-\frac{1}{3}$	$\frac{3}{1}$	$-\frac{3}{1}$	$\cdots$

이 대응 관계를 학생들에게 설명해 주면 "와, 결국 자연수의 개수랑 유리수의 개수랑 똑같다는 거네!"라는 반응을 보이기도 한다. '개수가 똑같다'는 말이 정확한 표현은 아니지만• 고등학생들에게는 크게 틀린 표현이라고는 생각하지 않기에, 그리고 학생들의 감흥을 깨지 않기 위해서라도 나는 이 정도는 눈감아줄 수 있다.

실수는 자연수보다 무한 배 많다

진정한 무한의 대가大家였던 칸토어의 다음 도전 과제는 당연히 '자연수의 집합과 무리수의 집합 사이에도 일대일대응이 존재하는가?'를 밝히는 것이었다. 다만 칸토어는 자연수의 집합과 무리수의 집합 사이에 일대일대응이 존재하는지를 직접 알아보는 대신, 자연수의 집합과 실수의 집합 사이에 일대일대응이 존재하는지를 알아내고자 했다. 칸토어가 이 일대일대응을 찾기 위해 얼마만큼의 시간과 노력을 들였는지 나로선 알 수 없지만, 확실한 것은 그가 이 일대일대응을 결국 찾지 못했다는 것이다. 아마도 그는 어느 순간 자신이 일대일대응을 찾지 못하는 이유가 어쩌면 이 일대일대응이 아예 존재하지 않기 때문일지도 모른다는 생각을 떠올렸을 것이다. 그리고 마침내 귀류법▲을 이용해 그 어떤 일대

• 수학적으로는 '자연수의 집합과 유리수의 집합의 농도가 서로 같다.'라고 표현한다.
▲ '귀류법'은 어떤 명제가 참이라고 가정한 후, 모순을 이끌어내 처음의 명제가 거짓임을 증명하는 방법이다.

일대응도 존재하지 않는다는 것을 증명했다.

'대각선 논법'이라고 불리는 칸토어의 이 증명(311쪽 참조)은 수학계에 큰 충격을 안겨줬다. 모든 실수를 차례를 정해 줄을 세우는 것이 불가능하다는 것을 의미했기 때문이다. 분명히 모든 실수는 수직선 위에 유리수처럼 일렬로 놓여 있건만, 차례를 정해 줄을 세우는 것이 유리수는 가능하고 실수는 불가능하다니!

칸토어의 이 증명은 '실수는 자연수보다 무한 배나 많다.'라는 것을 의미하는 것이기도 했다.•

그런데 자연수는 유리수와 수적으로 대등하고, 무리수는 실수에서 유리수를 제외한 것과 같으므로 결국 '무리수는 유리수보다 무한 배나 많다.'라는 놀라운 사실을 의미하게 된다. 분명히 임의의 두 유리수 사이에는 적어도 하나의 무리수가 존재하고, 분명히 임의의 두 무리수 사이에는 적어도 하나의 유리수가 존재하는데, 무리수가 유리수보다 무한 배나 많다는 것이 믿겨지는가?

확률로 비교하는 유리수와 무리수의 개수

어쩌면 다음과 같은 확률 실험을 통해 유리수의 개수와 무리수의 개수의 차이를 직접 느껴 볼 수 있을지도 모르겠다.

• 만일 유한 배 많다면 두 집합 사이에 일대일대응이 존재함을 쉽게 증명할 수 있다.

퀴즈

0보다 크고 1보다 작은 실수 중에서 임의로 택한 수를 x라 할 때, x가 유리수일 확률은 얼마나 될까?

학생들에게 0보다 크고 1보다 작은 실수를 임의로 하나만 말해 보라고 하면 거의 모두가 0.1 또는 $\frac{1}{2}$과 같은 유리수를 말하지만, 수학적으로 임의로 수를 택하려면 자신의 머릿속에 떠오르는 수를 말하는 것이 아니라 진짜로 임의로 택하는 방법을 사용해야 한다.

먼저 $0<x<1$인 모든 실수 x는

$$0.1=0.0999\cdots^{\bullet},\ \frac{13}{99}=0.1313\cdots,$$

$$\frac{\sqrt{2}}{2}=0.7071\cdots,\ \frac{1}{\pi}=0.3183\cdots,\ \cdots$$

과 같이 무한소수로 나타낼 수 있다는 사실을 알아두자.

그리고 무한소수를 다음과 같은 방법으로 '임의로' 만들어 보자. 오른쪽 그림과 같이 0부터 9까지의 10개의 숫자가 하나씩 적힌 구슬이 들어 있는 주머니에서 구슬을 임의로 하나씩 꺼내 보고 다시 넣는 시행을 한없이 반복한다. 그리고 꺼낸 구슬에 적힌 숫자를 순서대로 소수점 아래 첫째 자리, 둘째 자리, 셋째 자리, …에 각각 나열해 무한소수를 만들어 나가기로 하자.

• $0.1=0.1000\cdots$과 같이 0이 무한히 나열되는 것은 무한소수로 간주하지 않는다.

이때 $x=0.1=0.0999\cdots$가 되려면 맨 처음 시행에서는 0이 적힌 구슬이 나와야 하고, 두 번째 시행부터는 9가 적힌 구슬만 무한 번 나와야 한다. 또 $x=\frac{13}{99}=0.131313\cdots$이 되려면 1, 3이 적힌 구슬만 무한 번 반복하며 나와야 한다.

이처럼 x가 유리수가 되려면 주기적인 패턴이 무한 번 반복되어야 하는데, 이렇게 될 확률은 당연히 0이다. 즉, **모든 경우에서 숫자가 불규칙하게 나올 수밖에 없으므로 x는 100 % 무리수가 될 것이다.**

한편으로는 이런 시행을 무한 번 한다는 것이 현실에서는 불가능한 일이므로 이 시행을 통해 실제로 만들 수 있는 모든 x는 영원히 유한소수, 즉 유리수일 수밖에 없다는 것도 흥미롭다.

그런데 더욱 흥미로운 것은 반드시 확률적으로 100 %인 것의 개수가 0 %인 것의 개수보다 무한 배 많다는 것을 의미하지는 않는다는 사실이다. 모든 유리수 중에서 임의로 하나의 수를 택할 때 유리수가 선택될 확률이 100 %이고 자연수가 선택될 확률은 0 %이지만, 유리수와 자연수의 개수는 서로 대등하지 않은가? 역시나 무한은 무섭다.

무한의 무한한 힘

자연수의 개수는 무한하다. 실수의 개수도 무한하다. 그런데 칸토어는 실수의 개수가 자연수의 개수에 비해 무한 배나 많다는 것을 발견했다. 이 발견은 무한끼리도 그 크기를 비교할 수 있다는 것을 의미하기도 했다. 칸토어는 심지어 그 무한의 단계 역시 무한개가 있다는 것도 밝혀냈고, $\aleph_0$•, $\aleph_1$, …과 같은 기호로 무한을 구분했다. 자연수의 무한을 이해하는 것만으로도 머리가 아픈데, 무한 단계의 무한이라니!

무한을 향한 인류의 여정은 앞으로도 계속될 것이다. 어쩌면 그 여정도 무한한 시간이 걸리는 길일 것이다. 하지만 너무 걱정하지 마시라. 이 세상을 이해하고 이 우주의 비밀을 밝혀내는 데는 자연수의 무한($\aleph_0$)과 실수의 무한($\aleph_1$)이면 충분하다. 적어도 지금까지는 말이다. 그 위 단계의 무한은 진짜 수학자들에게 맡겨버리고, 우리는 이 책에서 무한 중에서도 가장 기본적이고 가장 쉬우면서도 가장 중요한 무한, 즉 자연수와 실수의 무한에 대해서만 생각할 것이다. 사실 그 이상의 무한에 대해서는 나 자신도 제대로 이해하고 있는 것이 거의 없다.

무한을 상상하고 무한을 이용하는 힘은 우리가 아는 한 오직 인간만이 가진 힘이다. 무한을 자유자재로 다루는 그 힘이 오늘날 인류의 고등 문명을 만든 원천이 됐다고 말한다면 과연 얼마나 많은 사람이 믿어줄까? 현대 인류의 고등 문명 대부분이 바로 그 무한의 도움을 빌린 미적분의 결과물임을 알게 되면 비로소 무한의 무한한 힘을 믿게 될까?

• $\aleph$는 '알레프'라고 읽는다.

5

믿을 수 없는 것을 믿게 하라

눈으로 보고도 믿기 어려운 천문학의 순간

살다 보면 누구나 눈으로 보면서도 믿기지 않는 일들을 경험할 때가 있다. 미국의 대표적인 천문학자 허블Edwin Hubble, 1889~1953에게도 그런 순간이 있었다. 19세기까지 인류는 밤하늘에 보이는 별들이 우주의 전부라고 생각하고 있었다. 즉, '우리은하미리내은하, Milky Way Galaxy'가 우주 그 자체라고 생각했는데, 우리은하의 지름이 약 10만 광년이니 당시에 사람들이 알던 우주의 크기는 약 10만 광년이었다고 할 수 있다.

한편, 안드로메다 별자리 영역에는 흐릿하고 뿌연 구름처럼 보이는 안드로메다 성운이 있었다. 1923년 허블은 고성능의 천체 망원경으로 이 성운 속에서 빛의 밝기가 주기적으로 변하는 세페이드 변광성을 발견하고 그 별까지의 거리를 계산했는데, 그 결과를 보고 자신의 눈을 의

심하지 않을 수 없었다. 그 별까지의 거리가 100만 광년이 넘는다•는 결과가 나왔기 때문이다. 뿐만 아니라 안드로메다 성운 안에는 이 변광성뿐만 아니라 우리은하의 별(최대 약 4천억 개)의 2배가 넘는 약 1조 개의 별이 빛나고 있음이 밝혀졌다. 허블의 이 발견으로 인해 안드로메다 성운은 비로소 '안드로메다은하'라는 올바른 정체성을 찾을 수 있게 됐다.

안드로메다은하 전경

안드로메다은하 확대

위 왼쪽 사진에서 뿌연 구름처럼 보이는 것이 안드로메다은하의 전경이다. 이 사진에서 작은 점으로 빛나는 천체는 모두 우리은하에 속한 별들이 안드로메다은하를 배경으로 하여 찍힌 것이다. 위 오른쪽 사진은 2015년 허블 우주망원경으로 찍은 안드로메다은하의 고해상도 사진의 일부인데, 빽빽하게 빛나고 있는 저 작은 점들이 모두 태양과 같은 항성이라고 한다. 난 이 사진을 처음 보고는 눈에 보이는 별의 개수에 놀란 것은 물론이고, 보이지 않는 수많은 행성들까지 떠올라 정말이지

• 현재의 관측 결과 약 250만 광년으로 밝혀졌다.

소름이 돋았다. 안드로메다은하에 거의 틀림없이(!) 살고 있을 외계인이 우리은하의 사진을 찍는다면 태양은 저 작은 점 중 하나에 불과할 것이다. 만약 그들의 관측 장비가 고도로 발달해 지구 표면까지 볼 수 있다면 그들은 지금 250만 년 전의 지구를 보고 있을 테니 아직 아프리카 대륙에서 기본적인 석기 도구를 사용하며 불도 사용할 줄 모르는 인류의 먼 조상들을 흥미롭게 관찰하고 있을지도 모르겠다.

허블에 의한 안드로메다은하의 재발견은 인류가 알고 있던 우주의 크기가 순식간에 열 배 넘게 커지는 엄청난 사건이었다. 이 작은 지구에서 좁은 땅덩이를 조금이나마 넓혀 보려고 세계 각국이 1, 2차 세계대전을 치열하게 벌이는 사이, 허블은 당시까지 인류가 알고 있던 우주 전체의 크기보다 훨씬 먼 곳에서, 인류가 알고 있던 우주 전체보다 훨씬 큰 새로운 우주를 지극히 평화로운 방법으로 발견했다.

안드로메다은하를 발견한 순간을 수학사에 비유하자면 유리수가 수의 전부인 줄만 알고 있던 고대 인류에게 무리수가 처음으로 정체를 드러낸 순간과 같다고나 할까? $\sqrt{2}$를 통해 처음으로 정체를 드러낸 무리수가 유리수보다도 훨씬 많다는 것이 나중에 밝혀지게 된 것과 마찬가지로, 우리우주에는 우리은하에 있는 모든 별의 개수보다도 훨씬 많은 은하가 존재한다는 것이 나중에 밝혀졌기 때문이다. 이런 이야기들을 계속 듣다 보면 수많은 은하의 집합체인 우주마저 여러 개가 아닐까 하는 의문도 자연스럽게 생길 수 있는데, 실제로 다중우주론을 주장하는 과학자들도 적지 않다고 한다.•

• 대표적으로 스티븐 호킹(Stephen William Hawking, 1942~2018) 박사가 있다.

눈으로 보고도 믿기 어려운 수학의 순간

수학을 공부하면서 눈으로 보면서도 믿기지 않았던 적이 몇 번 있었는데, 그 첫 경험은 아무래도

$$0.999\cdots=1$$

이 아닐까 싶다.

요즘 학생과 마찬가지로 나도 중학생 때 순환소수 0.999…가 1과 똑같다는 수학적 사실을 다음과 같은 증명을 통해 배웠다.

증명

$$x=0.999\cdots$$

라 하고, 양변에 10을 곱하면

$$10x=9.99\cdots=9+0.99\cdots=9+x$$

$$9x=9,\ x=1$$

따라서 $0.999\cdots=1$

나는 위 증명에서 $x=0.999\cdots$의 소수점 아래에 있는 9의 개수보다 $10x=9.99\cdots$의 소수점 아래에 있는 9의 개수가 1개가 적은 것이 아닌가 하는 의문이 있었다. 위 증명 과정에서는 단지 소수점 아래에 있는 9의 개수가 무한개라는 이유만으로 0.999…와 9.99…의 소수 부분이 서로 완벽하게 같다고 단정하고 넘어가는데, 이는 ∞와 $\infty-1$이 완벽하게 같다는 주장과 같다. 그런데 중학교 과정에서는 아직 무한의 개념을 정확하게 다루지 않으므로 이 과정을 직관적으로 설득시키거나 얼렁뚱땅

얼버무리고 넘어갈 수밖에 없다. 이 한 개의 9로 인해 나는 0.999⋯=1임을 뭐라 반박할 수는 없지만 마음으로 완전히 받아들이기 힘든 상태를 오랫동안 지속할 수밖에 없었다.

아마도 순환소수 0.999⋯를 접하면서부터 무한에 대한 고민을 본격적으로 시작하게 되는 것이 비단 나쁜만은 아닐 것이다. 여기서는 수학자들이 무한으로부터 극한이라는 개념을 떠올리기까지의 과정을 순환소수를 통해 살짝 엿보려고 한다.

다음은 극한 수업 첫 시간마다 학생들에게 던지는 질문이다.

퀴즈

다음 중 옳은 것은?

① 0.999⋯는 1과 똑같다.

② 0.999⋯는 1보다 아주 조금 작다.

③ 0.999⋯는 1에 점점 가까워지고 있다.

의외로 정답이 ③이라고 손을 드는 학생들이 가장 많다. 심지어 처음에는 ①이 정답이라고 했다가도 ③이 제시되자 답을 ③으로 답을 바꾸는 학생들도 제법 많다. 학생들이 이 간단한 문제를 어려워하는 이유는 '수렴'과 '극한값'을 혼동하기 때문이다.

재밌는 것은

0.999⋯=☐

의 ☐ 안에 알맞은 수를 쓰라고 하면 모두가 1이라고 정확하게 답한다는 사실이다. 이처럼 사람들은 답을 알아도 그 답의 의미를 제대로 모르는 경우가 많이 있다.

0.999…란 무엇인가?

순환소수 0.999…에 대해 논하려면 우선 이 수가 어떤 수인지부터 명확하게 정의하고 시작하는 것이 마땅할 것이다. 순환소수의 수학적 정의는 '소수점 아래의 어떤 자리에서부터 일정한 숫자의 배열이 한없이 반복되는 수'다. 따라서 0.999…의 정의는 '정수 부분이 0이고 소수점 아래 첫째 자리에서부터 9가 한없이 반복되는 수'가 될 것이다.

그런데 이 정의를 해석하는 것도 사람마다 다를 수 있다는 것이 또 문제다. 0.999…를 '9가 하나씩 계속 생기면서 1에 점점 가까워지고 있는 수'로 생각하는 사람도 있을 수 있고, '소수점 아래에 9가 이미 한없이 나열된 수'라고 알고 있는 사람도 있을 것이다.

전자의 경우 9가 계속 생길 때마다 0.999…의 값은 계속 변한다. 어제의 0.999…와 오늘의 0.999…가 서로 다른 셈이다. 그런데 이렇게 해석한다면 0.999…는 더 이상 '수'가 아니다. 계속 값이 변하는 것을 '수'라고 할 수는 없기 때문이다. 이는 '변수'나 $x \to 1$•과 같은 극한 표현에서만 가능한 일이다.

후자의 경우는 '소수점 아래에 과연 9를 무한히 나열한 수가 실재할 수 있는가?'라는 의문에 맞닥뜨린다. 수학자들은 현실 세계에서 우리가 확인할 수 있는 무한대나 무한개는 존재하지 않으므로 '소수점 아래에 9가 무한히 나열된(!) 수'는 존재하지 않는다고 말하기 때문이다.

• '실수 x가 1에 한없이 가까워진다'는 것을 나타내는 기호다.

0.999999999999999999999999…

무한개의 9를 나열하면 이런 모습일까?

어렵다. 0.999…에 있는 단 3개의 점 '…'이 빠져나올 수 없는 무한의 늪처럼 느껴진다.

0.999…와 1을 직접 비교해 보기

이 늪에서 빠져나오기 위한 시도로 이번에는 좀 더 직접적인 방법을 모색해 보자.

일반적으로 두 수 a, b에 대하여

$$a=b$$

임을 증명하려면

$$a-b=0$$

임을 보이면 된다.

그렇다면 0.999…=1임을 증명하기 위해 1−0.999…의 값을 직접 구해 보는 것은 어떨까? 다음은 내가 극한에 대하여 첫 수업을 할 때, 자주 사용하는 내용이다.

먼저 0.999…=1이라고 생각하는 학생 A와 0.999…가 1보다 작거나 1에 점점 가까워지는 수라고 생각하는 학생 B를 칠판 앞으로 불러내어 A에게는 1.00000−1을, B에게는 1−0.99999의 계산 결과를 칠판에 직접 써 보라고 한다. 이때 1.00000−1=0이지만 소수점 아래에도

1.00000에 있는 0의 개수와 똑같이 쓰라고 한다.

<학생 A>	<학생 B>
$1.00000-1$	$1-0.99999$
$=0.00000$	$=0.00001$

학생들은 무슨 의도로 이런 계산을 시키는지 의아해하면서 마지못해 칠판에 답을 쓴다. 두 학생이 답을 다 쓰고 나면 다음과 같이 문제를 바꾼다.

$1.\underbrace{000\cdots0}_{100개}-1$	$1-0.\underbrace{999\cdots9}_{100개}$
$=$	$=$

학생들은 "진짜 100개를 다 써요?"라고 묻고, 나는 "물론이지."라고 답한다. 교실에 있는 다른 학생들은 자기 일이 아니니 재밌다고 낄낄댄다. 두 학생이 내키지 않는 표정으로 0을 써나갈 때 나는 나머지 학생들에게 묻는다.

"지금까지 두 친구의 답은 같은가, 다른가?"

"아직 B가 답을 다 쓰지 않았으므로 지금까지의 답은 서로 같습니다."

"그럼 앞으로도 두 친구의 답이 같을까?"

"B가 마지막에 1을 쓰고 나면 답이 달라집니다."

"그렇다면 현재 두 사람의 심리상태는 서로 같을까, 다를까?"

"A는 계속 0만 쓰면 되므로 마음이 편하고, B는 정확히 소수점 아래 100번째에서 1을 써야 하므로 머릿속이 복잡할 겁니다."

"그렇지. A는 설사 0의 개수를 틀리더라도 답이 틀리지는 않지. 그러나 B는 단 하나의 0의 개수가 틀리더라도 오답이 되므로 지금 머리가 아프겠지."

이때쯤이면 두 학생의 계산이 거의 끝나간다. 그럼 나는 다시 슬며시 다가가 미안하다고 말하며 다음과 같이 진짜 문제를 공개한다.

1.000000000000000000···−1

=

1−0.999999999999999999···

=

이제 두 학생은 거의 자포자기의 상태가 되어 무아지경에서 0을 써나간다.

1.0000000000000000···−1

=0.0000000000000000000000

0000000000000000000000

0000000000000000000000···

1−0.9999999999999999···

=0.0000000000000000000000

0000000000000000000000

0000000000000000000000···

"아직도 두 사람의 계산 결과는 서로 같네. 두 사람의 계산 결과는 언제쯤 달라질까?"

"아. 영원히 달라지지 않습니다."

"그렇지. 여전히 B에게는 언젠가는 1을 써야겠다는 생각이 있을지도 모르지만, 그런 시간은 영원히 오지 않을 거야. 우주가 멸망할 때까지 쓰겠다고 해도 그날은 오지 않지. 즉, 두 사람의 결과는 영원히, 말 그대로 영원토록 같게 돼. 만일 B가 이 사실을 깨닫게 된다면 두 사람의 심리상태는 같을까, 다를까?"

"A, B 모두 모든 것을 내려놓고 영원히 0만 쓰겠다고 마음먹을 테니 심리상태도 같아집니다."

"그럼 두 사람의 행동은 물론 심리까지 영원히 같을 테니, 결국 1－0.999…의 답은 1.000…－1의 답 0과 똑같게 되겠네?"

"예, 결국 1－0.999…＝0이므로 0.999…＝1임을 인정할 수밖에 없을 것 같아요."

이제 B에게 아직도 0.999…가 1보다 작거나 1에 가까워지고 있다고 생각하느냐고 묻는다. 만일 그렇다면 그것이 확인될 때까지 계속 답을 쓰게 할 거라는 말도 덧붙인다.

나는 이 단계에서도 0.999…＝1임을 인정하지 않는 학생을 아직 본 적이 없다. 그럼에도 만일 누군가가 끝까지 답을 써 보겠다고 고집을 부린다면 그가 포기하고 인정할 때까지 한없는 시간을 기다려야만 할지도 모른다. 다행히 수학자들은 이러한 기다림 없이 그 사람을 납득시킬 수 있는 방법을 찾아냈다. 그것은 '수열의 극한'이라는 방법이다.

6

극한의 탄생

순환소수를 수직선에 나타내 보기

천재적인 수학자들이라고 해서 처음부터 한 치의 의심도 없이 $0.999\cdots=1$임을 인정할 수 있었던 것은 아니었다. $0.999\cdots$는 심지어 뉴턴을 괴롭히기도 했을 만큼 도깨비 같은 존재였다. 수학자들은 $0.999\cdots=1$임에 대한 한 점의 의심마저 없애기 위해 이 도깨비가 더 이상 제멋대로 날뛰지 못하도록 $0.999\cdots$를 명확하게 '정의'해버렸다. 그리고 그 과정에서 활용한 도구가 바로 '무한대'와 '극한lim•'이다.

수열 $\{a_n\}$을

$\{a_n\}$: 0.9, 0.99, 0.999, 0.9999, $\cdots$

이라 하자. 이때 모든 자연수 n에 대하여 이 수열의 n번째 항 a_n이

• 극한 기호는 18세기 중반에 lim.의 모습으로 처음 등장했다가 $\lim\limits_{x=a}$를 거쳐 $\lim\limits_{x\to a}$로 발전했다.

$$a_n = \underbrace{0.999\cdots9}_{n\text{개}} < 1$$

임은 누구나 인정할 것이다. 그리고 이 수열과 순환소수 0.999…가 매우 밀접한 관련이 있을 것이라는 직감이 들 것이다. 그래서인지 학생들이 0.999…를 이 수열의 마지막에 등장하는 항으로 오해하고 있음을 발견할 때가 많다. 분명히 말하지만 이 수열의 마지막 항은 존재하지도 않는다. 따라서 이 수열의 어떤 항도 0.999…가 아니다. 그렇다면 이 수열의 어디에도 존재하지 않는 0.999…는 도대체 이 수열과 무슨 관계가 있는 것일까?

수열 $\{a_n\}$의 각 항을 수직선 위에 차례로 나열해 보자. 아마도 n의 값이 증가함에 따라 a_n이 어디론가 점점 가까워지고 있다는 느낌이 생길 것이다.

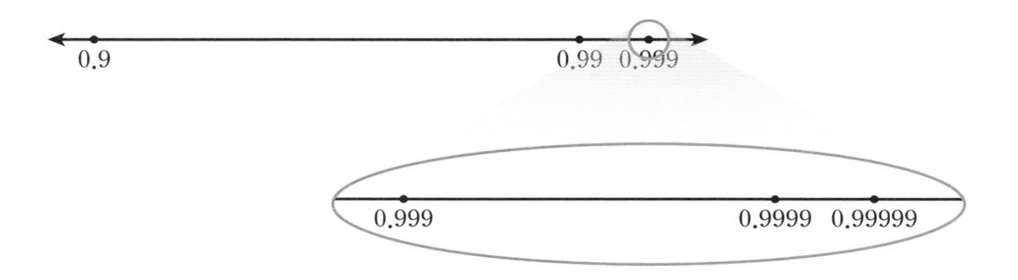

그리고 어디론가 가까워지는 그 한 발, 한 발의 간격이 점점 줄어들면서 마치 어떤 '목표지점'에 거의 다 온 것처럼 점점 조금씩, 아주 조금씩 움직이는 것도 발견할 수 있을 것이다. 그렇다면 a_n의 그 목표지점은 과연 존재할까? 존재한다면 과연 어디일까?

수열이 향하는 목표지점

이제 수열 $\{a_n\}$: 0.9, 0.99, 0.999, 0.9999, …의 목표지점을 찾기 위한 여정에 나서 보자. 우선 a_n의 목표지점이 존재한다고 가정하고 그 값을 α라 하자.

(i) 목표지점 α가 1보다 작을 수 있을까?

예를 들어 $\alpha=0.9999$라 하면

$$\underset{a_1}{0.9}<\underset{a_2}{0.99}<\underset{a_3}{0.999}<\underset{a_4(=\alpha)}{0.9999}<\underset{a_5}{0.99999}<\underset{a_6}{0.999999}<\cdots$$

이므로 $n=4$까지는 a_n이 α에 점점 가까워지다가, $n=5$부터는 a_n이 α를 지나쳐서 α로부터 점점 멀어지기 시작한다.

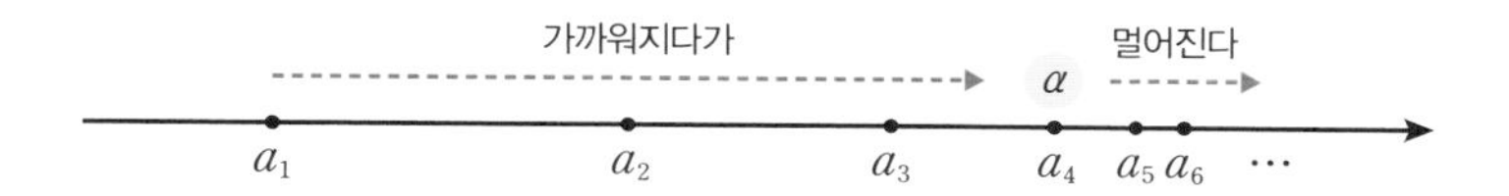

따라서 $\alpha=0.9999$를 a_n의 목표지점이라고 할 수는 없다.

이처럼 α가 1보다 작다면 a_n이 α에 점점 가까워지는 것은 잠깐일 뿐이고, 언젠가 a_n이 α를 지나치고 나면 오히려 α로부터 점점 멀어질 것이므로 α를 a_n의 목표지점이라고 부를 수 없다.

(ii) 목표지점 α가 1보다 클 수 있을까?

예를 들어 $\alpha=1.0001$이라 하면 n이 커짐에 따라

$$\underset{a_1}{0.9}<\underset{a_2}{0.99}<\underset{a_3}{0.999}<\underset{a_4}{0.9999}<\underset{a_5}{0.99999}<\cdots<1<\underset{\alpha}{1.0001}$$

이므로 a_n은 α를 향해 점점 가까워지고 있다. 그런데 a_n과 $\alpha=1.0001$ 사이에는 $1.0001-1=0.0001$이라는 '더 이상은 가까워질 수 없는 차'가 존재한다.

그래서 수학자들은 a_n의 목표지점을 a_n이 그냥 '가까워지는 수'가 아니라 '한없이 가까워지는 수'라고 정의하기로 했다. 여기서 '한없이 가까워진다'는 말의 의미는 'α 주변에 어떠한 방어막을 치더라도 언젠가는 a_n이 그 방어막을 뚫고 α에 더 가깝게 접근할 수 있다'는 뜻이다. 다시 말해 a_n이 모든 방어막을 뚫을 수 있다는 말이다.

그런데 $\alpha=1.0001$일 때는 α 주변에 $\beta=1$이라는 방어막을 치면 a_n은 영원히 β보다 작으므로 a_n이 방어막 β를 뚫고 α에 가까워지는 일은 결코 일어나지 않는다. 즉, 뚫리지 않는 방어막 $\beta=1$이 존재한다.

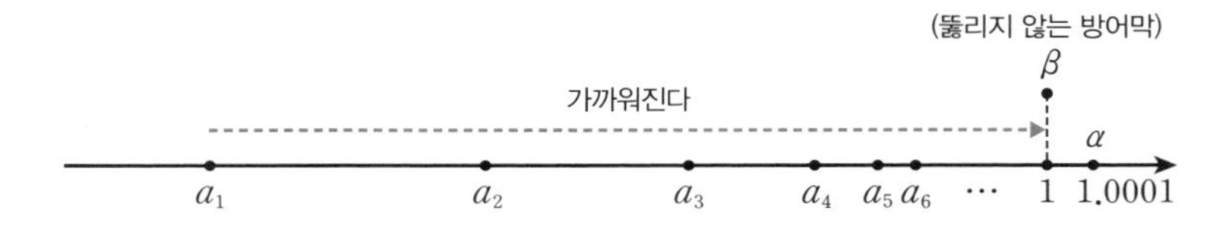

따라서 a_n은 $\alpha=1.0001$에 **'한없이'**가 아니라 **'한 있게'** 가까워진다.

이처럼 α가 1보다 크면 a_n이 α에 점점 가까워지는 것은 맞지만, a_n이 α에 한없이 가까워지는 것은 아니므로 α는 a_n의 목표지점이 아니다.

(iii) 이제 남아 있는 목표지점 α의 후보는 1뿐이다.

a_n이 1에 '한없이' 가까워진다고 말할 수 있으려면 a_n이 모든 방어막을 뚫고 1에 얼마든지 가까워져야 한다.

예를 들어 $\beta=0.999$를 방어막으로 삼아 a_n의 1을 향한 접근을 막으려고 시도해 보라.

$$\begin{array}{cccccc} a_1 & a_2 & a_3(=\beta) & a_4 & a_5 & \alpha \\ 0.9 < & 0.99 < & 0.999 < & 0.9999 < & 0.99999 < \cdots < & 1 \end{array}$$

불과 $n=4$일 때부터 a_n이 방어막 β를 뚫고 지나가 1에 더 가깝게 접근한다.

그렇다면 1보다 아주 조금 작은 $\beta=0.\underbrace{999\cdots9}_{100\text{개}}$는 1을 향한 a_n의 접근을 영원히 막을 수 있는 방어막이 될 수 있을까? 이번에도 $n=101$일 때부터 이 방어막이 뚫려버린다.

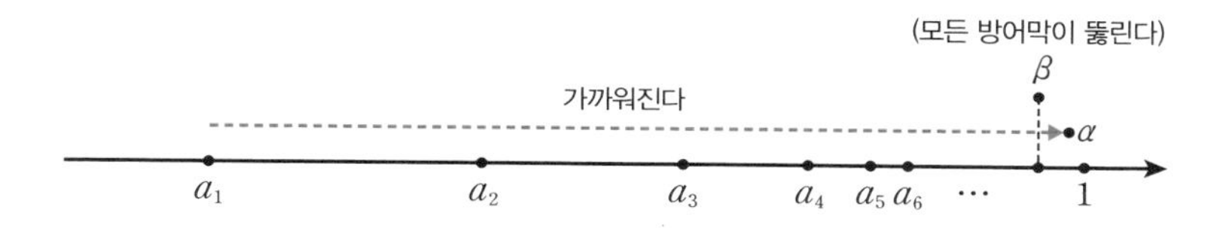

이제 그 누구도 a_n이 1을 향해 더 이상 가까워지지 못하도록 하는 그 어떤 방어막을 만들 수 없을 것이고, 그렇다면 n이 한없이 커질 때 a_n의 값은 1에 한없이 가까워진다는 것을 인정할 수밖에 없다.

드디어 수열 $\{a_n\}$: 0.9, 0.99, 0.999, 0.9999,⋯의 목표지점의 유일한 후보로 1을 찾아냈다.

마침내 등장한 극한

그런데 우리는 여기서 마지막으로 커다란 고민거리를 만나게 된다.

'a_n의 값이 한없이 가까워지는 수는 오로지 1뿐이라는 것은 분명해

졌다. 그런데 n이 아무리 커져도 a_n의 값은 결코 1이 될 수는 없지 않은가? 한없이 가까워지는 것은 맞지만 영원히 도달할 수 없는 1을 과연 목표지점이라고 말할 수 있을까?'

우리가 어떤 목표를 완벽하게 이룰 수는 없더라도 그 목표를 이루기 위해 한없이 노력하고 있다면 그것을 '목표'라고 부를 수 있는 것처럼, 비록 a_n이 1에 영원히 도달할 수는 없더라도 한없이 1에 가까워지고 있으므로 1을 수열 a_n의 '목표지점'이라고 말하는 것도 충분히 가능한 표현이 아닐까? 수학자들도 이에 동의하고, n이 한없이 커질 때 a_n이 α에 한없이 가까워지면 그 목표지점 α를 수열 a_n의 '극한' 또는 '극한값'이라고 부르기로 했고, 'a_n이 α에 수렴한다.'라고 말하기로 했다. 이를 기호로는

'$n \to \infty$일 때 $a_n \to \alpha$' 또는

'$\lim_{n \to \infty} a_n = \alpha$'

와 같이 나타내기로 했다.

이제 수열 $\{a_n\}$: 0.9, 0.99, 0.999, 0.9999, …에 대하여 a_n의 값은 영원히 1보다 작지만 a_n의 극한(목표지점)은 정확하게 1과 같으므로 $\lim_{n \to \infty} a_n = 1$이다. 이때 1에 한없이 가까워지는 주체는 $\lim_{n \to \infty} a_n$이 아니라 a_n이므로 $a_n \to 1$이 맞는 표현이고 $\lim_{n \to \infty} a_n \to 1$은 틀린 표현이다. 그리고 $a_n \to 1$은 'a_n이 1로 수렴한다'는 의미이고, $\lim_{n \to \infty} a_n = 1$은 '$a_n$의 극한값이 1이다'는 뜻이다. 따라서 수학의 세계에서는

'$n \to \infty$일 때 $a_n \to 1$'과

'$\lim_{n \to \infty} a_n = 1$'

은 결국 같은 말이다.

순환소수의 수학적 정체

이제 순환소수 0.999…의 수학적 정체를 확인할 차례다. 이미 눈치챈 사람도 있을지 모르겠지만, 우리가 알고 있던 0.999…의 값 1은 수열 $\{a_n\}$: 0.9, 0.99, 0.999, 0.9999, …의 극한값 1과 같다. 즉, $0.999\cdots=1$이고 $\lim_{n\to\infty} a_n=1$이다. 사실 $0.999\cdots=1$이 되는 이유를 명확하게 설명하기 위해 극한을 도입한 것이라서 이는 당연한 결과다. 나아가 수학자들은 아예 순환소수 0.999…를 수열 a_n의 극한값으로 정의해 버렸다. 즉,

$$0.999\cdots=\lim_{n\to\infty} a_n$$

이라고 말이다. 이를 통해 오랫동안 '소수점 아래에 무한개의 9가 반복되는 수'라는 실증할 수 없는 유령으로 수학자들을 괴롭히던 순환소수 0.999…는 드디어

$$\begin{aligned}0.999\cdots&=\lim_{n\to\infty} \underbrace{0.999\cdots9}_{n\text{개}}\\&=\lim_{n\to\infty}\left\{1-\left(\frac{1}{10}\right)^n\right\}\\&=1-\lim_{n\to\infty}\left(\frac{1}{10}\right)^n=1-0=1\end{aligned}$$

과 같이 적확한 정의와 정확한 값을 갖게 됐다.•

이제 다음 퀴즈를 쉽게 해결할 수 있다면 순환소수와 극한에 대해 완벽하게 이해하고 있다고 자부해도 될 것이다.

• $0.999\cdots=0.9+0.09+0.009+\cdots=\dfrac{0.9}{1-0.1}=1$과 같이 등비급수의 합으로 증명할 수도 있다.

퀴즈

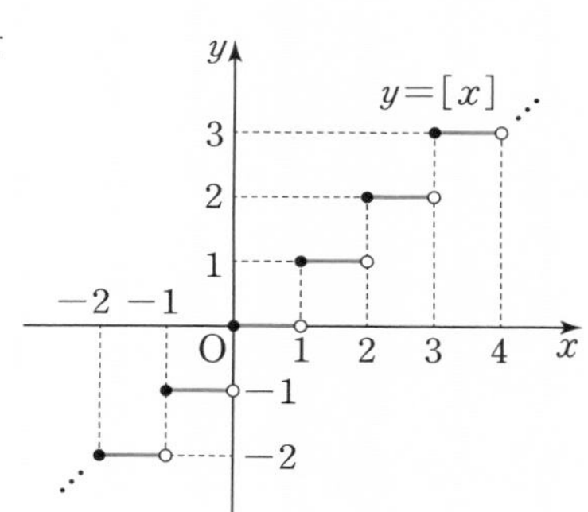

실수 x보다 크지 않은 최대의 정수를 $[x]$라 하자. 예를 들어

$[2]=2,\ [1.9]=1,$

$[-1.9]=-2,$

이다. 수열

$\{a_n\}:\ 0.9,\ 0.99,\ 0.999,\ \cdots$

에 대하여 세 수

$\lim_{n\to\infty}[a_n],\ \left[\lim_{n\to\infty}a_n\right],\ [0.999\cdots]$

의 값을 각각 구하시오.

모든 자연수 n에 대하여 $0<a_n<1$이므로 $[a_n]=0$이다. 따라서 $\lim_{n\to\infty}[a_n]=\lim_{n\to\infty}0=0$이다.

반면 $0.999\cdots=\lim_{n\to\infty}a_n=1$이므로 $[0.999\cdots]=\left[\lim_{n\to\infty}a_n\right]=[1]=1$이다.

지금까지 수열의 극한이라는 개념이 탄생하는 과정을 무한소수를 통해 설명했는데, 실제로 극한의 개념은 16세기에 소수 표기법이 유럽에 본격적으로 등장하면서 싹트기 시작했다. 어쩌면 이때쯤 수학자들의 머릿속에 막 싹트기 시작한 극한의 개념이 소수 표기법의 발명을 재촉했을 수도 있다.

한편, 내가 이토록 $0.999\cdots=1$임을 강조하는 또 하나의 중요한 이유는 $0.999\cdots=1$이어야만 미분의 접선의 기울기와 순간속도가 존재하며 적분의 넓이와 부피도 존재할 수 있기 때문이다.

7

수직선 완성시키기

미션: 수직선을 채워라

우주가 더 이상 자를 수 없는 '플랑크 길이'와 '플랑크 시간'으로 이루어져 있다고 과학자들이 밝혀내기까지 미적분은 이론적으로 막대한 역할을 했을 것이다. 그런데 역설적이게도 미적분은 곡선을 '무한히 작게 자를 수 있다'는 전제에서 출발한 학문이다. 따라서 미적분이 논리적으로 완성되기 위한 전제 조건으로, 모든 실수가 담겨 있는 수직선에 단 하나의 빈틈도 없어야만 했다. 실수 체계는 오랜 세월 동안 수직선을 빈틈없이 채워나가는 과정을 겪으면서 19세기에 이르러서야 비로소 완성됐는데, 그 역사를 짧게 알아보자.

인류는 반직선 위에 자연수를 나타내는 것부터 시작했다. 이후 수학

자들은 연속한 두 자연수 사이를 분자와 분모가 모두 자연수인 분수들로 채워나갔고, 이 과정에서 임의의 서로 다른 두 분수 사이에도 무수히 많은 분수가 존재●한다는 것을 발견했다. 그리고 이를 근거로 모든 분수를 수직선 위에 나타내면 빈틈이 전혀 없을 것으로 생각했으나, 피타고라스학파에 의해 $\sqrt{2}$가 차지하고 있던 빈틈이 처음으로 발견됐다. 그 후 수학자들은 이러한 빈틈들의 개수가 무한함을 알아내고, 그 빈틈에 자리 잡고 있는 수들을 무리수無理數, irrational number로, 기존의 분수들을 유리수有理數, rational number▲로 부르기로 했으며, 유리수와 무리수를 합쳐 실수實數, real number로 부르기로 했다. 이처럼 유리수가 아닌 빈틈들에 대응하는 수들을 모두 무리수라고 정했으니, 유리수와 무리수를 합친 실수로 채워진 수직선에는 논리적으로 더 이상의 빈틈이 있으려야 있을 수가 없게 됐다.■

$\sqrt{2}$

1 2

한편, 수직선이 실수로 빈틈없이 가득 찼다는 말이 곧 수학자들이 모든 실수를 발견해 채웠다는 것을 의미하지는 않는다. 수학자들이 모든 유리수를 찾아내는 일은 아주 쉬웠으나, 지금까지 수학자들이 찾아낸 무리수는 모든 무리수의 0 %일 정도로 미미하다.◆

마지막으로 0이 발명되고 유럽에서 뒤늦게 음수가 수로 인정받으면

● 이를 '유리수의 조밀성'이라고 한다.

▲ rational은 'ratio(比)'에서 유래된 말인데, 이후 번역 과정에서 '이성적인(rational)'로 오해해 '리(理)'로 변했다.

■ 이를 '실수의 연속성(완비성)'이라고 한다.

◆ 상상하기 어렵겠지만, 실수 중 무리수가 차지하는 비율이 100%이고 무리수 중 π, e와 같은 초월수가 차지하는 비율이 100%이기 때문이다.

서 수직선 전체가 실수로 빈틈없이 가득 차게 됐다.

음수도 수다

음수는 이미 기원전 중국의 수학책 《구장산술九章算術》에 등장했다. 7세기경에는 인도의 수학자 브라마굽타Brahmagupta, 598~668에 의해 0과 음수가 본격적으로 등장해 12세기 이후 인도-아라비아 숫자와 함께 유럽으로 전파됐다. 그러나 근대 수학의 주류였던 유럽의 수학자들은 17~18세기까지도 음수를 진정한 수로서 인정하기를 거부하거나 어려워했다. 프랑스의 수학자 파스칼Blaise Pascal, 1623~1662은 "$0-4\neq 0$•이라고 주장하는 사람도 있다."라며 음수를 수로서 인정하지 않았고, 좌표평면에 음수를 표시해 음수의 확산에 크게 기여한 프랑스의 철학자이자 수학자 데카르트René Descartes, 1596~1650조차 "음수는 그저 기호일 뿐"이라며 평가절하했다. 특히 음수를 수로 인정하게 되면

(큰 수) : (작은 수) = (작은 수) : (큰 수)

라는 궤변 같은 비례식이 성립하게 된다며 음수를 도저히 받아들일 수 없다고 주장하는 수학자들도 많았다. 지금이야 음수가 워낙 익숙해 $1:(-1)=(-1):1$이라는 비례식이 전혀 어색하지 않지만, 당시에는 수학자들조차 $(-1)\times(-1)=1\times 1$과 같이 (음수) × (음수) = (양수)가 되

• 즉, 파스칼은 $0-4=0$이라고 생각했다.

어야만 하는 상황을 도저히 납득할 수 없었다고 한다.

오늘날의 학생들은 오히려 옛 수학자들이 '겨우' 음수에 대해 그토록 어려움을 겪었다는 사실을 도저히 이해할 수 없다고 말하기도 한다. 영하 날씨의 온도계만 생각해도 음수의 필요성과 유용성이 그대로 드러난다며 말이다. 옛 수학자들과 오늘날의 학생들 간의 이러한 인식 차는 인류의 '지적 진화'의 현실을 단적으로 보여주는 예라고도 할 수 있겠다.

어쨌든 이러한 우여곡절 끝에 수직선 전체가 실수로 빈틈없이 가득 차게 되자, 실수의 구간에서 정의된 함수들도 빈틈없이 이어진 곡선, 즉 연속인 곡선을 가질 수 있게 됐다.

드디어 미적분의 물리적 기반이 완성됐다.

∞는 어디쯤에 있는 걸까?

∞를 '한없이 커지는 상태'로 정의하고 있다고 해서 ∞가 지금 이 순간에도 계속 커지고 있는 것으로 오해하면 안 된다. 어제의 자연수의 개수와 오늘의 자연수의 개수는 전혀 차이가 없는 것처럼 어제의 ∞와 오늘의 ∞도 서로 다르지 않다. 그렇다면 ∞는 수직선의 어디쯤에 있는 걸까? 수직선의 맨 끝에 ∞가 있는 걸까? 수직선은 끝도 없이 영원히 이어지므로 ∞는 수직선의 어딘가에 '있는' 것이 아니다. ∞는 마치 수평선과 같아서 우리가 다가가면 멀어지고, 다시 다가가면 또다시 멀어진다. ∞는 영원히 도달할 수 없는 '끝이 없는 우주의 끝'과 같다고나 할까?

0도 ∞와 동급이다

양수 x의 값이 한없이 커지면 $\frac{1}{x}$의 값은 0에 한없이 가까워진다. 이로부터 우리는 $\lim_{x\to\infty}\frac{1}{x}=0$이라는 것과 곡선 $y=\frac{1}{x}$의 점근선이 직선 $y=0$이라는 것을 알 수 있다. 뿐만 아니라 '가장 작은 양수는 존재하지 않는다'는 사실도 깨달을 수 있다.

또한 어떤 극한이 0으로 수렴하면 그 역수의 극한은 ∞ 또는 $-\infty$로 발산하므로 극한에서는 0과 ∞가 사실상 동급의 힘을 가진 것으로 취급된다. 그래서 $0\times\infty$ 꼴의 극한은 상황에 따라 0이 되기도 하고 상수 c가 되기도 하며 ∞ 또는 $-\infty$가 되기도 하는 것이다.

이처럼 0과 ∞가 서로 통한다는 사실은 우리에게 미시세계 속에서 우주를, 우주에서 미시세계를 발견하도록 한다.

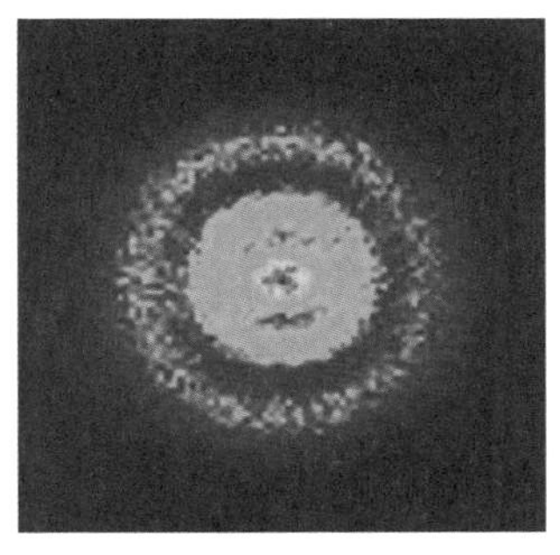

수소 원자 사진

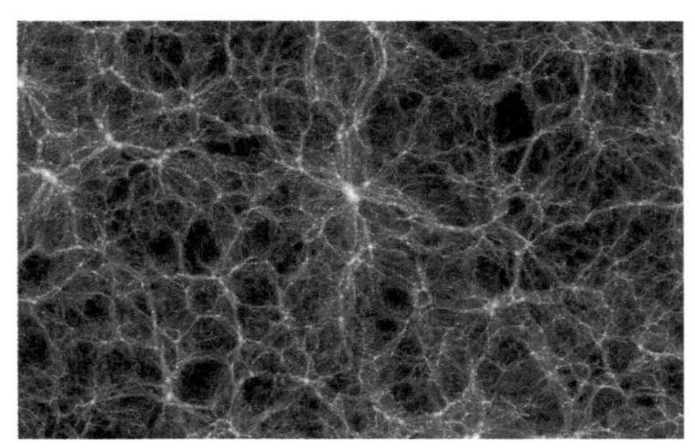

우주 거대 구조 속의 필라멘트와 거대 공백

원자핵 주위를 구름처럼 공전하고 있는 전자로 이루어진 원자 구조에서 행성들이 공전하고 있는 태양계의 구조를 떠올리는 것, 은하들을 잇는 필라멘트와 거대 공백으로 대표되는 우주의 거대 구조Cosmic Large-Scale Structure에서 인간의 뇌 신경망을 떠올리는 것이 그 예다.

극한은 가능성이자 꿈이다

우리가 볼 수 있는 것 중에 완벽한 원이 있을까? 지구는 원보다는 타원에 가깝고, 사람의 눈동자도, 하늘의 태양도 미세하게 측정하면 완벽한 원이 아니다. 컴퍼스로 그린 원도 완벽한 원이 될 수 없고, 컴퓨터 프로그램으로 그린 원도 모니터를 크게 확대해 보면 미세한 사각형(픽셀) 모양의 점들로 연결된 다각형으로 보인다.

따라서 '한 정점으로부터의 거리가 일정한 점들의 모임'인 원은 우리의 상상 속에서만 존재할 수 있는 이상적인 형태라 할 수 있다. 그래서 완벽한 원이란 우리가 보거나 그릴 수 있는 모든 원을 수정하고 다듬어서 완성하고자 하는 목표라고 할 수도 있겠다. 이 목표를 '극한'이라고 표현하기로 한다면 완벽한 원은 우리의 상상 속에서 극한으로서만 존재하는 도형이다.

마찬가지로 이 세상 어디에도 완벽한 정사각형, 완벽한 직각삼각형은 존재하지 않는다. 완벽한 사람도, 완벽한 사랑도, 완벽한 지상낙원도 존재하지 않는다. 완벽한 것은 모두 우리의 상상 속에서 극한의 형태로만 존재할 뿐이다.

어쩌면 우주의 비밀을 캐고자 하는 과학자들이 우주의 모든 비밀보다 진정으로 궁금해하는 것이 있다면, 그것은 '과연 인류는 우주의 비밀을 어디까지 알아낼 수 있을까?'일 것이다. 이것도 극한이다.

8

이어짐과 끊어짐 사이에서

같은 듯 다른 수열의 극한과 함수의 극한

오늘날 미적분의 이론적 기반은 '극한'이라고 할 수 있는데, 극한에는 수열의 극한과 함수의 극한이 있다. 여기서는 함수의 극한의 핵심만 살펴보려고 한다.

$x \to \infty$일 때의 함수의 극한은 수열의 극한과 크게 다르지 않다. 다만 자연수 n은 불연속적(이산적)으로 변하고, 실수 x는 연속적으로 변한다는 차이가 있다. 예를 들어 [그림 1]의 함수 $y=\frac{1}{x}$의 그래프에서 x의 값이 수직선을 따라 연속적으로 한없이 커질 때, $\frac{1}{x}$의 값은 0에 한없이 가까워지는 것을 확인할 수 있다. 따라서 $\lim_{x \to \infty} \frac{1}{x}=0$이다. 이는 수열의 극한 $\lim_{n \to \infty} \frac{1}{n}=0$과 같은 결론이 나오는데, 대부분의 경우에서는 이처럼 수열의 극한 $\lim_{n \to \infty} f(n)$과 함수의 극한 $\lim_{x \to \infty} f(x)$의 결과가 같다.

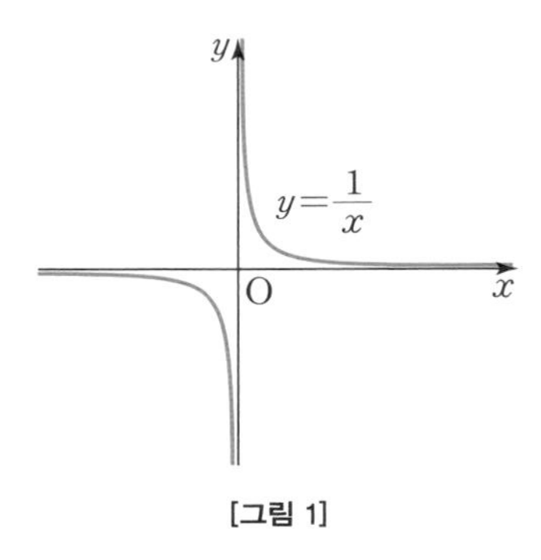

[그림 1]

그렇다면 함수

$$f(x)=\begin{cases} \frac{1}{x} & (x\text{는 자연수일 때}) \\ 1 & (x\text{는 자연수가 아닐 때}) \end{cases}$$

의 경우에는 어떨까? 함수 $y=f(x)$의 그래프는 [그림 2]와 같다. 이 그래프를 보고, $\lim_{n\to\infty} f(n)$과 $\lim_{x\to\infty} f(x)$의 극한값을 각각 생각해 보라.

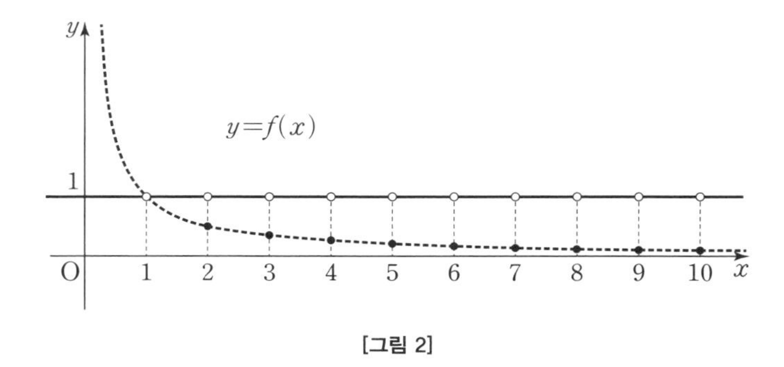

[그림 2]

수열의 극한 $\lim_{n\to\infty} f(n)$에서는 n이 자연수인 경우만 생각하면 되므로 점 $\left(n, \frac{1}{n}\right)$만 관찰하면 된다. 따라서 $\lim_{n\to\infty} f(n)=\lim_{n\to\infty}\frac{1}{n}=0$이다.

반면 함수의 극한 $\lim_{x\to\infty} f(x)$에서는 실수 x가 연속적으로 한없이 커지는 과정을 생각해야 하므로 점 $\left(n, \frac{1}{n}\right)$과 직선 $y=1$을 동시에 고려해야 한다. x가 자연수가 아닐 때는 직선 $y=1$을 따라가다가 x가 자연수가 될 때마다 $f(x)=\frac{1}{x}$이 되면서 순간적으로 1로부터 멀어지는 과정을 끝없이 반복한다. 이런 경우에는 $x\to\infty$일 때 $f(x)$가 1에 한없이 가까워진다고 말할 수 없다. 따라서 $\lim_{x\to\infty} f(x)$는 발산한다.

한편, 함수

$$f(x)=\begin{cases} \dfrac{x-1}{x} & (x\text{는 자연수일 때}) \\ \dfrac{x+1}{x} & (x\text{는 자연수가 아닐 때}) \end{cases}$$

의 경우에는 수열의 극한 $\lim_{n\to\infty} f(n)=\lim_{n\to\infty}\frac{n-1}{n}=1$이고, 함수의 극한 $\lim_{x\to\infty} f(x)=1$이다.•

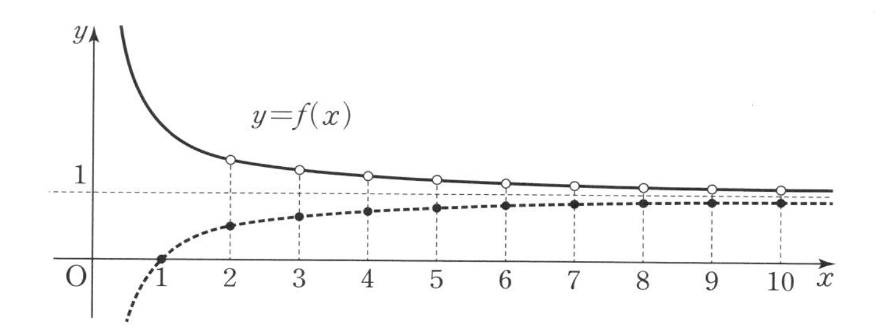

이처럼 함수의 극한과 수열의 극한은 같은 듯 다르기도 하고 다른 듯 같기도 하다.

• x가 실수일 때 $\lim_{x\to\infty}\frac{x-1}{x}$과 $\lim_{x\to\infty}\frac{x+1}{x}$이 모두 1로 수렴하기 때문이다.

$x \to a$에 담긴 의미들

실수 x가 a가 아닌 값을 가지면서 a에 한없이 가까워질 때 함수 $f(x)$의 값이 상수 b에 한없이 가까워지면

'$x \to a$일 때 $f(x) \to b$' 또는

'$\lim_{x \to a} f(x) = b$'

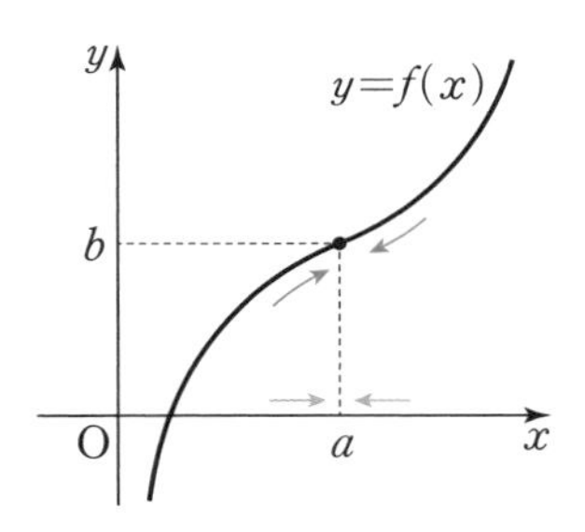

와 같이 나타낸다. 여기에 수열의 극한에는 없고 함수의 극한에만 있는 기호 '$x \to a$'가 등장하는데, 이 기호에 숨겨진 중요한 단서들에 대해 잠깐 살펴보기로 하자.

퀴즈 1

물(H_2O)은 기체, 액체, 고체의 세 가지 상태로 존재한다. 그렇다면 물의 온도 t(℃)가 0에 한없이 가까워질 때의 상태, 즉 $\lim_{t \to 0}$ (H_2O의 상태)는 무엇일까?

$x \to a$에는 $x \to a-$일 때의 극한(좌극한)•과 $x \to a+$일 때 극한(우극한)▲을 모두 고려해야 한다는 의미가 들어 있다. 그런데

$$\lim_{t \to 0-} (H_2O\text{의 상태}) = (\text{고체}), \quad \lim_{t \to 0+} (H_2O\text{의상태}) = (\text{액체})$$

이므로 $t \to 0-$인 경우와 $t \to 0+$인 경우의 상태가 서로 다르다. 이런

• x의 값이 a보다 작으면서 a에 한없이 가까워질 때의 극한

▲ x의 값이 a보다 크면서 a에 한없이 가까워질 때의 극한

경우 일상에서는 $\lim_{t \to 0}$ (H_2O의 상태)는 '고체' 또는 '액체'라고 답할 수도 있겠으나, 수학에서의 답은 '존재하지 않는다.'이다. 함수의 극한에서는 좌극한과 우극한이 같은 경우에만 $x \to a$일 때의 극한값으로 인정하기 때문이다.

한편, 우리우주의 시간에서 빅뱅의 순간을 $t=0$으로 볼 때 $t \to 0+$일 때의 상태를 상상할 수도 없을 만큼 작은 시간 간격으로 나누어 설명하는 이론도 있는데, 그중에는 '빅뱅의 순간($t=0$일 때)에 아주아주 뜨거웠던 우주가 10^{-6}초 만에 아주아주 빠르게 식어 1조℃ (1,000,000,000,000 ℃) 정도의 아주 미지근한(!) 상태가 됐다'는 이야기도 있다. 하지만 그런 과학자들조차 빅뱅 직전의 상황, 즉 $t \to 0-$일 때의 상황에 대해서는 갖가지 추측만 있을 뿐 구체적인 이론은 아직 없다고 한다.

또한 $x \to a$에는 $x \neq a$라는 단서가 포함되어 있다.

등식 $\frac{x^2-1}{x-1}=\frac{(x-1)(x+1)}{x-1}=x+1$은 분모가 0이 되지 않는 $x \neq 1$일 때만 성립하므로 두 함수 $y=\frac{x^2-1}{x-1}$, $y=x+1$은 엄연히 서로 다른 함수다. 그런데 다음 극한 문제의 풀이 과정을 보자.

$$\lim_{x \to 1}\frac{x^2-1}{x-1}=\lim_{x \to 1}\frac{(x-1)(x+1)}{x-1}$$

$$=\lim_{x \to 1}(x+1)=1+1=2$$

위 과정에서는 등식 $\frac{(x-1)(x+1)}{x-1}=x+1$이 항상 성립하는 것으로 다루고 있는 것만 같다. 혹시 이 풀이 과정 어딘가에 빈틈이나 오류가 있는 것은 아닐까? 다행히 그렇지 않다. $x\to1$은 x의 값이 '1이 아닌 값을 가지면서' 한없이 1에 가까워진다는 것을 의미하므로 $x\to1$에는 $x\neq1$이라는 단서가 이미 포함되어 있기 때문이다.

그래서 $\lim_{t\to0}(H_2O$의 상태)에서는 $t=0$인 경우에 대해 고민할 필요가 없다.

함수의 연속

우리나라에서 자동차가 다니는 가장 긴 터널은 백두대간을 관통하는 강원도의 인제양양터널로, 그 길이가 무려 10.96 km에 달한다. 이렇게 긴 터널은 공사 기간을 단축하기 위해 양 끝에서부터 시작해 안쪽 방향으로 뚫어오다가 가운데 지점에서 만나는 방식으로 공사를 진행했다고 한다.• 두 개의 긴 터널을 양쪽에서 뚫어오다가 마침내 하나의 터널로 연결하는 순간은 함수의 좌극한과 우극한, 그리고 함수의 연속성을 엿볼 수 있게 한다. 양쪽에서 뚫어온 터널이 불연속이 되는 일은 공학자들에게는 상상하기도 싫은 상황일 것이다.

이처럼 연속과 불연속에 관한 현상들은 수학뿐만 아니라 현실 세계에서도 자주 볼 수 있다. 전등의 스위치를 켜는 순간 앞뒤로 전등에 흐르는 전류의 양은 불연속이 되고, 달리던 자동차가 갑자기 벽에 충돌하

• 인제양양터널은 중간 지점에 보조 터널을 뚫은 다음 그 지점에서도 양쪽 끝 방향으로 터널 공사를 진행했다. 즉, 총 4개의 지점에서 터널을 뚫어서 하나로 연결했다.

는 순간은 자동차의 속도가 불연속이 된다. 또한 지진은 지구의 단층이 갑작스럽게 불연속이 되는 현상이다. 이처럼 생활과 자연에서 일어나는 불연속적인 현상들은 매우 극적이거나 위험한 결과를 초래하는 경우가 많다. 그러한 현상을 최대한 연속이 되도록, 가능하다면 최대한 부드럽게 만나는(미분가능한) 상태가 되도록 만드는 것이 수학의 역할이자 과학의 목표이기도 하다.

사실 고등학교 과정에서 '함수의 연속성'만큼 직관적으로 이해하기 쉬운 개념도 없다. 수학적 정의는 다음과 같다.

함수의 연속의 정의

$\lim_{x \to a-} f(x) = \lim_{x \to a+} f(x) = f(a)$이면 함수 $f(x)$는 $x=a$에서 연속이라고 한다.

직관적으로는 그래프가 $x=a$에서 이어져 있으면 연속이고, 끊어져 있으면 불연속임을 의미한다.

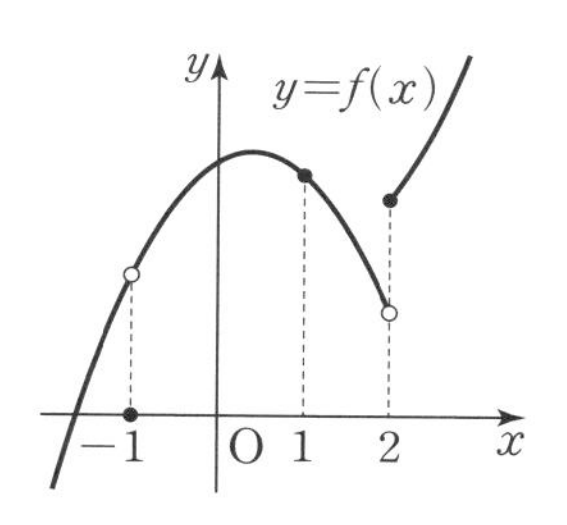

예를 들어 함수 $y=f(x)$의 그래프가 오른쪽 그림과 같으면 함수 $f(x)$는 $x=1$에서 연속이고, $x=-1$과 $x=2$에서는 불연속이다.

불연속함수를 연속함수로 대체하는 발상

다음은 함수 $y=\frac{x^2-1}{x-1}$의 그래프를 그린 컴퓨터 화면이다.

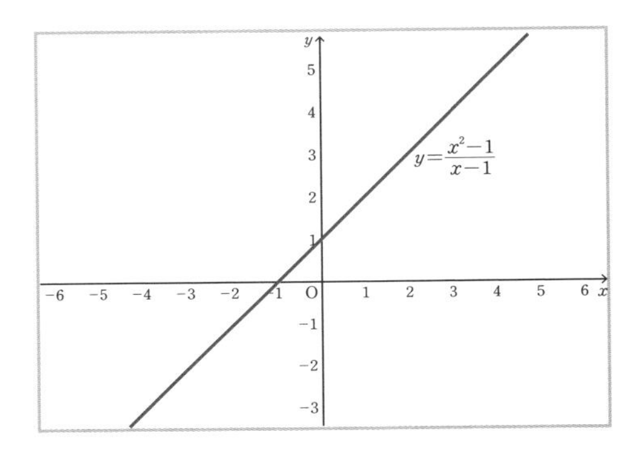

함수 $y=\frac{x^2-1}{x-1}$의 그래프에는 빈 점 (1, 2)가 있지만 무한개의 점 중에서 우리의 눈에는 보이지 않을 정도로 작은 점 하나가 빠졌을 뿐이라서, 직선 $y=x+1$과 아무런 차이점을 발견할 수 없을 것이다. 그래서 수학에서는 다음과 같이 빈 점을 추가하는 과장된 방법으로 그래프를 표현한다.

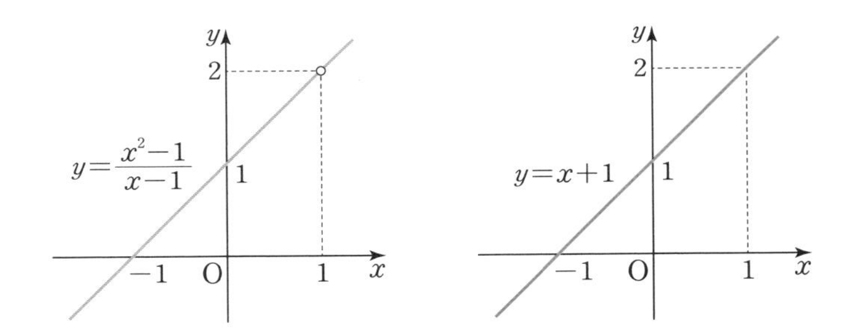

우리는 위의 두 함수 $y=\frac{x^2-1}{x-1}$, $y=x+1$의 그래프로부터 다음 명제가 참임을 직관적으로 알 수 있다.

‘모든 실수 a에 대하여 $\lim_{x \to a}\frac{x^2-1}{x-1}=\lim_{x \to a}(x+1)=a+1$이다.’

위 명제는 함수의 그래프에서 중간중간에 함숫값이 비어 있는 점들은 극한값에 전혀 영향을 주지 못한다는 것을 의미한다. 따라서

$$\lim_{x\to1}\frac{x^2-1}{x-1}=\lim_{x\to1}\frac{(x-1)(x+1)}{x-1}$$
$$=\lim_{x\to1}(x+1)$$
$$=1+1=2$$

와 같이 $\frac{0}{0}$ 꼴의 극한을 구하는 과정에는 사실 불연속함수$\left(y=\frac{x^2-1}{x-1}\right)$를 연속함수$(y=x+1)$로 대체해 해결하는 발상이 들어 있음을 발견할 수 있다.

상상하기 힘든 함수

아무리 작은 빈틈도 용납하지 않는 수학의 미시세계에서는 직관으로 상상하기 어려운 일들이 종종 등장한다. 다음은 그 대표적인 예다.

퀴즈 2

실수 전체의 집합에서 정의되지만, 모든 점에서 불연속인 함수가 존재할까?

위 퀴즈의 답을 알고 있는 사람은 많겠지만, 그 답을 스스로 찾아낸 사람은 많지 않을 것이다. 나도 언젠가 배웠던 그 함수는

$$f(x)=\begin{cases}1 & (x\text{는 유리수})\\ -1 & (x\text{는 무리수})\end{cases}$$

이다. 과연 이 함수의 그래프는 어떤 모습일까?

유리수와 무리수는 모두 수직선 위에 조밀하게 나열되어 있으므로 억지로라도 그려 보면 다음 그림처럼 마치 두 개의 직선 $y=-1$, $y=1$을 모두 그려놓은 것처럼 보일 것이다.

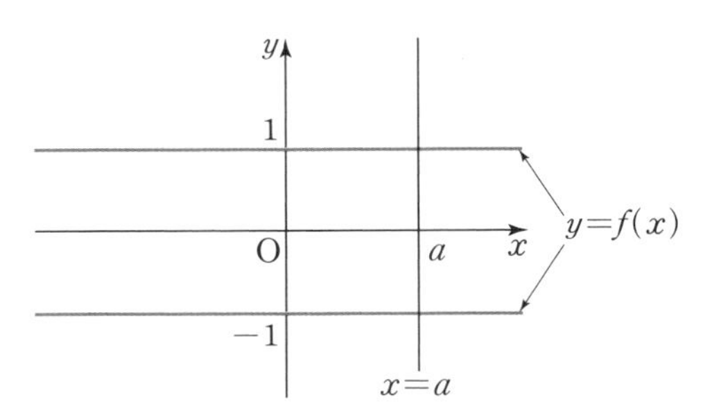

물론 임의의 실수 a에 대하여 직선 $x=a$와 함수 $y=f(x)$의 그래프는 항상 한 점에서만 만날 것이므로 이 그래프의 두 직선에는 실수 전체의 개수만큼의 무수한 빈틈들이 존재할 것이다.

한편, 함수

$$g(x)=\begin{cases} x & (x\text{는 유리수}) \\ -x & (x\text{는 무리수}) \end{cases}$$

는 오직 $x=0$에서만 연속인 함수다.

9

우주로 뻗어나가는 무한한 상상력

빛의 속력을 재다

이 세상에서 가장 빠른 물질이 '빛'이라는 사실은 누구나 잘 알고 있다. 옛날 사람들은 사람이 눈을 뜨면 눈에서 빛이 나와 사물을 볼 수 있다고 생각했고, 눈을 뜨자마자 하늘의 별이 보이는 것으로 보아 광속(빛의 속력)은 무한대일 것이라 여겼다.

광속이 유한할지도 모른다고 생각하고 처음으로 광속을 측정하고자 시도한 사람은 이탈리아의 천문학자, 물리학자, 공학자, 철학자 및 수학자인 갈릴레오 갈릴레이Galileo Galilei, 1564~1642다. 갈릴레오와 그의 조수는 밤에 약 1.6 km 떨어져 있는 두 개의 산 정상에 각자 등불이 든 통을 들고 올라갔다. 갈릴레오가 등불이 든 통의 덮개를 열면 그의 조수는 그 빛을 보자마자 자신의 통의 덮개를 여는 방식으로 빛이 두 지점을 왕복하는 데 걸리는 시간차를 재서 광속을 구하고자 했다. 하지만 지구와 달 사이를 왕복하는 데 겨우 2.6초 밖에 걸리지 않는 빛의 빠르기를 측정하기에는 두 산의 정상 사이의 거리가 턱없이 짧다는 걸 당시에는 알지 못했다. 결국 이 실험은 실패로 돌아갈 수밖에 없었고 오히려 광속이 무한대라는 근거를 강화해주는 결과를 낳았다.

그 후 17세기 후반에 덴마크의 천문학자 뢰머Ole Christensen Rømer, 1644~1710가 지구와 목성 사이의 거리에 따라 목성 위성의 식(목성의 그림자에 가려지는 현상)이 발생하는 시간이 차이가 난다는 것을 관측해 광속이 유한하다는 사실을 처음으로 알아냈다. 19세기에는 톱니바퀴나 거울을 이용한 실험을 통해 광속이 약 30만 km/s임을 직접 확인했다.

무한 속에 사는 우리

20세기에 아인슈타인의 특수 상대성 이론으로부터 도출된 상대론적 질량 공식은

$$m=\frac{m_0}{\sqrt{1-\frac{v^2}{c^2}}}$$

인데, m은 정지했을 때의 질량이 m_0인 물체가 v의 속도로 움직일 때의 질량이고, c는 광속이다.

여기서 질량 m이 존재하려면 $1-\frac{v^2}{c^2}>0$, 즉 $v<c$이어야 하므로 '모든 물체의 속도 v는 절대로 광속보다 빠를 수 없다'는 것이 이 식 하나로 증명된다. 그리고 $v\to c-$일 때 $\frac{v^2}{c^2}\to 1-$이므로 $\sqrt{1-\frac{v^2}{c^2}}\to 0+$가

되어

$$\lim_{v \to c-} \frac{m_0}{\sqrt{1-\frac{v^2}{c^2}}} = \infty$$

이다. 즉, '물체의 속도 v가 광속 c에 한없이 가까워지면 질량 m은 ∞가 된다'는 사실도 극한을 이용해 증명할 수 있다.

또한 과학자들은 물체의 속도가 광속에 한없이 가까워지면 정지해 있는 관찰자의 시점에서 그 물체의 길이는 0에 한없이 가까워지고, 그 물체에서 흐르는 시간은 한없이 느려진다는 사실도 극한을 이용해 증명했다. 광속에서 무한대와 무한소를 만나게 될 줄이야.

그런데 천문학자들이 빛보다 빠른 것을 찾아냈다. 우주는 빛보다 훨씬 빠르게 팽창하고 있으며, 심지어 그 팽창 속도가 점점 더 빨라지고 있음을 관측을 통해 알아낸 것이다. 다만 우주의 팽창은 공간의 변화이므로 여전히 우주에서 가장 빠른 물질은 빛이라는 사실에는 변함이 없다. 우주가 빛보다 빠른 속도로 가속 팽창한다는 것은 아주 먼 곳에서 지구를 향해 오고 있는 빛들은 영원히 지구에 도착하지 못한다는 것과 지금은 희미하게나마 관측되는 먼 은하들도 언젠가는 영원히 지구에서 관측 불가능한 영역으로 사라진다는 것을 암시한다. 이를 역으로 생각하면 현재 인류가 관측 가능한 은하의 수도 아주 먼 과거에 지구에서 관측 가능했던 은하의 수에 비해 이미 현저히 적어진 상태일 것이다.

우주의 나이는 약 138억 년이지만 우주의 가속 팽창으로 인해 현재 관측 가능한 우주의 크기는 약 930억 광년이고, 우주의 실제 크기는 아무도 알 수 없는 영원한 미궁의 영역으로 들어가 있다고 할 수 있다. 이처럼 지금 이 순간에도 우주는 '빛보다 빠르게 한없이 커지고 있는 상태'에 있으므로 우주가 무한대를 실존적으로 보여주고 있다고도 할 수 있지 않을까?

세상에서 가장 빠른 것

내가 어릴 적 고향 밤하늘에는 아무리 맑은 날이라도 항상 희미한 구름이 끼어 있었는데, 그때는 그냥 이상하다고만 생각했다. 나는 그 희미한 구름이 바로 수많은 별들이 모여 있는 은하수였다는 것을 나중에야 알게 됐는데, 이제는 고향에 가도 그 희미한 은하수가 보이지 않아 너무나도 아쉽다. 다음 사진은 우리은하의 중심부를 찍은 은하수 사진이다.

은하수

인류는 우리은하 밖에 있는 안드로메다은하의 사진을 찍는 데는 성공했으나, 정작 우리은하 전체를 보여주는 사진은 아직 아무도 찍지 못했다. 그러고 보면 인류가 지구 밖에서 지구의 모습을 처음으로 본 지도 채 100년이 되지 않았다. 인류가 우리은하의 사진을 찍기 위해 지금 당장 빛의 속력만큼 빠른 우주선을 타고 출발하더라도 우리은하가 한눈에 들어올 만한 거리까지 가려면 족히 10만 년을 기다려야 할 것이고, 그 사진을 지구로 다시 전송하려면 다시 10만 년을 더 기다려야 할 것이다.

그러나 우리는 다양한 방향에서 담은 우리은하의 생생한 그림(사진이 아니다.)들을 어렵지 않게 찾아볼 수 있다.

우리은하 상상도

다양한 관측 자료를 바탕으로 우리은하의 구조를 상상해 그린 이 그림을 보고 있노라면 어느 순간 아주 먼 거리에서 우리은하를 내려다보고 있는 스스로를 발견하게 된다.

이처럼 우리 인간의 상상력은 빛은 물론 우주의 팽창 속도와도 비교할 수 없을 만큼 빠르게 우주의 이곳저곳을 순식간에 이동할 수 있게 한다. 이런 이유로 나는 이 세상에서 가장 빠른 물질은 빛이겠지만, 가장 빠른 것(!)은 바로 '인간의 상상想像'이라고 생각한다. 이 상상력의 속도와 상상력의 크기 때문에 빛보다 빠른 우주의 팽창에도 불구하고 우주의 크기는 인간의 인식 속에서 영원히 유한에 머물 수밖에 없는 것이다.

10

극한 여행의 시작

상상이라는 출발역에서

우주를 탐색하고 우주의 비밀을 파헤치기 위해서는 고도의 과학 기술이 필요하고, 그러한 기술의 바탕이 되는 원리는 바로 수학, 그중에서도 미적분이라 할 수 있다. 그리고 이러한 미적분을 이해하기 위해서는 무한과 극한에 대한 이해가 필수적이다.

그런데 대부분의 학생들이 극한이나 미적분에 대한 문제를 해결할 때 공식과 계산을 통해서 답을 구하는 것에만 익숙해져 있어, 그 문제에서 상상해 볼 수 있는 '생생한 장면'을 감상하지 못하고 그냥 지나치는 경우가 많아 참으로 아쉽고 안타깝다. 누구나 지니고 있는 '빛보다 빠르고 우주보다 큰 무한한 상상력'을 동원해 극한과 무한의 장면을 머릿속에서 그려 볼 수만 있다면 극한에 대한 직관적 통찰은 물론 미적분에 대한 종합적인 이해가 가능하게 될 것인데 말이다.

이를 위해 도형과 관련한 다양한 극한 문제에 내재된 생생한 장면을 포착하고 실제로 그림으로 그려서 문제를 해결해 보는 '극한 여행'을, 미적분을 본격적으로 탐구하는 여행에 앞서 떠나 보려고 한다. 극한 여행을 떠나려면 직관이라는 열차에 탑승해야 한다. 이 열차의 탑승권은 우리의 상상력이고, 이 탑승권은 누구에게나 무한히 주어져 있다.

우선 열차가 출발하기 전에 가만히 쳐다보며 조금만 생각해 봐도 해결할 수 있는 첫 문제를 만나 보자. 어서 편안하게 좌석에 앉으시라.

퀴즈 1

양의 실수 a에 대하여 네 직선

$$x=0, \qquad y=0,$$

$$y=a(x-1),\ y=\frac{x}{a}+1$$

에 동시에 접하고, 제1사분면에 중심이 있는 원의 반지름의 길이를 $r(a)$라 하자. $\lim_{a\to\infty} r(a)$의 값을 구하시오.

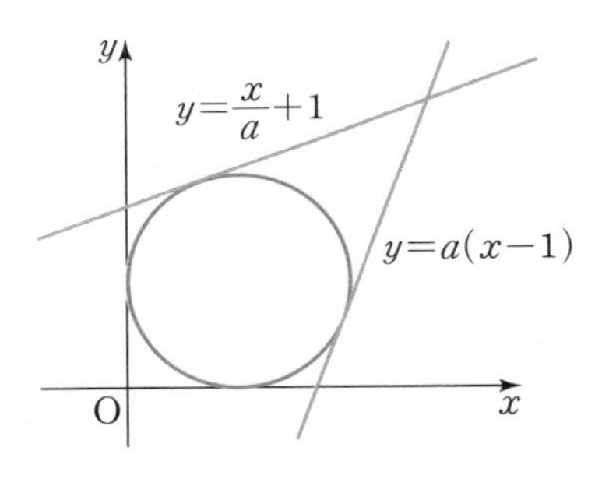

이 문제가 원의 접선에 관한 문제라는 이유로, 문제를 읽자마자 '원의 중심과 접선 사이의 거리가 원의 반지름의 길이와 같다'는 성질을 이용하려고 시도할 가능성이 높다.

문제를 천천히 읽고, 찬찬히 생각해 보고, 이리저리 분석해 보고, 자신만의 문제 해결 전략을 세워 보고, 답을 구한 뒤에는 정답의 의미를 음미해 보고…. 수학을 공부하는 모든 학생에게 이런 여유가 충분히 주어진다면 얼마나 좋을까마는 가쁘게 답만 좇아야 하는 현실이 안타깝기만 하다. 특히 도형 관련 극한 문제에서는 문제 상황을 상상해 보는 습관이 무척이나 중요한데 말이다.

이제라도 문제에서 주어진 두 직선 $y=a(x-1)$, $y=\frac{x}{a}+1$의 특징이나 관계를 유추해 보자.

이 두 직선은 a의 값에 관계없이 각각 점 (1, 0)과 점 (0, 1)을 지나고 두 직선의 기울기가 서로 역수 관계임을 눈치챘는가? 그랬다면 두 직선이 직선 $y=x$에 대하여 서로 대칭이라는 것도 파악했을 것이다.

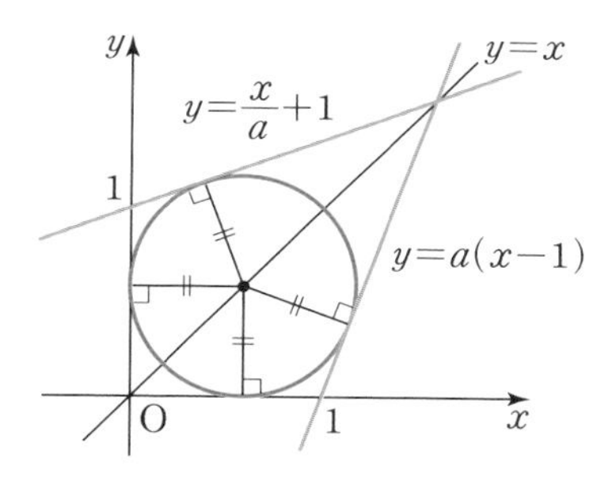

이 문제는 $a\to\infty$일 때를 묻고 있으므로 잠시만 여유를 가지고 a의 값이 점점 증가하는 상황을 상상해 보면 어떨까?

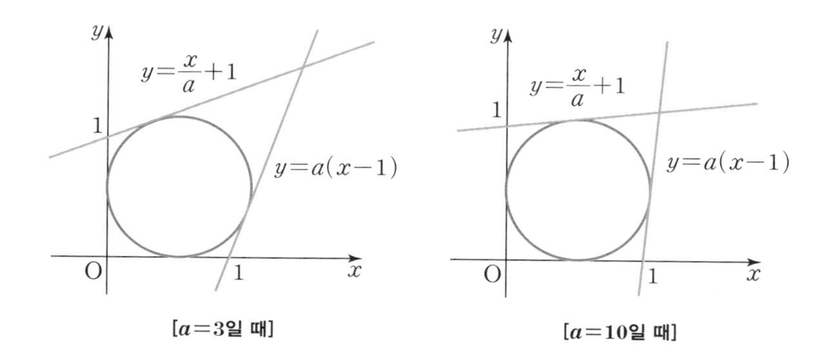

[$a=3$일 때] **[$a=10$일 때]**

겨우 $a=10$까지만 그렸을 뿐인데 벌써 ∞의 상황이 보이려 한다.

다음은 $a=100$, $a=1000$일 때의 그림이다.

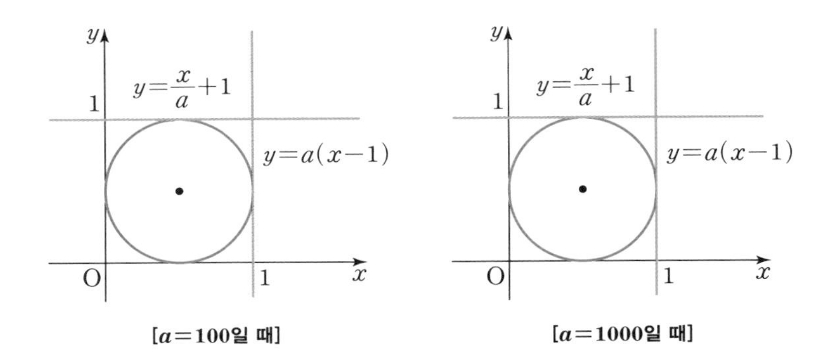

[$a=100$일 때] **[$a=1000$일 때]**

이제부터는 a의 값이 아무리 증가하더라도 그림들이 거의 꿈쩍도 하지 않는다. 따라서 이쯤이면 a가 ∞일 때의 상황을 정확하게 상상할 수 있을 것이다. 즉, x축, y축 및 두 직선 $y=a(x-1)$, $y=\frac{x}{a}+1$로 둘러싸인 도형의 극한은 '한 변의 길이가 1인 정사각형'이다.

그리고 이 정사각형이 **퀴즈 1**의 답이 '이 정사각형에 내접하는 원의 반지름의 길이', 즉

$$\lim_{a\to\infty} r(a)=\frac{1}{2}$$

이라고 스스로 자백하고 있다.

다음 문제도 $t\to\infty$일 때의 상황을 상상해 보겠다는 생각만 할 수 있다면 충분히 눈으로 해결할 수 있을 것이다. 중요한 것은 '상상해 보자'는 생각이다.

퀴즈 2

양의 실수 t에 대하여 세 점 O(0, 0), P(t, 0), A(0, 1)을 꼭짓점으로 하는 삼각형의 내접원의 반지름의 길이를 $r(t)$라 할 때, $\lim_{t\to\infty} r(t)$의 값을 구하시오.

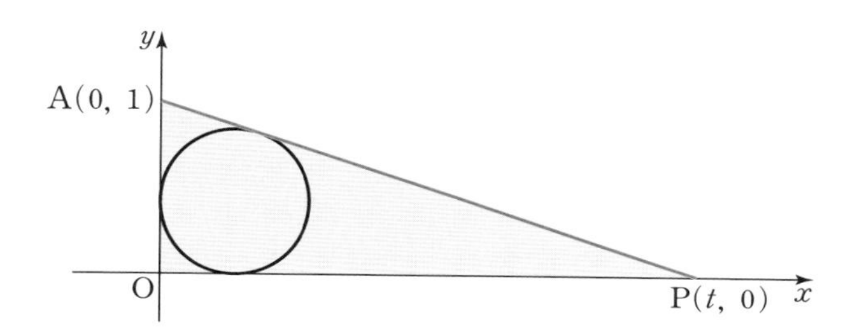

$t\to\infty$일 때 삼각형 OPA의 내접원의 반지름의 길이 $r(t)$의 극한을 묻고 있으므로 t의 값을 점차 증가시켜 가면서 그림의 변화를 상상해 보라.

다음은 $t=1000$일 때의 그림을 상상해서 나타낸 것이다.

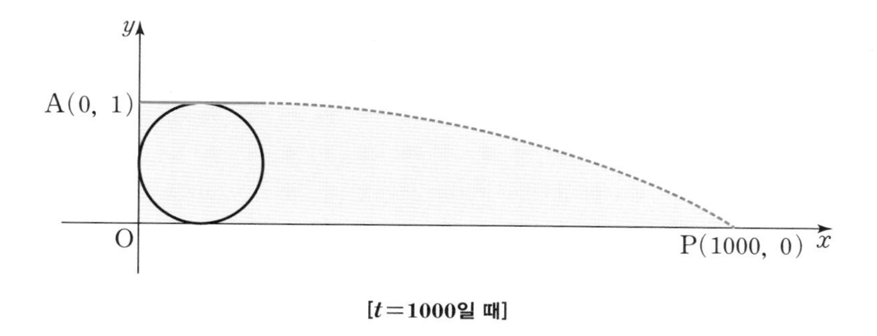

[$t=1000$일 때]

이 그림을 통해 우리가 간파해야 할 핵심은 't가 한없이 커짐에 따라 직선 AP가 x축과 점점 평행해진다'는 사실이다.

따라서 $t \to \infty$이면 직선 AP는 x축과 결국 평행해질 것이므로 삼각형 OPA의 내접원은 다음 그림과 같이 x축, y축 및 직선 $y=1$에 동시에 접하는 원이 될 것이다.

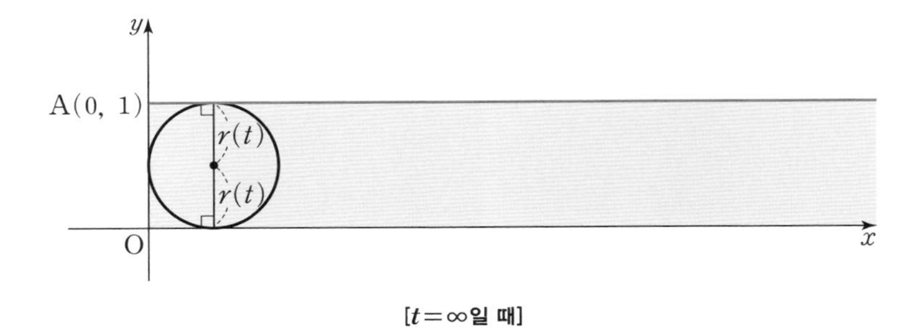

[$t=\infty$일 때]

즉, 이 원의 지름의 길이는 $\overline{OA}=1$과 같아지므로

$$\lim_{t \to \infty} r(t)=\frac{1}{2}$$

이 된다.

퀴즈 1, **퀴즈 2**는 그림을 축소하거나 확대하는 작업을 필요로 하지 않고, 주어진 그림만으로도 충분히 상상해 해결할 수 있었다. 그렇다면 다음 퀴즈는 어떨까?

퀴즈 3

2 이상의 자연수 n에 대하여 삼각형 ABC가

$\overline{AB}=n$, $\overline{BC}=n+1$, $\overline{CA}=n+2$

를 만족시킬 때, $\lim_{n \to \infty} \angle BAC$의 값을 구하시오.

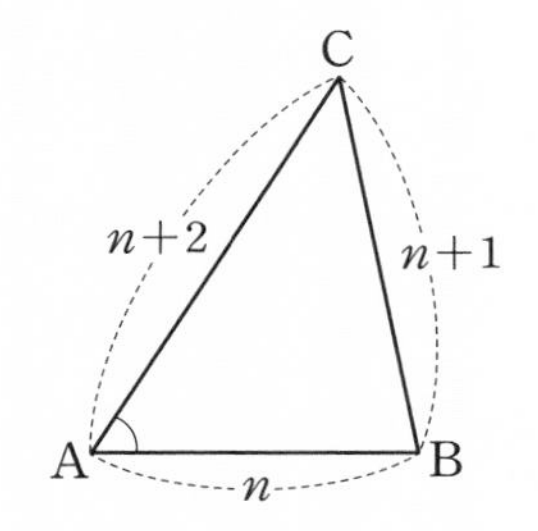

이 문제에서는 n의 값이 한없이 커지면 삼각형의 세 변의 길이도 한없이 커진다. 그런데 삼각형의 내각의 크기는 변의 길이의 비와 관련이 있으므로 아주 간단하게 극한 상태를 상상해 해결할 수 있다. 즉,

$$\lim_{n\to\infty}\frac{n}{n+1}=1,\ \lim_{n\to\infty}\frac{n+1}{n+2}=1,\ \lim_{n\to\infty}\frac{n+2}{n}=1$$

이므로 $n\to\infty$일 때

$$\lim_{n\to\infty}\frac{\overline{AB}}{\overline{BC}}=1,\ \lim_{n\to\infty}\frac{\overline{BC}}{\overline{CA}}=1,\ \lim_{n\to\infty}\frac{\overline{CA}}{\overline{AB}}=1$$

이 된다. 따라서 $n\to\infty$일 때, 삼각형 ABC는 정삼각형에 한없이 가까워지므로

$$\lim_{n\to\infty}\angle BAC=60^\circ$$

가 될 것이다.

지금까지는 퀴즈 수준의 간단한 극한 여행을 경험했는데, 이렇게 순순히 자신의 비밀을 드러내는 극한 문제는 사실 흔하지 않다.

11

직관을 타고 거시세계로

차이를 알 수 없는 한계에 이르다

우리의 극한 여행은 크게 두 가지 방향이다. 하나는 우주 멀리 거시세계로 가서 우리의 세상을 내려다보는 것이고, 또 하나는 세포 단위 또는 원자 단위까지도 들여다보기 위해 우리의 몸집을 줄이며 미시세계로 떠나는 것이다. 어디로 떠나던 우리는 안전할 테니 마음 놓고 여행을 즐기길 바란다.

먼저 $t \to \infty$일 때의 극한 상황을 묻고 있는 수능문제를 만나러 저 멀리 거시세계로 떠나 보자.

문제 1 2012학년도 수능

그림과 같이 직선 $y=x+1$ 위에 두 점 $\mathrm{A}(-1, 0)$과 $\mathrm{P}(t, t+1)$이 있다. 점 P를 지나고 직선 $y=x+1$에 수직인 직선이 y축과 만나는 점을 Q

라 할 때, $\lim_{t\to\infty}\frac{\overline{AQ}^2}{\overline{AP}^2}$의 값은? [3점]

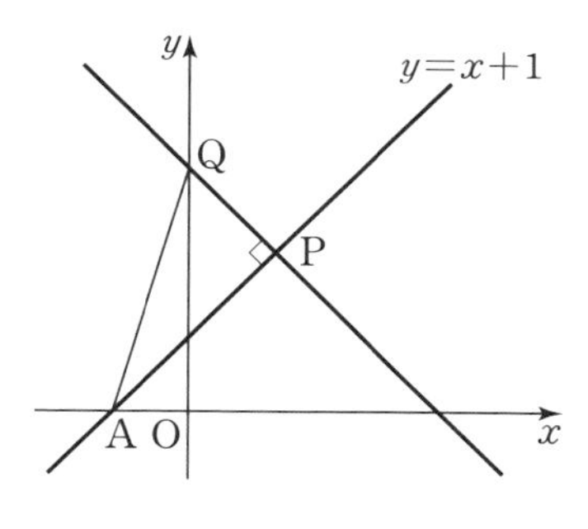

① 1 ② $\frac{3}{2}$ ③ 2 ④ $\frac{5}{2}$ ⑤ 3

이 문제는 두 직선의 교점 P의 x좌표 t가 한없이 커질 때, 직각삼각형 APQ의 두 변 AP, AQ의 '길이의 비'의 극한에 대해 묻고 있다.

따라서 t의 값을 조금씩 증가시키면서 그림을 그려 보자.

[그림 1-1]은 t의 값이 1부터 10까지 1씩 증가할 때를 차례로 나타낸 것이다.

하지만 $t\to\infty$일 때의 문제를 해결해야 하는 상황에서 $t=10$은 아직 턱없이 작은 수에 불과하다. 적어도 $t=100$일 때 정도는 그려 봐야 하지 않을까?

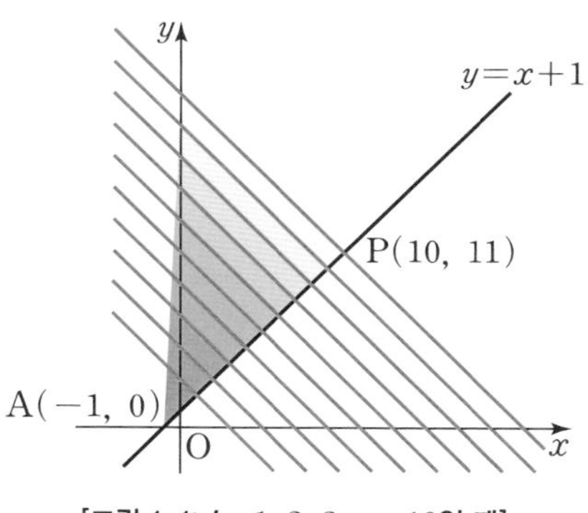

[그림 1-1: $t=1, 2, 3, \cdots, 10$일 때]

그런데 $t=100$일 때의 상황을 그리려면 $t=10$일 때에 비해 훨씬 더 큰 종이가 필요하다. 하지만 굳이 큰 종이에 그릴 필요 없이 [그림 1-2]와 같이 규모를 축소해 그리는 것이 훨씬 간단할 뿐만 아니라 경제적일 것이다.

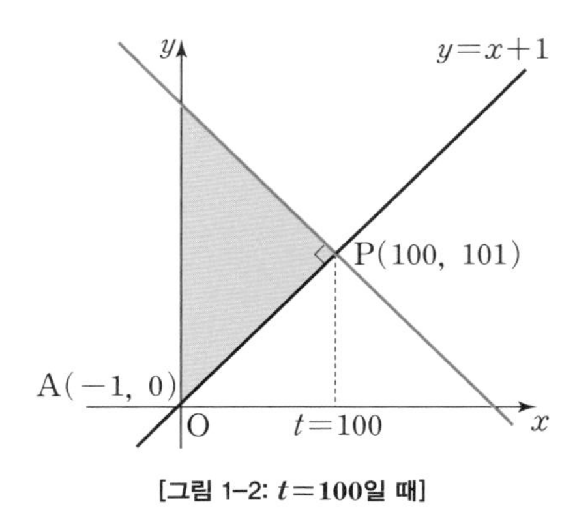

[그림 1-2: $t=100$일 때]

우리는 이미 거대한 우리은하의 모습도 겨우 한 장의 종이 위에 그린 그림을 직접 보지 않았던가? 영화에서 카메라가 지구의 지표면에서 출발해 먼 우주까지 멀어지며 지구가 보이지도 않을 만큼 줌아웃zoom out하는 장면을 떠올리면 도움이 될 것이다. 엄청나게 큰 종이에 그려야 할 상황을 축소해 그리다 보니 [그림 1-2]에서는 점 A(−1, 0)이 [그림 1-1]보다 원점에 훨씬 가깝게 그려진다는 것을 간파하는 것이 중요하다.

이제 $t=1000$일 때의 그림을 줌아웃해 직접 그린다고 상상해 보라.

그러다 보면 잠시 망설여지는 순간이 있을 것이다. 즉, '점 A(−1, 0)을 어디에 찍을 것인가?' 하는 문제다. 이 순간이 바로 우리의 상상력이 유한에서 무한으로 뛰어넘는 '극적인 순간'이 될 것이다. 만약 이 순간을 직관적으로 상상할 수 있다면 더 이상 t의 값을 증가시키지 않고도 $t\to\infty$의 상황을 상상할 수 있기 때문이다. [그림 1-3]은 $t=1000$일 때

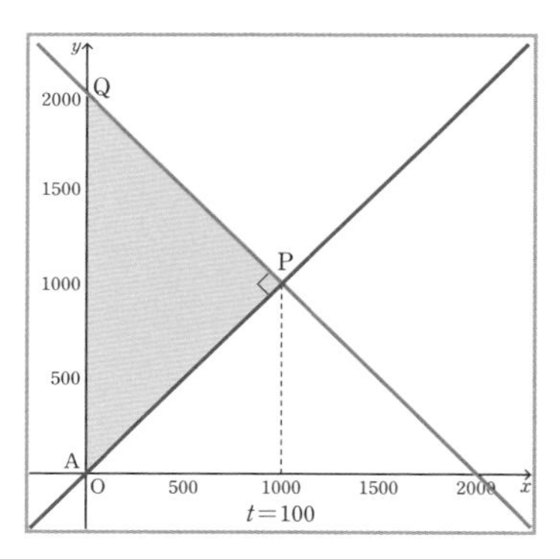

[그림 1-3: $t=1000$일 때]

를 컴퓨터로 그린 것이다.

[그림 1-3]에서는 점 $A(-1, 0)$의 위치가 보이지도 않을 만큼 점 A가 원점 O에 가깝다는 것을 확인할 수 있는데, 이는 우리은하의 상상도를 그릴 때 지구처럼 사소한(?) 것들은 태양에 너무 가까워 생략할 수밖에 없는 것과 마찬가지다. 우리은하의 한쪽 끝에서 반대쪽 끝까지 광속으로 횡단하려면 약 10만 년이 걸리는 것에 비해, 태양에서 출발한 빛이 지구까지 오는 데는 겨우 500초밖에 걸리지 않으므로 은하의 관점에서 보자면 지구는 태양에 딱 붙어 있는 것이나 다름없다. 더구나 지구는 태양에 비해 턱없이 작기 때문에 우리은하의 상상도에서 지구가 작은 점으로라도 보이기를 바라는 것은 어쩌면 우리가 지구에 살고 있는 인간이기에 가져볼 수 있는 낭만적인 욕심일 것이다. 우리은하의 4,000억 개의 별 중 하나일 뿐인 태양조차도 다른 별들에 의해 가려지지 않고 작은 점으로라도 보일 수 있는 것만으로도 큰 행운이기 때문이다.

이제 [그림 1-3]에서 점 $A(-1, 0)$이 원점 O와 일치하는 것처럼 보이는 것은 너무나 당연하게 여겨질 것이다. 겨우 $t=1000$일 때가 이럴진데, t의 값이 1억(10^8)을 지나고 $1억^{1억}$도 지나서 $t \to \infty$일 때는 어떻게 보이겠는가?

따라서 점 A가 원점에 착 붙어버린 상황을 떠올렸다면 이제 더 이상 t의 값을 증가시킬 필요조차 없다. 이미 우리 눈으로는 그 차이를 구별할 수 없는 경지에 이르렀기 때문이다. 이와 같이 t의 값을 증가시켜도 우리 눈에 아무런 차이점을 보여주지 않게 되는 상태가 바로 $t \to \infty$일 때의 극한 상황이다.

[그림 1-3]에서 극한 상황을 파악했으니 점 A가 원점 O에 완전히 붙어

버린 극한 상황의 상상도 [그림 1-4]를 이용해 기출 문제를 해결해 보자.

[그림 1-4]에서 삼각형 APQ는 삼각형 OPQ와 같으므로

$$\frac{\overline{AQ}^2}{\overline{AP}^2}=\frac{\overline{OQ}^2}{\overline{OP}^2}$$

이다. 이때 직선 OP의 방정식은 $y=x$와 같고 $\angle OPQ=\angle APQ=90^\circ$이며 점 Q는 y축 위의 점이므로 삼각형 OPQ는 $\overline{OP}=\overline{PQ}$인 직각이등변삼각형이다. 따라서

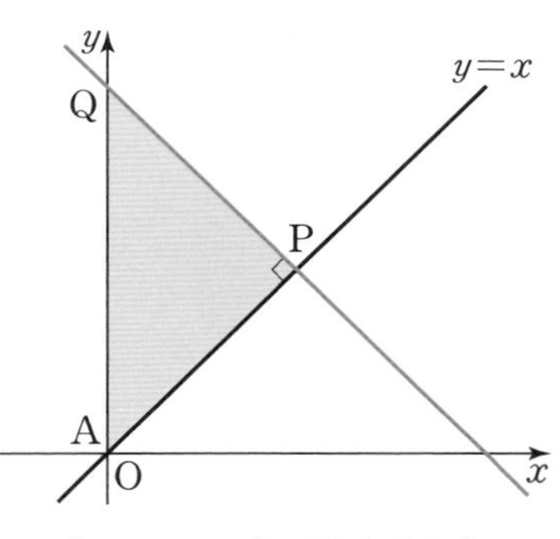

[그림 1-4: 극한 상황의 상상도]

$$\overline{OP}:\overline{OQ}=1:\sqrt{2}$$

이므로

$$\lim_{t\to\infty}\frac{\overline{AQ}^2}{\overline{AP}^2}=\lim_{t\to\infty}\frac{\overline{OQ}^2}{\overline{OP}^2}=(\sqrt{2})^2=2$$

이다. 한편, 이 문제에서 점 A의 좌표가 $(-1, 0)$ 대신 $(0, -1)$, $(0, -100)$과 같은 좌표로 바뀌더라도 답에는 전혀 영향을 주지 못한다. 왜냐하면 $t\to\infty$이면 직선 AP의 방정식에서 상수항은 무시되고 오직 기울기만 살아남을 것이기 때문이다. 이것이 무한의 세계에서는

$$\lim_{n\to\infty}\frac{3n-100}{2n+1000}=\lim_{n\to\infty}\frac{3n}{2n}=\frac{3}{2}$$

과 같이 상수항을 무시하고 풀 수 있는 이유다.

큰 무한과 작은 무한의 사이에서

극한에서는 유한한 값은 물론, 무한대마저 더 큰 무한대와 비교되어 무시당하기 일쑤다. 다음 기출문제를 통해 체험해 보자.

문제 2 2020년 시행 7월 학력평가

곡선 $y=\sqrt{x}$ 위의 점 $\mathrm{P}(t, \sqrt{t}\,)$ $(t>4)$에서 직선 $y=\frac{1}{2}x$에 내린 수선의 발을 H라 하자. $\lim\limits_{t\to\infty}\frac{\overline{\mathrm{OH}}^2}{\overline{\mathrm{OP}}^2}$의 값은? (단, O는 원점이다.) [3점]

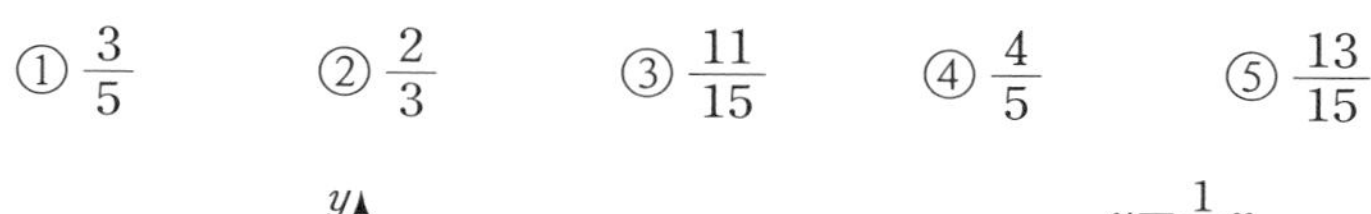

① $\frac{3}{5}$ ② $\frac{2}{3}$ ③ $\frac{11}{15}$ ④ $\frac{4}{5}$ ⑤ $\frac{13}{15}$

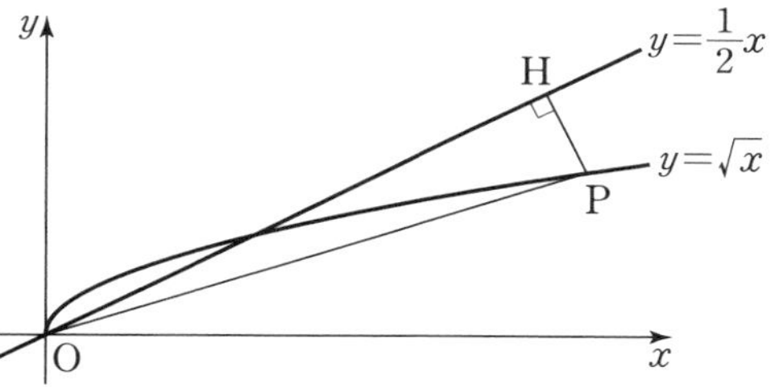

우리는 $t\to\infty$일 때 곡선 $y=\sqrt{x}$의 방향이 수평 방향에 한없이 가까워지므로 $t\to\infty$일 때 직선 OP의 기울기가 0에 한없이 가까워진다는 것을 직관적으로 추론할 수 있다. 직접 계산해 보면, 점 $\mathrm{P}(t, \sqrt{t}\,)$에 대하여 직선 OP의 기울기는 $\frac{\sqrt{t}}{t}$이므로

$$\lim_{t\to\infty}\frac{\sqrt{t}}{t}=\lim_{t\to\infty}\frac{1}{\sqrt{t}}=0$$

이다. 여기서는 이 직관을 이용해 상상의 그림을 그릴 것이다. 즉,

$t \to \infty$일 때 점 P의 y좌표는 ∞로 발산하지만, 다음 그림과 같이 t의 값이 커질 때의 그림을 그리다 보면 직선 OP는 점점 x축과 일치하는 것처럼 보이게 된다.

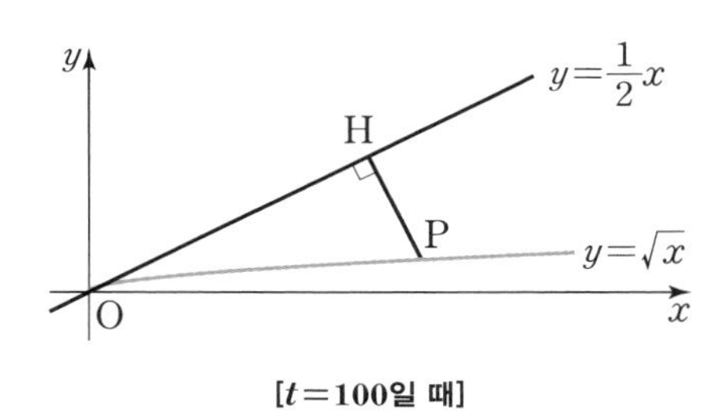

[$t=100$일 때]

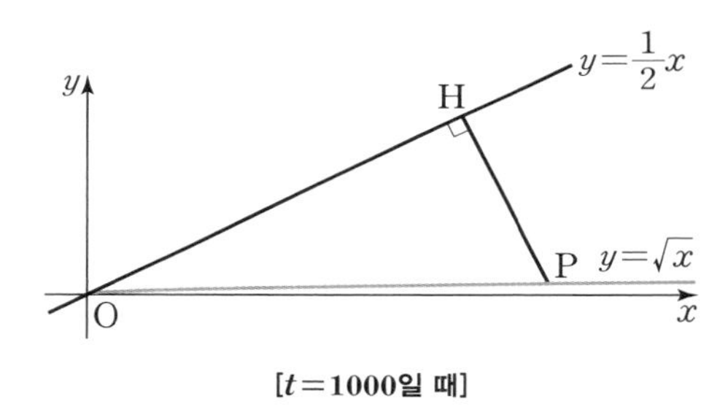

[$t=1000$일 때]

따라서 $t \to \infty$일 때의 상상도는 다음 그림과 같다.

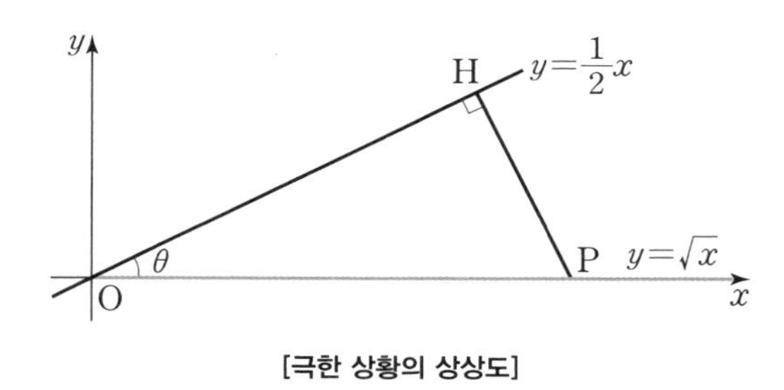

[극한 상황의 상상도]

무한대에 가까운 빛의 속도가 우주의 팽창속도를 따라가지 못해 빛이 보이지도 않는 관측 불가능한 영역이 생기는 것처럼, 무한대로 발산하는 점 P의 y좌표가 좌표평면의 팽창 속도를 따라가지 못해 x축에 착 달라붙은 것처럼 보이는 것이 신기할 정도다.

반면 직선 $y=\frac{1}{2}x$는 아무리 축소해도 꿈쩍도 하지 않고 있음을 주목하자. 이것이 직선이 가지고 있는 무한한 능력이다.

앞 상상도에서 $\angle\mathrm{POH}=\theta$라 하면 직선 $y=\frac{1}{2}x$의 기울기가 $\frac{1}{2}$이므로

$$\tan\theta=\frac{(y\text{의 값의 변화량})}{(x\text{의 값의 변화량})}=\frac{1}{2}$$

이다. 이때 직각삼각형 OPH에서 $\tan\theta=\frac{\overline{\mathrm{PH}}}{\overline{\mathrm{OH}}}=\frac{1}{2}$이므로 피타고라스 정리에 의해 $\overline{\mathrm{OH}}:\overline{\mathrm{HP}}:\overline{\mathrm{OP}}=2:1:\sqrt{5}$이다.

따라서 $\lim_{t\to\infty}\frac{\overline{\mathrm{OH}}^2}{\overline{\mathrm{OP}}^2}=\frac{2^2}{(\sqrt{5})^2}=\frac{4}{5}$이다.

이처럼 무한의 거시세계로 나가면 심지어 무한대마저 차수가 더 큰 무한대에 무시당해

'곡선 $y=x^3-x+10$은 그저 곡선 $y=x^3$처럼 보이고,
곡선 $y=2x^3+x^2-1$은 그저 곡선 $y=2x^3$처럼 보인다.'

이것이 $\frac{\infty}{\infty}$꼴의 극한에서

$$\lim_{x\to\infty}\frac{x^3-x+10}{2x^3+x^2-1}=\lim_{x\to\infty}\frac{x^3}{2x^3}=\frac{1}{2},$$

$$\lim_{x\to\infty}\frac{3x^2-x+2}{x^3+2x+3}=\lim_{x\to\infty}\frac{3x^2}{x^3}=\lim_{x\to\infty}\frac{3}{x}=0$$

과 같이 최고차항만 생각해 계산해도 되는 이유다.

[그림 2-1]과 [그림 2-2]에서와 같이, 살다 보면 가까이서 볼 때는 서로 간의 조그만 차이도 크게 느껴지지만 잠시 멀리 떨어져 다시 생각해

보면 그 차이는 별것도 아니었던 경우를 자주 겪게 된다.

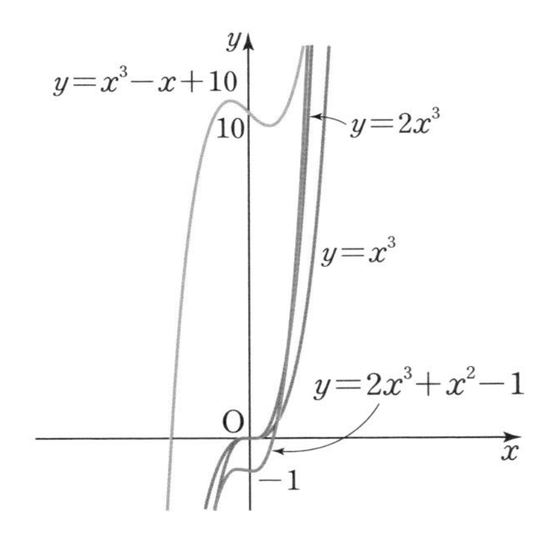

[그림 2-1: 가까이서 본 그래프]

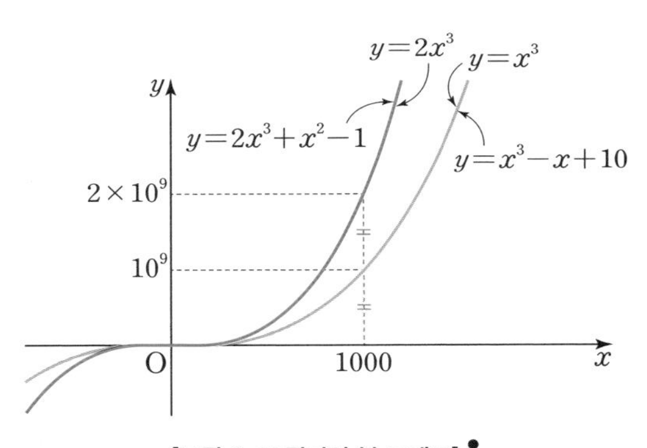

[그림 2-2: 멀리서 본 그래프] •

반대로, 남의 일이라 생각하며 멀리서 지켜보기만 할 때는 별일이 아닌 것처럼 보였던 것도 막상 나 자신이나 주변의 가까운 사람에게 닥치고 나면 그제야 큰일임을 깨닫게 되는 경우도 많다. 이처럼 숲과 나무를 동시에 보기란 여간 어려운 일이 아니다.

• 비교가 쉽도록 x축과 y축의 길이 비율을 서로 다르게 조정해 그린 그래프다.

12

직관을 타고 미시세계로

가까이, 더 가까이

무한은 한없이 큰 세계에만 있는 것이 아니다. 한없이 작은 세계에도 무한이 있다. 한없이 작은 미시세계에서도 한없이 작은 값들끼리 서로 비교되면서 어떤 것은 무시되고 어떤 것은 무시되지 않는데, 미시세계는 거시세계보다 직관적으로 파악하기가 어려운 경우가 많다.

하지만 미시세계에서의 직관은 우리에게 미적분을 직관적으로 이해할 수 있게 하는 강력한 힘을 부여해 줄 것이니, 그 힘의 원천으로 떠나가 보자.

원래 다음 문제는 부채꼴의 호의 길이, 삼각형의 내접원의 성질, 삼각함수의 극한 등을 이용해 해결해야 하는 복잡한 문제지만, 극한 상황을 상상할 수만 있다면 중학생들도 해결할 수 있기에 여기에 소개한다.

문제 1 2007학년도 수능 9월 모의평가

그림과 같이 중심각의 크기가 θ이고 반지름의 길이가 r인 부채꼴 OAB가 있다. 부채꼴의 호 AB의 길이를 l_1, 삼각형 OAB에 내접하는 원의 둘레의 길이를 l_2라 할 때,

$\lim_{\theta \to 0+} \frac{l_2}{l_1}$의 값은? [4점]

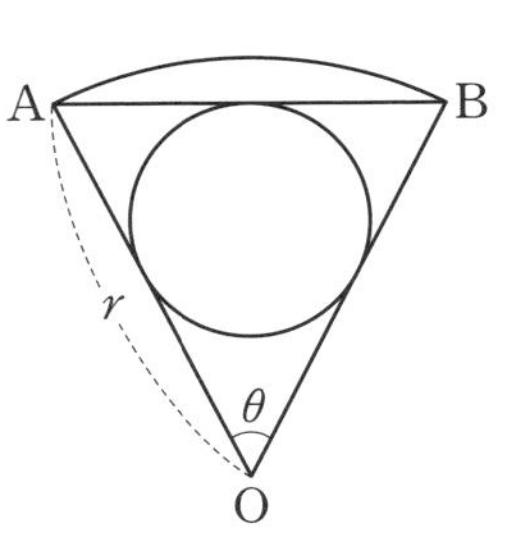

① $\frac{\pi}{4}$ ② $\frac{\pi}{2}$ ③ π ④ $\frac{3}{2}\pi$ ⑤ 2π

이번에는 $\theta \to 0+$일 때의 상황을 상상해야 하니, θ의 값을 점점 줄여가면서 도형의 변화를 상상해 보자.

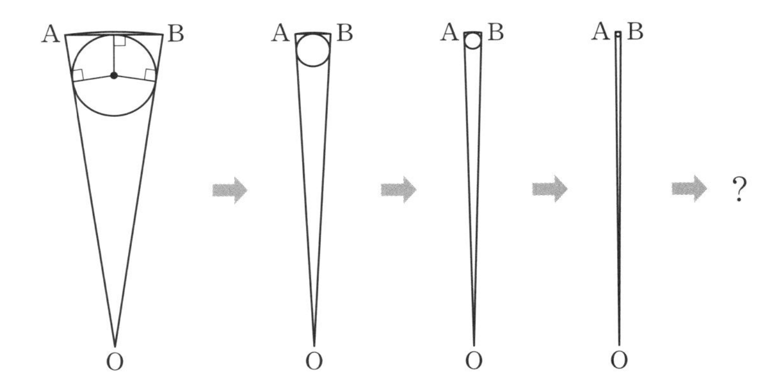

θ가 0에 가까워질수록 부채꼴이 점점 바늘처럼 뾰족해지면서 내접원은 바늘귀와 같은 모습을 보이다가 아예 사라져 버리려고 한다. 무작정 그림을 이런 식으로 그리기만 해서는 이 문제의 핵심인 내접원이 한없이 작아져서 결국 우리의 시야에서 완전히 사라지고 말 것이다. 그러나

상상의 눈을 부릅뜨고 내접원이 있는 부분을 확대한다고 생각하면 사라져 버린 줄로만 알았던 원이 멀쩡하게 부활한다.

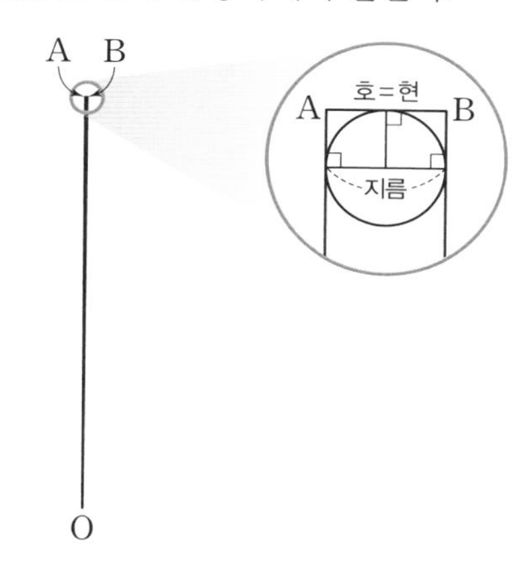

이제 위 그림에서 호 AB, 현 AB, 내접원의 지름의 길이의 비를 생각해 보라. $\theta \to 0+$일 때, 호 AB와 현 AB는 서로 구별할 수 없을 정도로 일치해간다. 또 이등변삼각형 OAB에서

$$\theta \to 0+ \text{이면 } (\angle A = \angle B) \to 90^\circ$$

이므로 두 반지름 OA, OB는 점점 평행해진다.

따라서 내접원의 지름의 길이는 현 AB의 길이에 한없이 가까워짐을 발견할 수 있을 것이다. 즉, 내접원의 둘레의 길이 l_2는 최종적으로

$$l_2 = \pi \times \overline{AB} = \pi l_1$$

이 되므로

$$\lim_{\theta \to 0+} \frac{l_2}{l_1} = \pi$$

이다.

이처럼 미시세계의 문제를 직관으로 해결하려면 '소멸'과 '부활', 쉽게 말해 '축소'와 '확대'라는 과정을 적절히 상상해야 한다.

잠들어 있던 직관 깨우기

이번에는 좀 더 상상하는 맛이 나는 문제로 극한 여행을 떠나 보자.

문제 2

사분원 $x^2+y^2=1(x\geq0,\ y\geq0)$ 위에 점 P가 있다. 점 A(1, 0)을 중심으로 하고 점 P를 지나는 원과 선분 OA가 만나는 점을 Q라 하자.

$\angle\mathrm{POA}=\theta$라 할 때, $\lim_{\theta\to0+}\frac{\overline{\mathrm{PQ}}}{\overparen{\mathrm{AP}}}$의 값을 구하시오. (단, O는 원점이다.)

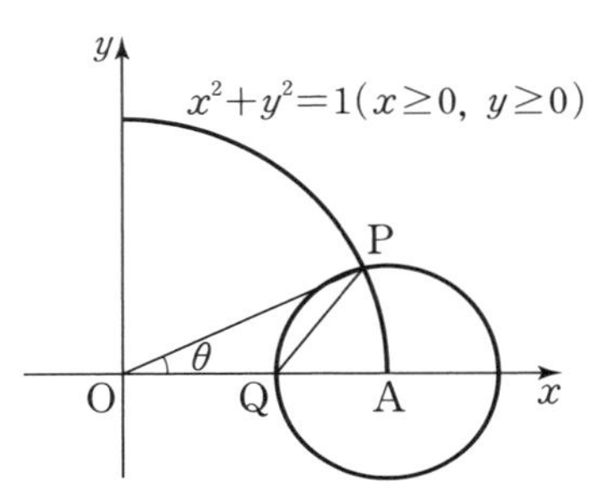

이번에는 $\theta\to0+$일 때 점 P가 점 A(1, 0)에 한없이 가까이 가므로 점 A 부근을 확대해야 할 것이다.

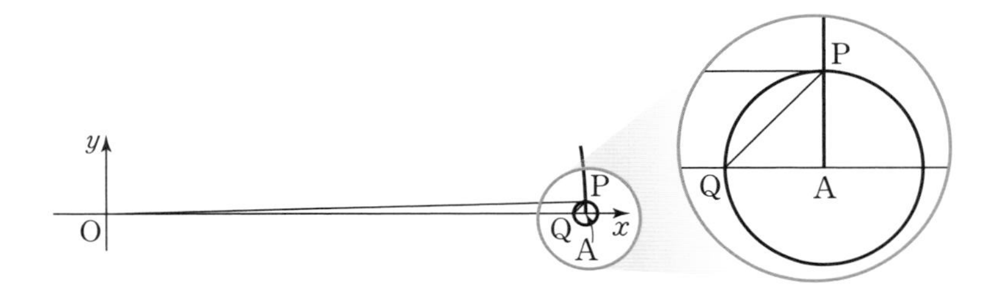

$\theta\to0+$일 때 점 A를 중심으로 하고 점 P를 지나는 원의 반지름의 길이는 $\overline{\mathrm{AP}}$와 같은데, 이번에도 현 AP와 호 AP가 거의 구별할 수 없을 정도로 일치하게 된다.

즉, $\overset{\frown}{\mathrm{AP}} \fallingdotseq \overline{\mathrm{AP}}$이다.

이때 $\angle$QAP는 직각에 한없이 가까워지므로 호 AP와 두 선분 AQ, PQ로 둘러싸인 도형은 $\overline{\mathrm{AP}}=\overline{\mathrm{AQ}}$인 직각이등변삼각형에 한없이 가까워진다. 따라서

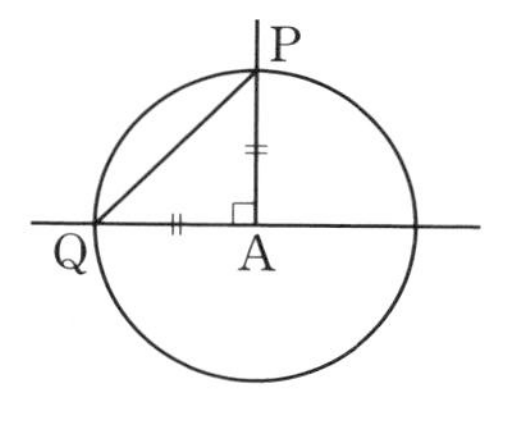

$$\lim_{\theta \to 0+} \frac{\overline{\mathrm{PQ}}}{\overset{\frown}{\mathrm{AP}}} = \lim_{\theta \to 0+} \frac{\overline{\mathrm{PQ}}}{\overline{\mathrm{AP}}} = \sqrt{2}$$

이다.

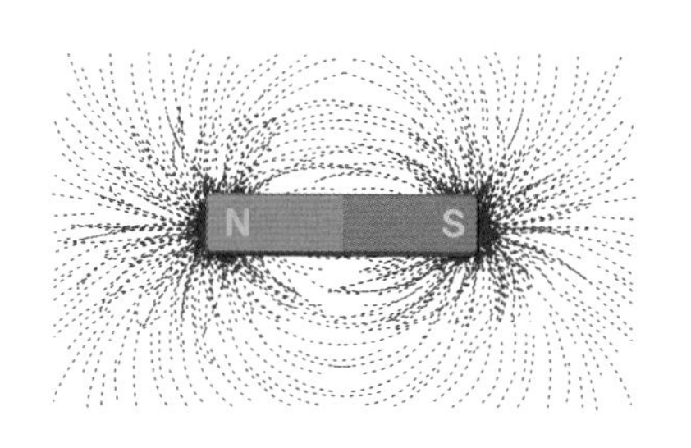

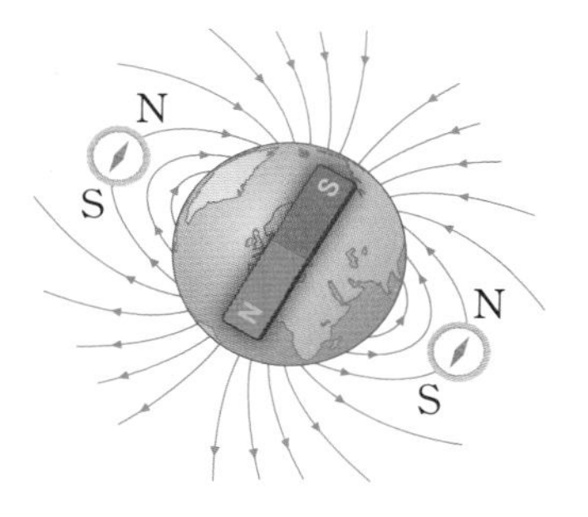

새 중에는 지구의 자기장을 눈으로 직접 보면서 멀리 날아가는 철새도 있다고 한다. 우리도 철가루를 이용하면 자기장을 간접적으로나마 볼 수 있고, 그렇게 자기장을 한 번 보고 나면 철가루 없이 상상만으로도 자기장을 볼 수 있게 된다. 나아가 지구의 자기장도 볼 수 있는 상상의 눈을 얻게 된다.

그리고 이제 위 문제의 풀이 과정을 생각하며 문제의 그림을 다시 보면 한 편의 짧은 동영상이 스쳐 지나가면서 새들은 결코 볼 수 없는 멋진 미시세계가 펼쳐질 것이다.

마지막으로 직관으로 해결하기엔 좀 까다로울 수 있지만, 성공한다면 큰 성취감을 맛볼 수 있는 기출문제에 도전해 보자.

문제 3 2023학년도 수능 9월 모의평가

실수 t $(t>0)$에 대하여 직선 $y=x+t$와 곡선 $y=x^2$이 만나는 두 점을 A, B라 하자. 점 A를 지나고 x축에 평행한 직선이 곡선 $y=x^2$과 만나는 점 중 A가 아닌 점을 C, 점 B에서 선분 AC에 내린 수선의 발을 H라 하자.

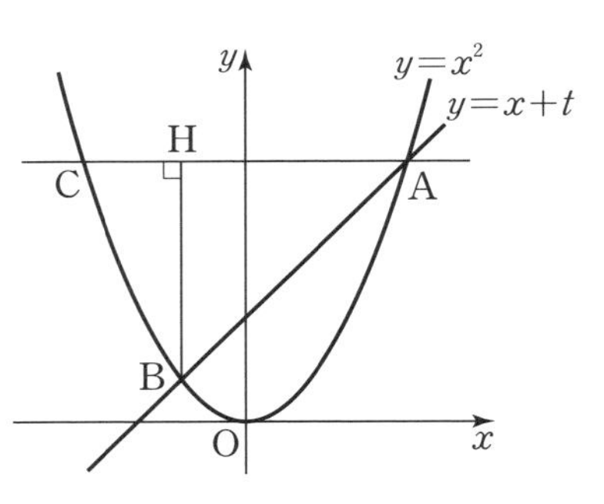

$\lim_{t \to 0+} \frac{\overline{\text{AH}}-\overline{\text{CH}}}{t}$의 값은? (단, 점 A의 x좌표는 양수이다.) [4점]

① 1 ② 2 ③ 3 ④ 4 ⑤ 5

일반적으로 직관으로 해결할 수 있는 극한 문제는 두 도형의 길이의 비를 묻는 문제인 경우가 많다. 그런데 위 문제에서는 t는 실수이므로 우선 t를 도형의 길이로 나타낼 수 있는지 고민해 보자.

직선 $y=x+t$의 x절편이 $-t$이므로 이 직선이 x축과 만나는 점을 D라 하면 $\overline{\text{OD}}=t$이다.

이제 곡선 $y=x^2$의 대칭성을 이용해 $\overline{\text{AH}}-\overline{\text{CH}}$를 하나의 도형의 길이로 나타내 보자. 점 H를 y축에 대하여 대칭이동한 점을 H′이라 하면 $\overline{\text{CH}}=\overline{\text{AH'}}$이므로

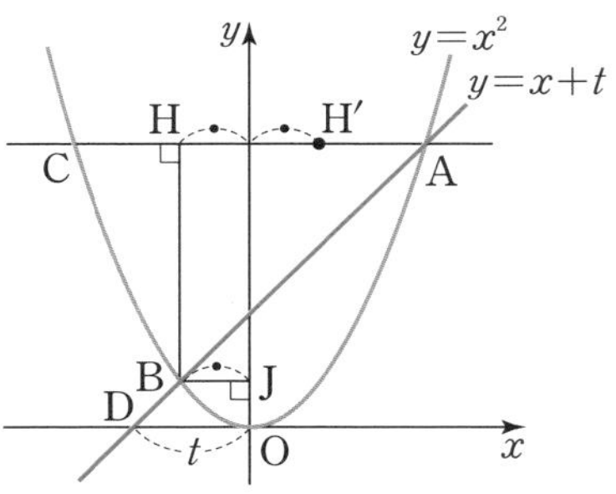

$$\overline{AH}-\overline{CH}=\overline{AH}-\overline{AH'}=\overline{HH'}$$

이다. 이때 점 B에서 y축에 내린 수선의 발을 J라 하면

$$\overline{HH'}=2\overline{BJ}$$

이므로

$$\lim_{t\to 0+}\frac{\overline{AH}-\overline{CH}}{t}=\lim_{t\to 0+}\frac{\overline{HH'}}{\overline{OD}}$$

$$=\lim_{t\to 0+}\frac{2\overline{BJ}}{\overline{OD}}=2\lim_{t\to 0+}\frac{\overline{BJ}}{\overline{OD}}$$

이다. 이제 t의 값이 각각 0.1, 0.01, 0.001, …과 같이 0에 가까워질 때의 그림을 차례로 상상해 보자.

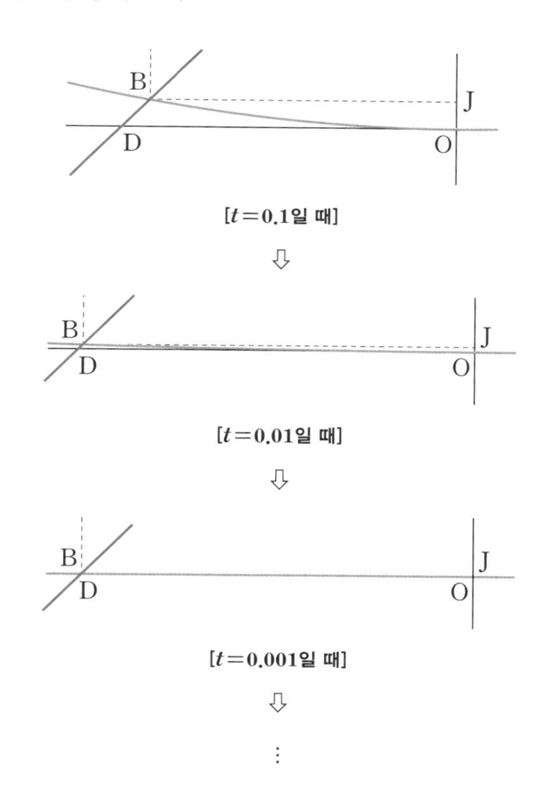

앞 그림에서 확인할 수 있는 바와 같이 $t \to 0+$일 때 곡선 $y=x^2$을 원점 부근에서 점점 확대할수록 x축과 거의 일치하는 것처럼 보이므로, 점 J는 점 O로 한없이 가까워지고 두 점 B, D는 서로 한없이 가까워진다. 즉, $t \to 0+$일 때 두 선분 BJ, OD의 길이의 비는 점점 1 : 1에 한없이 가까워지므로

$$\lim_{t \to 0+} \frac{\overline{BJ}}{\overline{OD}} = 1$$

이다. 따라서

$$\begin{aligned} \lim_{t \to 0+} \frac{\overline{AH} - \overline{CH}}{t} &= 2 \lim_{t \to 0+} \frac{\overline{BJ}}{\overline{OD}} \\ &= 2 \times 1 = 2 \end{aligned}$$

이다.

미적분의 매력을 온전히 느끼기 위해

당연히 앞에서 소개한 문제들은 직관을 이용하지 않는 대수적인 방법으로도 충분히 해결할 수 있는 것들이다. 예를 들어 **문제 3**의 일반적인 풀이는 다음과 같다.

두 점 A, B를 각각 $A(a, a^2)$, $B(b, b^2)$이라 하면 a, b $(b<0<a)$는 이차방정식 $x+t=x^2$의 두 근이므로 b는 이차방정식 $x^2-x-t=0$의 두 근 중 작은 값이다.

즉, $b = \frac{1-\sqrt{1+4t}}{2}$이다.

한편, 점 C의 좌표는 $(-a, a^2)$이므로

$$\overline{\mathrm{AH}}-\overline{\mathrm{CH}}=(a-b)-\{b-(-a)\}$$
$$=-2b=\sqrt{1+4t}-1$$

이다. 따라서

$$\lim_{t\to 0+}\frac{\overline{\mathrm{AH}}-\overline{\mathrm{CH}}}{t}=\lim_{t\to 0+}\frac{\sqrt{1+4t}-1}{t}$$
$$=\lim_{t\to 0+}\frac{(\sqrt{1+4t}-1)(\sqrt{1+4t}+1)}{t(\sqrt{1+4t}+1)}$$
$$=\lim_{t\to 0+}\frac{(1+4t)-1}{t(\sqrt{1+4t}+1)}$$
$$=\lim_{t\to 0+}\frac{4}{\sqrt{1+4t}+1}$$
$$=\frac{4}{\sqrt{1}+1}=2$$

이다.

사실 이처럼 식을 세워서 극한값을 구하는 방식으로 문제를 해결하는 것이 직관으로 푸는 것보다 더 중요하고 바람직하다고 할 수 있다. 왜냐하면 모든 문제를 직관으로 해결할 수는 없기 때문이다. 사실 직관으로 해결하기 어려운 문제가 대다수이기 때문에 '직관 없이도 풀 수 있는 일반적인 방법'이 중요한 것이고, 그 방법이 교과서에서 배우는 극한의 이론이다.

하지만 그런 논리적인 풀이에만 머물고 만족한다면 문제에 담긴 매력을 체험할 기회를 잃게 될 것이니 어찌 아쉽고 안타깝지 않겠는가? 그래서는 직관과 논리의 조화로 탄생한 극한과 미적분의 매력을 온전히 느끼기 어렵다.

장담컨대 앞에서 살펴본 문제의 출제자들 역시 대수적인 풀이뿐만 아니라 극한 상황을 상상하며 문제를 만들었을 것이고, 출제자들도 수험생 중 누군가는 계산이 아니라 극한 상황을 상상해 직관적으로 해결하기를 소망했을 것이다. 차마 직관적인 풀이를 모범답안으로 제시할 수가 없었을 뿐이다. 따라서 직관을 이용하는 방법에 대해 지나친 거부감을 가질 필요가 없다.

이 책을 계속 읽다 보면 느끼고 인정하게 될 것이라고 믿지만, 내가 이런 직관적인 방법을 소개하는 것은 문제를 빠르게 풀게 하기 위함이 결코 아니다. 수학에서 문제 풀이의 속도는 본질적인 것이 아니기 때문이다. 나의 목표는 상상을 동원한 극한 여행을 통해 독자들이 미적분을 제대로 이해하고 친근하게 즐길 수 있도록 하는 데 조금이나마 도움이 되는 것, 바로 그것이다.

실제로 이 문제들을 수업 시간에 소개해주면 학생들은 문제를 빨리 푸는 방법을 배웠다는 것보다는 극한 문제를 직관으로 풀 수도 있다는 사실을 알게 됐다는 것 자체에 훨씬 큰 만족감을 느꼈고, 이로 인해 극한과 미적분에 대한 흥미가 급상승했다고 말한다. 그리고 어쩌다 스스로 상상할 수 있는 문제를 발견했을 때는 그 어떤 어려운 문제를 해결했을 때보다 짜릿한 감정을 표출한다.

직관이 이렇게 우리를 행복하게 한다.

13

무한 싸움에 상수항 등 터진다

그래프로 이해하는 근호 속 무한

$\frac{\infty}{\infty}$ 꼴인 극한에서는

$$\lim_{x\to\infty}\frac{x}{x+c}=\lim_{x\to\infty}\frac{x\times\frac{1}{x}}{(x+c)\times\frac{1}{x}}=\lim_{x\to\infty}\frac{1}{1+\frac{c}{x}}=\frac{1}{1+0}=1$$

에서 확인할 수 있는 바와 같이 상수항 c는 극한값에 영향을 전혀 주지 못한다.

반면 두 일차식으로 된 $\infty-\infty$ 꼴의 수렴하는 극한에서는

$$\lim_{x\to\infty}\{(x+c)-x\}=\lim_{x\to\infty}c=c$$

와 같이 상수항 c가 극한값에 결정적인 영향을 주고 있다.

그렇다면 근호가 포함된 $\infty-\infty$ 꼴의 수렴하는 극한

$$\lim_{x\to\infty}(\sqrt{x+c}-\sqrt{x})$$

에서는 근호 안의 상수항 c가 극한값에 얼마만큼의 영향을 줄까? 우선

일반적인 풀이 방법으로 극한값을 구해 보면 다음과 같다.

$$\lim_{x\to\infty}(\sqrt{x+c}-\sqrt{x})=\lim_{x\to\infty}\frac{(\sqrt{x+c}-\sqrt{x})(\sqrt{x+c}+\sqrt{x})}{\sqrt{x+c}+\sqrt{x}}$$

$$=\lim_{x\to\infty}\frac{(x+c)-x}{\sqrt{x+c}+\sqrt{x}}=\lim_{x\to\infty}\frac{c}{\sqrt{x+c}+\sqrt{x}}$$

$$=\lim_{x\to\infty}\frac{\frac{c}{\sqrt{x}}}{\sqrt{1+\frac{c}{x}}+1}=\frac{0}{\sqrt{1}+1}=0$$

$\lim_{x\to\infty}\{(x+c)-x\}$에서와는 달리 $\lim_{x\to\infty}(\sqrt{x+c}-\sqrt{x})$에서는 상수항 c가 극한값에 영향을 전혀 주지 못하고 있음을 확인할 수 있는데, 그 이유를 함수 $y=\sqrt{x}$의 그래프를 이용해 직관적으로 설명할 수 있다.

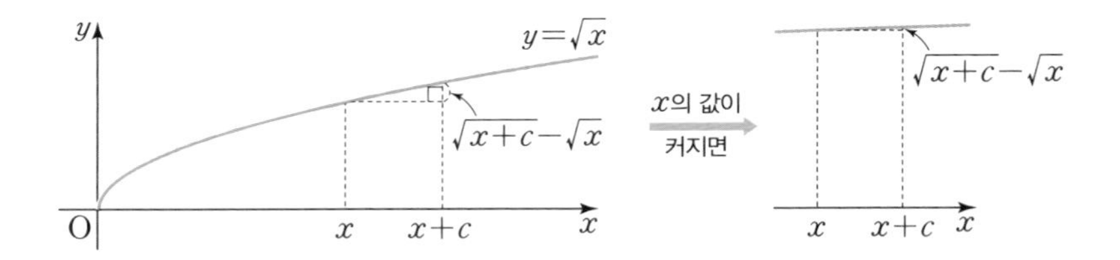

위 그림에서와 같이 x의 값이 점점 커질수록 곡선 $y=\sqrt{x}$는 x축과 점점 더 평행해지므로 $x\to\infty$일 때 $\sqrt{x+c}-\sqrt{x}$의 값은 결국 0에 수렴하게 된다.

이를 일반화하면 함수 $f(x)=\log_2 x$, $f(x)=\frac{1}{x}$과 같이 x의 값이 한없이 커질 때 곡선 $y=f(x)$의 접선의 기울기가 0에 수렴하는 경우에는 상수 c의 값에 관계없이 항상

$$\lim_{x\to\infty}\{f(x+c)-f(x)\}=0$$

이 성립하게 된다.

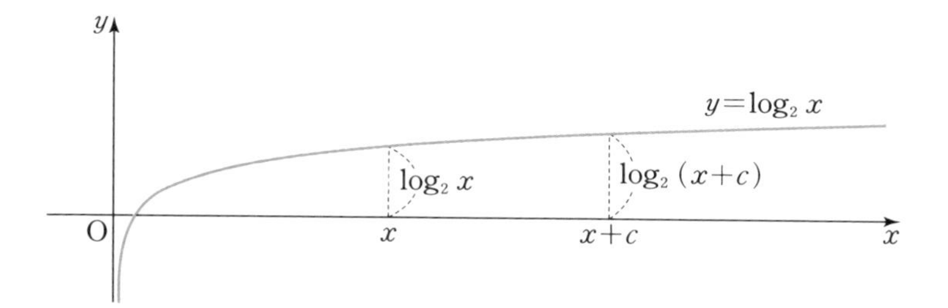

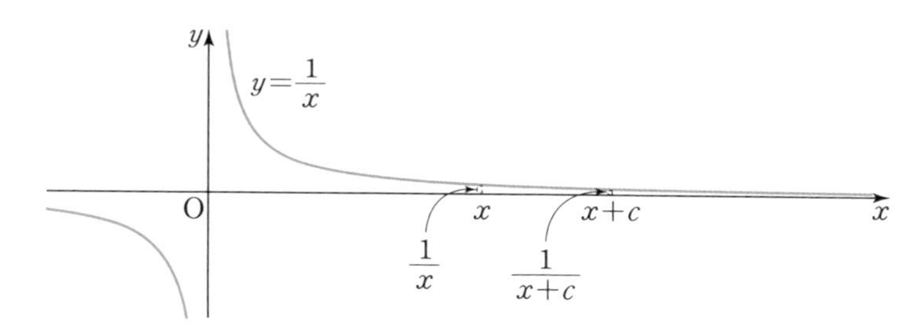

한편, 상수 c의 값에 관계없이

$$\lim_{x \to \infty}(\sqrt{x+c}-\sqrt{x})=0$$

이므로

$$\lim_{x \to \infty}(\sqrt{x^2+c}-\sqrt{x^2})=\lim_{x \to \infty}(\sqrt{x^2+c}-|x|)$$
$$=\lim_{x \to \infty}(\sqrt{x^2+c}-x)=0$$

도 성립한다. 이때 $\lim_{x \to \infty}(\sqrt{x^2+c}-x)=0$은 $x \to \infty$일 때 곡선 $y=\sqrt{x^2+c}$와 직선 $y=x$의 간격이 0에 한없이 가까워진다는 것, 즉 직선 $y=x$는 곡선 $y=\sqrt{x^2+c}$의 점근선•임을 의미한다.

• 함수 $f(x)$에 대하여 $\lim_{x \to \infty}\{f(x)-(ax+b)\}=0$ 또는 $\lim_{x \to -\infty}\{f(x)-(ax+b)\}=0$이면 직선 $y=ax+b$는 곡선 $y=f(x)$의 점근선이다.

또한 $x \to -\infty$일 때는 $t=-x$라 하면

$$\lim_{x\to-\infty}\{\sqrt{x^2+c}-(-x)\}=\lim_{t\to\infty}(\sqrt{t^2+c}-t)=0$$

이므로 직선 $y=-x$도 곡선 $y=\sqrt{x^2+c}$의 점근선이다.

예를 들어 $|x|>10$인 모든 실수 x에 대하여

$$\sqrt{x^2-100}<\sqrt{x^2-10}<|x|<\sqrt{x^2+10}<\sqrt{x^2+100}$$

이므로 네 함수

$$y=\sqrt{x^2-100},\ y=\sqrt{x^2-10},\ y=\sqrt{x^2+10},\ y=\sqrt{x^2+100}$$•

의 그래프는 서로 다르지만, 이 네 함수의 그래프의 점근선은 $y=\pm x$로 모두 일치한다.

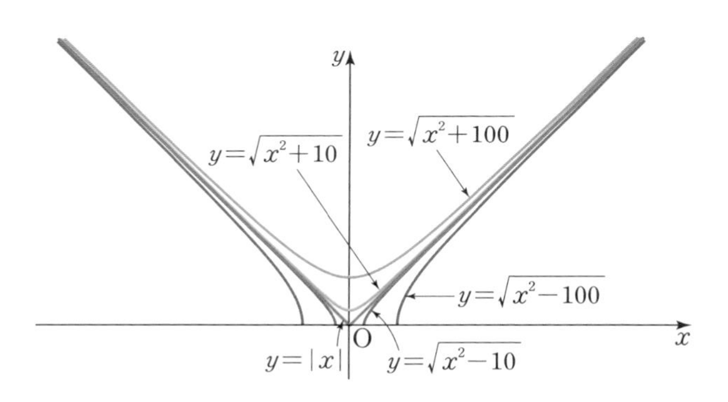

[$y=\sqrt{x^2+c}$의 그래프]

• 곡선 $y=\sqrt{x^2+c}$는 곡선 $y^2=x^2+c\,(y\geq 0)$, 즉 쌍곡선 $x^2-y^2=-c$에서 $y\geq 0$인 부분의 곡선과 같다.

$\infty-\infty$ 꼴에 직관 적용하기

앞의 과정을 통해 임의의 세 상수 $a, b, c\,(a>0)$에 대하여

$$\lim_{n\to\infty}(\sqrt{an^2+bn+c}-\sqrt{an^2+bn})=0$$

임을 확인할 수 있다. 이는 $n\to\infty$일 때 $\sqrt{an^2+bn+c}$의 근호 안의 상수항 c는 무시할 수 있음을 의미한다.

이 성질을 활용하면 근호가 포함된 $\infty-\infty$ 꼴의 극한을 점근선을 이용해 구할 수 있다.

문제 2024학년도 수능 6월 모의평가

$\lim_{n\to\infty}(\sqrt{n^2+9n}-\sqrt{n^2+4n})$의 값은? [2점]

① $\frac{1}{2}$ ② 1 ③ $\frac{3}{2}$ ④ 2 ⑤ $\frac{5}{2}$

$n\to\infty$일 때 근호 안의 상수항을 무시할 수 있다는 것은 상수항을 추가하거나 다른 상수항으로 바꾸어도 된다는 것을 의미한다.

즉, $n\to\infty$일 때,

$$\sqrt{n^2+9n}=\sqrt{\left(n+\frac{9}{2}\right)^2-\frac{81}{4}}\fallingdotseq\sqrt{\left(n+\frac{9}{2}\right)^2}=n+\frac{9}{2}\text{•},$$

$$\sqrt{n^2+4n}=\sqrt{(n+2)^2-4}\fallingdotseq\sqrt{(n+2)^2}=n+2$$

• 곡선 $y=\sqrt{x^2+9x}$의 점근선의 방정식은 $y=\pm\left(x+\frac{9}{2}\right)$이다.

이므로

$$\lim_{n\to\infty}(\sqrt{n^2+9n}-\sqrt{n^2+4n})=\lim_{n\to\infty}\left\{\left(n+\frac{9}{2}\right)-(n+2)\right\}=\frac{5}{2}$$

이다.

내가 위 기출문제와 같은 극한 문제에서 '점근선'이라는 기하학적 의미를 발견할 수 있었던 계기는 다음과 같은 의문에서 비롯됐다.

'$\frac{\infty}{\infty}$ 꼴의 극한에서는 차수가 낮은 무한대가 차수가 높은 무한대에 비해 무시되어

$$\lim_{n\to\infty}\frac{\sqrt{n^2+9n}}{\sqrt{n^2+4n}}=\lim_{n\to\infty}\frac{\sqrt{n^2}}{\sqrt{n^2}}=1$$

과 같이 간단히 풀 수 있는데, $\infty-\infty$ 꼴의 극한에서는

$$\lim_{n\to\infty}(\sqrt{n^2+9n}-\sqrt{n^2+4n})=\lim_{n\to\infty}(\sqrt{n^2}-\sqrt{n^2})=0$$

과 같이 차수가 낮은 무한대를 무시하고 풀면 왜 안 되는 걸까?'

사실 위 기출문제는 비록 많은 학생들이 암산으로도 해결할 수 있는 아주 쉬운 2점짜리에 불과하지만, 나에게는 이 문제의 답을 구하는 것보다 답이 왜 0이 아닌지를 직관적으로 깨닫는 것이 훨씬 중요했었다.

14

극한 상황 체험하기

극한 상황은 평온하다!

극한 문제 중에는 '극한 상황'을 상상해 해결할 수 있는 것들도 있다. 다음 문제에서의 극한 상황은 어떤 것일까?

문제

물이 담겨 있는 어항이 있다. 매일 아침마다 어항에 담겨 있는 물의 $\frac{1}{3}$을 버리고, 깨끗한 물을 3 L씩 새로 채워 넣기로 했다. 이 시행을 매일 한다고 가정할 때, 이 시행을 시작한 지 n일 후 이 시행을 하기 직전 어항에 담겨 있는 물의 양을 a_n L라 하자. $\lim_{n\to\infty} a_n$의 값을 구하시오.

(단, 증발로 줄어드는 물의 양은 없다고 가정한다.)

이 문제는 조건을 만족시키는 수열의 점화식•을 세워서 다음과 같이 해결할 수 있다.

주어진 시행을 시작한 지 n일 후 이 시행을 하기 직전 어항에 담겨 있는 물의 양은 a_n L이고, 이날 $\frac{1}{3}a_n$ L의 물을 버리고 새로 3 L의 물을 채워 넣으므로 다음날인 $(n+1)$일 후 아침에 이 시행을 하기 직전 어항에 담겨 있는 물의 양 a_{n+1} L는

$$a_{n+1}=\left(a_n-\frac{1}{3}a_n\right)+3,\ \text{즉}\ a_{n+1}=\frac{2}{3}a_n+3\ (n=1,\ 2,\ 3,\ \cdots)$$

이다. 이때 $\lim_{n\to\infty} a_n=\alpha$라 하면 $\lim_{n\to\infty} a_{n+1}=\alpha$▲이므로

$$\lim_{n\to\infty} a_{n+1}=\lim_{n\to\infty}\left(\frac{2}{3}a_n+3\right)=\frac{2}{3}\lim_{n\to\infty} a_n+\lim_{n\to\infty} 3$$

에서

$$\alpha=\frac{2}{3}\alpha+3,\ \text{즉}\ \alpha=9$$

이다. 따라서 $\lim_{n\to\infty} a_n=9$이다.

위 풀이를 통해 처음에 어항에 담긴 물의 양인 a_1과는 무관하게 어항의 물의 양은 항상 9 L로 수렴함을 알 수 있는데, 이 극한 상황을 나타내는 물의 양 9 L는 어떤 의미를 품고 있을까?

어느 날 어항에 담긴 물의 양이 극한값 9 L라고 가정해 보자.

그러면 다음 날 어항에 담긴 물의 양도

$$\frac{2}{3}\times 9+3=9\,(\mathrm{L})$$

• 수열에서 이웃하는 항들 사이의 관계식을 '점화식'이라고 한다.

▲ 수열 $\{a_n\}$이 수렴하면 항상 $\lim_{n\to\infty} a_n=\lim_{n\to\infty} a_{n+1}$이 성립한다.

가 된다. 예상대로

$$a_n = a_{n+1} = 9$$

가 성립한다.

이처럼 '전날과 다음 날의 물의 양의 차가 전혀 없는 상황', 이것이 바로 극한 상황이다. 이 극한 상황을 이용하면 위 문제를 다음과 같이 일차방정식으로 해결할 수도 있다.

어느 날 어항에 남아 있는 물의 양을 x라고 하면 다음 날 물의 양은 $\frac{2}{3}x+3$이다. 이때 x가 극한값이라고 가정하면 일차방정식

$$x = \frac{2}{3}x + 3$$

이 성립해야 하므로

$$x = 9$$

이다.

우리는 흔히 '극한 상황'이라고 하면 험난하고 복잡한 상태를 떠올리지만, 수학에서의 극한 상황은 어제도, 오늘도, 내일도 조금의 변화도 없이 똑같은 상태가 지속되는 지극히 평온한 상황이다. 수학에서도 극한으로 가는 길은 고되고 험하지만 막상 극한의 경지에 오르고 나면 한없는 고요함과 평온함이 기다리고 있는 것이다.

우리의 삶도 비슷하다. 어쩌면 많은 사람들이 꿈꾸는 삶의 목표는 마음의 평화와 안정감을 느끼며 자신의 전문 분야에서 행복하게 일할 수 있는 상황에 도달하는 것이 아닐까? 그러한 극한 상황을 위해 우리는 오늘도 저마다의 꿈을 향해 고군분투한다.

우리우주는 어떨까? 우주는 빅뱅이라는 가장 극적인 '극한 상황'을 통

해 태어났지만, 우주는 한없는 안정 상태로의 수렴을 통해 종말을 맞이할 것으로 과학자들은 예상하고 있다. 즉, 우주의 모든 별들의 연료가 소진되어 핵융합을 멈추고 차갑게 식어가다가 모든 물질의 모든 변화가 멈추는 절대온도 0으로 수렴하는 상황이 우주 진화의 극한 상황이 될 것이라고 말이다.

그래프 사이를 튕기며 극한을 향해 가기

점화식으로 주어진 수열의 극한값을 그래프를 이용해 구하는 방법도 잘 알려져 있다. 바로 앞에서 소개한 어항 문제는 다음 점화식을 만족시키는 수열 $\{a_n\}$의 극한값을 구하는 문제와 같았다.

$$a_{n+1}=\frac{2}{3}a_n+3\ (n=1, 2, 3, \cdots)$$

이 문제에서는 첫째항 a_1의 값이 주어져 있지 않은데 a_1의 값과 관계없이 극한값 α가 유일하게 결정된다는 사실을 다음 그래프를 통해서 이해해 보자.

$f(x)=\frac{2}{3}x+3$이라 하면

$$a_2=\frac{2}{3}a_1+3=f(a_1),\ a_3=\frac{2}{3}a_2+3=f(a_2)=f(f(a_1))=f^2(a_1),\ \cdots$$

이므로 2 이상의 자연수 n에 대하여

$$a_n=f^{n-1}(a_1)\ (f^1=f,\ f^n=f\circ f^{n-1})$$

이다. 즉, $\alpha=\lim_{n\to\infty}a_n=\lim_{n\to\infty}f^{n-1}(a_1)$이다.

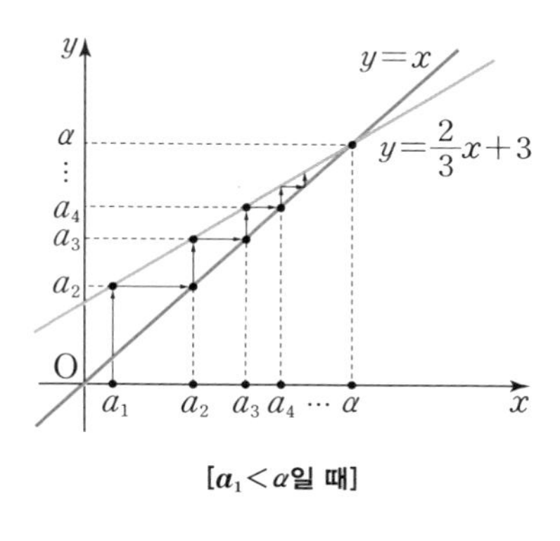

[$a_1<\alpha$일 때]

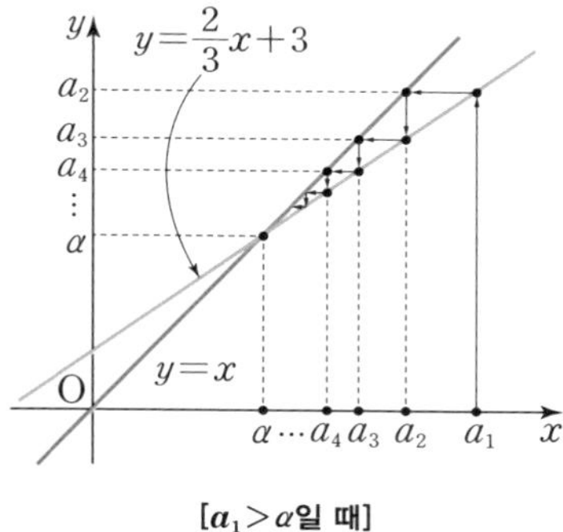

[$a_1>\alpha$일 때]

따라서 위 그래프에서 수열 $\{a_n\}$은 항상 두 직선 $y=\frac{2}{3}x+3$, $y=x$의 교점의 x좌표인 α로 수렴함을 알 수 있다.

이와 같은 방법을 이용하면 다음과 같은 식의 값도 간단하게 구할 수 있다.

① $\sqrt{2\sqrt{2\sqrt{2\sqrt{2\sqrt{\cdots}}}}}$의 값은 다음 점화식을 만족시키는 수열 a_n의 극한값과 같다.

$a_{n+1}=\sqrt{2a_n}$ (단, $a_1=\sqrt{2}$)

따라서 이 수열의 극한값 α는 곡선 $y=\sqrt{2x}$와 직선 $y=x$의 교점의 x좌표 중 양수와 같으므로

$$\sqrt{2x}=x, \text{ 즉 } 2x=x^2$$

에서 $\alpha=2$이다.

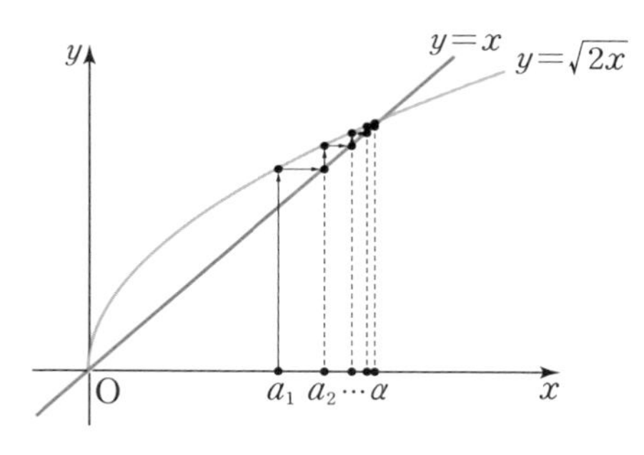

한편, $x=\sqrt{2\sqrt{2\sqrt{2\sqrt{2\sqrt{\cdots}}}}}$이라 하면

$$x=\sqrt{2x}$$

$x=\sqrt{2\underbrace{\sqrt{2\sqrt{2\sqrt{2\sqrt{\cdots}}}}}_{x}}$

임을 이용해 $x=2$를 구할 수도 있다. 이 수열은 모든 항이 무리수지만 극한값은 유리수가 될 수 있음을 보여주는 예다.

② $1+\cfrac{1}{1+\cfrac{1}{1+\cfrac{1}{1+\cfrac{1}{\ddots}}}}$의 값은 다음 점화식을 만족시키는 수열 $\{a_n\}$의 극한값과 같다.

$$a_{n+1}=1+\frac{1}{a_n}\ (\text{단, } a_1=1)$$

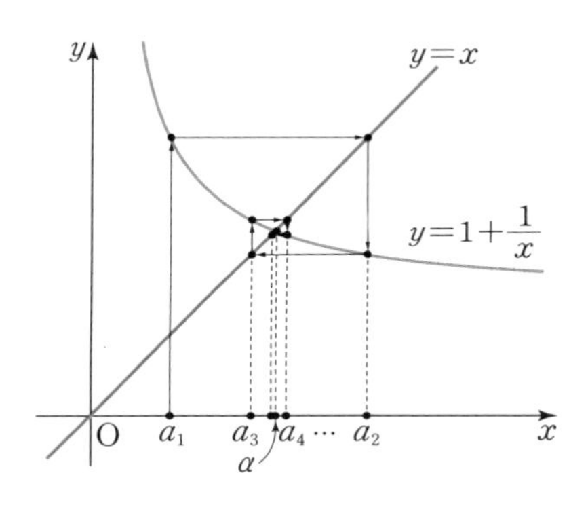

따라서 이 수열의 극한값 α는 곡선 $y=1+\frac{1}{x}$과 직선 $y=x$의 교점의 x좌표 중 양수와 같으므로

$$x=1+\frac{1}{x},\ \text{즉 } x^2-x-1=0$$

에서 $\alpha=\frac{1+\sqrt{5}}{2}$인데, 이 수는 그 유명한 황금비다.

한편, 구하는 값을 x라 하면

$$x=1+\frac{1}{x}$$

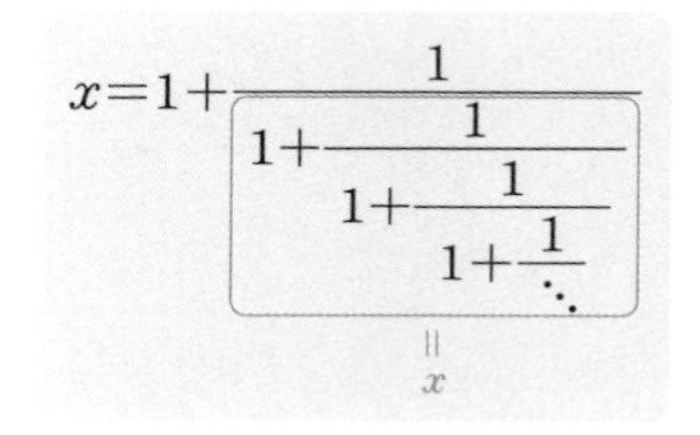

임을 이용해 $x=\frac{1+\sqrt{5}}{2}$를 구할 수도 있다. 이 수열은 모든 항이 유리수지만 극한값은 무리수가 될 수 있음을 보여주는 예다.

이처럼 무한과 극한의 세계에서는 유리수와 무리수의 경계가 쉽게 허물어지기도 한다.

15

극한의 현혹을 뛰어넘어

극한에 현혹되지 않기

극한 중에는 직관을 사용하려는 우리를 현혹하는 것들도 있다. 여기 유명한 예가 있다.

극한의 현혹

한 변의 길이가 1인 정사각형 ABCD가 있다. 다음 그림과 같이 선분을 수직으로 꺾어서 두 점 B, D를 계단 모양의 선분들로 연결하는데, 단계마다 계단의 개수를 2배씩 늘려나간다.

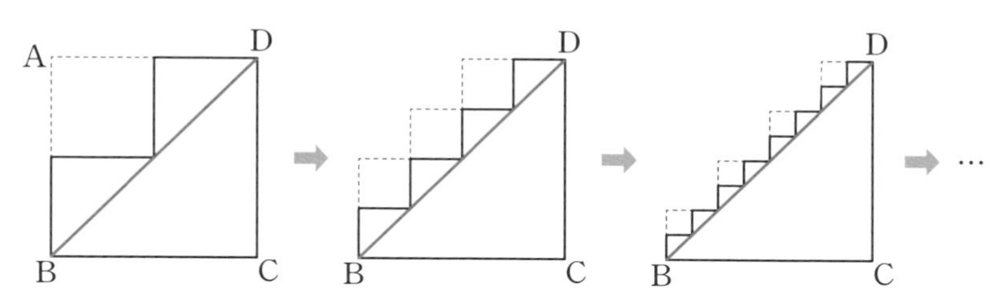

이와 같은 과정을 한없이 반복하면 계단 모양의 선분들은 다음 그림

과 같이 대각선 BD와 일치하게 될 것이다.

따라서 결국 두 선분 AB, AD의 모든 조각들의 길이의 합은 선분 BD의 길이와 같아진다.

즉, $\overline{AB}+\overline{AD}=\overline{BD}$가 되므로

$1+1=\sqrt{2}$

가 성립한다!

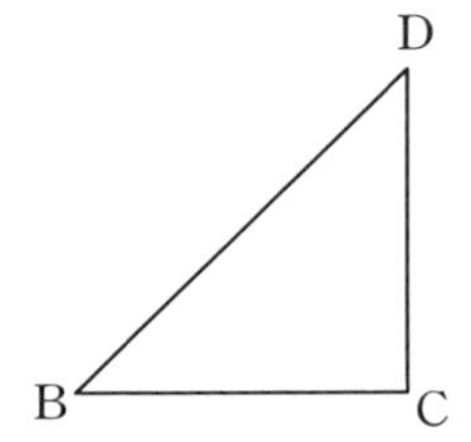

분명히 말하지만 눈에 보이는 대로 섣부르게 생각하는 것은 직관이 아니다.

두 선분 AB, AD를 꺾어서 대각선 BD와 만나도록 재배열하는 과정을 아무리 많이 반복하더라도 그 계단의 작은 부분을 다시 충분히 확대하면 직선으로 보이는 것이 아니라 계단 모양으로 다시 멀쩡하게 되살아난다. 따라서 이 시행을 한없이 한다고 해도 계단을 이루는 모든 선분의 길이의 합은 처음과 전혀 변함이 없이 2로 유지된다.

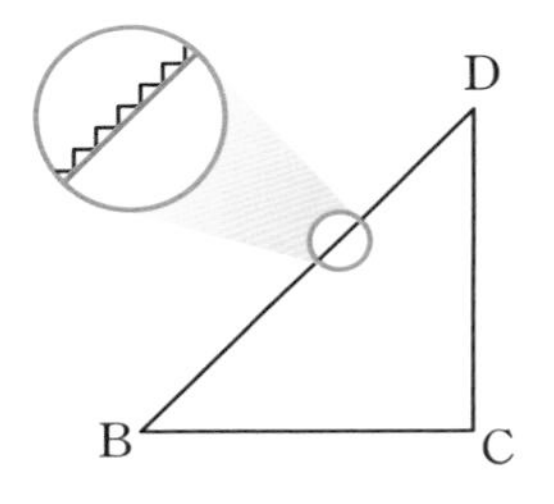

극한이 부리는 마술

무한과 극한을 이용하면 다음과 같은 수학적 마술을 부릴 수도 있다. 다음 ㈎~㈑의 과정 중에서 틀린 곳을 찾아보자.

$$
\begin{aligned}
1 &= \lim_{n\to\infty}\frac{n}{n} \\
&= \lim_{n\to\infty}\Big(\underbrace{\frac{1}{n}+\frac{1}{n}+\cdots+\frac{1}{n}}_{n\text{개}}\Big) \quad \text{(가)}\\
&= \underbrace{\lim_{n\to\infty}\frac{1}{n}+\lim_{n\to\infty}\frac{1}{n}+\cdots+\lim_{n\to\infty}\frac{1}{n}}_{n\text{개}} \quad \text{(나)}\\
&= \underbrace{0+0+\cdots+0}_{n\text{개}} \quad \text{(다)}\\
&= 0 \quad \text{(라)}
\end{aligned}
$$

만일 (가)~(라)의 과정 중에 틀린 곳이 없다면 '1=0'이라는 자칫 우주가 무너져버릴 수도 있는 결과가 발생하므로 우주를 구한다는 심정으로 (가)~(라)의 과정 중에 어디가 틀렸고 왜 틀렸는지를 찾아내야 한다.

결론부터 말하자면 (가)~(라)의 과정 중에 등호가 성립하지 않는 곳은 (나)다. 그런데 (나)는 교과서에도 나오는 극한의 성질

'수렴하는 두 수열 $\{a_n\}$, $\{b_n\}$에 대하여

$\lim_{n\to\infty}(a_n+b_n)=\lim_{n\to\infty}a_n+\lim_{n\to\infty}b_n$이다.'

를 이용한 것처럼 보인다. 이 성질을 확장하면

$$
\begin{aligned}
\lim_{n\to\infty}(a_n+b_n+c_n) &= \lim_{n\to\infty}(a_n+b_n)+\lim_{n\to\infty}c_n \\
&= \lim_{n\to\infty}a_n+\lim_{n\to\infty}b_n+\lim_{n\to\infty}c_n
\end{aligned}
$$

이 성립하고, 임의의 자연수 k에 대하여 k개의 수열 $\underbrace{\{a_n\}, \{b_n\}, \cdots, \{z_n\}}_{k\text{개}}$에 대해서도

$$\lim_{n \to \infty}(a_n+b_n+\cdots+z_n)=\lim_{n \to \infty}(a_n+b_n+\cdots+z_n)$$
$$=\lim_{n \to \infty}a_n+\lim_{n \to \infty}b_n+\cdots+\lim_{n \to \infty}z_n$$

이 성립한다. 그런데 왜 ㈏가 틀렸다고 하는 것일까? 참으로 아리송한 상황이 아닐 수 없다. 황당하게 들릴 수도 있으나 ㈏가 틀린 이유는 ㈏ 말고는 틀렸다고 의심할 수 있는 곳이 없기 때문이다.

다행인 것은 위 마술을 통해 수학자들도 '어떤 성질이 유한개에서 성립한다는 이유만으로 그 성질이 무한개에서도 당연히 성립할 것이라고 단정하는 것은 섣부른 오판이 될 수 있다.'라는 뼈저린 교훈을 얻었다는 점이다.

계산 너머의 수학

이처럼 무한에는 우리가 직관적으로 쉽게 추론하거나 이해하기 어려운 함정들이 곳곳에 도사리고 있으므로 함부로 단정하거나 일반화하다가는 함정에 빠져 난감한 상황에 처할 수 있다. 또한 극한 여행을 하다가 만나게 되는 문제 중에는 한참을 고민해야만 극한 상황을 직관할 수 있는 문제도 있고, 한참을 고민해도 도저히 극한 상황을 상상하기 어려운 경우는 훨씬 많다.

그러나 그런 문제들이 존재한다는 것에 좌절하거나 실망할 필요가 없다. 오히려 그런 어려운 문제들은 우리가 극한을 직관적인 방식이 아니라 이론적인 방식으로 해결하는 방법을 배우는 이유를 말해준다. 극한의 이론은 우리가 직관적으로는 도저히 풀 수 없는 문제들을 해결할 힘을 제공해주기 때문이다.

따라서 수학을 제대로 학습하려면 논리와 직관이 균형을 이루어야 하고, 이를 통해 논리적인 추론 능력과 직관적인 통찰 능력을 함께 배양할 수 있어야 한다. 그래야 새로운 수학을 만들 수 있고, 그래야만 비로소 이 세상을 제대로 이해할 수 있게 될 것이다.

대부분의 위대한 수학적, 과학적 발견은 직관적인 통찰과 엄밀한 논증이 상호보완적으로 조화를 이룬 결과물이다. 아르키메데스는 목욕탕에서 부력의 원리를 직관적으로 알아낸 후 검증을 통해 자신의 이론을 확신할 수 있었고, 뉴턴도 떨어지는 사과를 통해 직관적으로 만유인력을 떠올린 후 미적분을 이용해 만유인력의 법칙을 완성할 수 있었다.•

직관을 통해 수학을 바라보면 계산만으로는 미처 볼 수 없었던 수학의 비밀과 매력을 발견할 수 있고, 나아가 수학의 신비로움을 더 생생하게 느낄 수 있다. 수학은 우주의 비밀을 설명하는 언어이므로 수학의 신비로움은 곧 우주의 신비로움이다. 그래서인지 수학과 우주를 탐구하다 보면 우주 속에 수학이 있고 수학 속에 우주가 있음을 느낄 때가 많다.

• 떨어지는 사과와 관련한 뉴턴의 일화가 실화가 아니라는 이야기도 있으나, 위대한 인물에겐 이 정도의 전설은 있어도 좋다고 생각한다.

변화를 직관하다: 미분

1

새로운 시대와 미적분

새로운 수학이 요구되다

조선에서 임진왜란의 전운이 감돌던 시기인 16세기에 유럽은 지구를 탐험하며 식민지를 개척하기 위해 혈안이 되어 있었고, 이를 위해 각종 무기는 물론 항해술, 천문학, 물리학 등의 과학 기술이 폭발적으로 발전했다. 그리고 이를 이론적으로 뒷받침하고 이끌어가기 위한 수학의 필요성이 절실하게 요구되기 시작했다. 그러다 보니 16세기 말에서 17세기에는 노다지처럼 묻혀 있던 새로운 수학적 성질들이 여기저기서 튀어나와 번성하는 황금기가 펼쳐졌다. 이 시기에 갈릴레오, 케플러Johannes Kepler, 1571~1630, 데카르트, 페르마, 뉴턴, 라이프니츠Gottfried Wilhelm Leibniz, 1646~1716 등의 뛰어난 자연철학자•(과학자이자 수학자이며 철학자)들이 유럽의 여기저기서 등장하기 시작한 것은 결코 우연이 아니었다. 특히

• 자연철학자(naturalphilosopher)는 19세기 초에 과학자(scientist)라는 말로 대체됐다.

당시는 유럽 각국이 식민지 개척을 위해 수시로 전쟁을 벌이던 시기다 보니 수많은 기계와 무기가 발명되고, 항해 산업이 발달했으며, 이에 따라 수학과 과학의 화두는 자연스럽게 **운동**과 **변화**로 집중됐다. 자유낙하하는 물체의 운동, 대포에서 발사된 포탄의 운동, 태양을 공전하는 행성이나 혜성의 운동과 같은 모든 움직이는 것들의 '운동'의 비밀을 알아내는 것이 당시 거의 모든 자연철학자들의 커다란 목표였다. 그리고 시간의 변화에 따른 자유낙하하는 물체의 속도의 변화, 발사된 각의 변화에 따른 포탄이 날아간 거리의 변화, 공기 중에서 물속으로 들어가는 빛의 입사각의 변화에 따른 굴절각의 변화, 은행 이율의 변화에 따른 원리합계의 변화와 같은 '변화'를 다뤄야 할 필요성도 커졌다. 그러나 이런 시대적 요구를 기존의 수학으로 감당하기는 어려웠다.

결국 17세기에 들어와 여러 천재들의 약 100년에 걸친 경쟁적인 노력 끝에 완전히 새로운 수학, **미분**과 **적분**이 탄생하게 된다.•

특히 미분은 이때 막 태어난 개념이다. 오늘날 많은 수학자들은 아르키메데스에 의해 적분이 탄생한 후 미분법이 탄생하기까지 이렇게나 오랜 세월이 걸릴 수밖에 없었던 가장 큰 원인은, 그리스 수학이 기하학과 산술을 엄격하게 분리시킨 것과 무한에 대한 지나친 두려움으로 인해 기하학만을 지나치게 강조한 데 있다고 말한다.

이제 그러한 한계를 극복하고 '**미분과 적분이 탄생할 수 있도록 기반을 마련해준 수학**'에 대해 간략하게 알아보려고 한다.

• 17세기는 유럽의 지성사에서 대혁명의 시대였다.

아랍으로 넘어간 수학의 주도권

기원후 5세기경 로마제국이 멸망하자 그리스 수학은 천 년에 가까운 암흑기로 접어들었고, 수학의 주도권이 아랍으로 넘어갔다. 중세 아랍의 수학자들은 인도의 10진법 체계와 숫자 0을 받아들여 아라비아 숫자로 개량했고 삼각법도 발전시켰다. 특히 페르시아의 수학자 알 콰리즈미Al-Khwarizmi, 780?~850?는 기존의 산술에 기호와 절차(알고리즘)•를 결합한 대수학代數學, algebra▲의 토대를 만들어 수학을 한 단계 발달시켰다. 이후 알 콰리즈미의 책과 아랍어로 된 유클리드의 기하학 원론이 라틴어■로 재번역되어 유럽에 전파됐다.

이때 아랍에서 유럽으로 전파된 수학 가운데 무엇보다 소중했던 것은 두말할 나위도 없이 아라비아 숫자로 잘 알려진 인도의 숫자 표기법이다.

한자	三百七十九 + 六百四 = 九百八十三
로마자	CCC LXX IX + DC IV = CM LXXX III
인도-아라비아 숫자	379 + 604 = 983

• CCC=300, LXX=70, IX=9
• DC=600, IV=4
• CM=900, LXXX=80, III=3

• '알고리즘'이라는 말의 어원은 알 콰리즈미 자신의 이름에서 유래했고, algebra(대수학)는 그의 저서명에서 유래했다.

▲ 수학의 주요 분야로는 정수론, 대수학, 기하학, 해석학 등이 있는데, 이 중 대수학은 수학적 구조들의 일반적인 성질을 연구하는 수학의 한 분야로서, 숫자 대신 문자와 기호를 사용하여 방정식을 푸는 것에서 유래했다.

■ 18세기까지는 대부분의 수학, 과학, 철학책이 라틴어로 집필됐다.

앞의 표와 같이 여러 문자로 나타낸 똑같은 수의 덧셈을 비교해 보면 인도-아라비아 숫자가 얼마나 편리하고 우수한 표기법인지를 쉽게 확인할 수 있을 것이다(편의상 덧셈 기호와 등호는 현대의 기호를 사용했다).

더구나 덧셈 대신 곱셈을 인도-아라비아 숫자가 아닌 다른 문자를 사용해 계산한다고 상상해 보면 인도-아라비아 숫자가 수학의 역사를 몇 백 년은 앞당겼다는 것이 결코 과장이 아님을 인정하게 될 것이다. 특히 인도-아라비아 숫자 표기법의 최대 장점은 '십', '백'과 같은 자릿값을 따로 표기하지 않는 것과 604에서 알 수 있는 바와 같이 0을 사용해 '비어 있는 자리'를 나타내는 발상이라 할 수 있다.

이처럼 수학사에서 최고의 발명품이라 할 수 있는 인도-아라비아 숫자였지만 유럽에 전해지자마자 곧장 널리 퍼져나갔던 것은 아니었다. 인도-아라비아 숫자는 손으로 계산하기에는 편리했지만, 당시에는 종이가 귀했을 뿐만 아니라 이미 사람들이 돌이나 콩을 이용하는 계산판에 익숙해져 있어서 굳이 종이에 손으로 계산해야 할 필요성을 크게 느끼지 못했기 때문이다.

또한 인도-아라비아 숫자는 당시 금융권에서도 완강히 배척당했는데 가장 큰 이유는 위조가 쉽다는 것 때문이었다. 0은 6, 9, 8로 바꾸기 쉽고, 1은 4, 7로 고치기 쉽지 않은가? 이 점은 인도-아라비아 숫자의 치명적 단점이라서 오늘날에도 은행에서는 숫자 '3,000,000원' 대신 글자 '삼백만 원'으로 쓴다. 이런 이유로 인도-아라비아 숫자가 유럽에 정착되기까지 수백 년이 걸렸다고 한다.

가만히 생각해 보니 거의 모든 교실에서 학생들이 아라비아 숫자를 굳이 외면할 때가 있다. 학급 임원 투표에서 개표 결과를 실시간으로 표시할 때다. 학급에서 투표할 때는 주로 '正바를 정'을 이용해 득표수를 나타내는데, 왜일까? 만일 인도-아라비아 숫자로 표기하려면 매번 썼다 지우기를 반복해야 하므로 누적된 결과를 나타내기에는 正이 우월하기 때문이다. 비슷한 예로 로빈슨 크루소는 무인도에서 보낸 날을 卌卌와 같이 표시했다.

이처럼 아무리 좋은 것이라도 상황에 따라 약점이 있기 마련이다.

문자의 도입과 기호의 발명

'아랍의 수학'과 '아랍어로 된 그리스 수학'이 라틴어로 재번역되어 유럽으로 전해지면서 유럽의 수학은 긴 잠에서 깨어나 르네상스를 맞이하게 된다. 그 첫 열매는 대수학이었다.

잘 알다시피 수학은 수數만 다루는 학문이 아니다. 우리가 무언가를 기호나 상징으로 약속하고 그를 기반으로 한 규칙을 찾아 편리함이나 이로움을 얻을 수만 있다면 그것이 바로 수학이다. 그래서 기하학도 수학이고, 컴퓨터나 휴대폰의 글자판도, 음악의 악보도, 거리의 신호등도 모두 수학이다.

그런데 많은 학생들이 어릴 적에는 수학을 숫자 계산만 하는 과목인 줄로 알다가 숫자 대신 문자와 기호가 등장하면서부터 수학에 어려움을 느끼기 시작했다고 말한다. 하지만 문자와 기호가 등장해 어려워진 것이 아니라, 어려운 문제들을 쉽고 빠르게 해결하기 위해 문자와 기호를 도입한 것임을 분명히 알아야 한다. 만일 수학자들이 문자와 기호를 수학에 도입하지 않았다면 우리는 여전히 쉬운 문제만 다루고 있거나 어려운 문제를 아주 어렵게 해결하면서 살고 있을 것이다.

실제로 15세기까지는 수학에서 기호가 거의 등장하지 않았기 때문에 수학의 언어는 일상의 언어와 크게 다르지 않았다. 등호(=), 사칙연산(+, −, ×, ÷), 거듭제곱(a^n), 근호($\sqrt{\ }$) 등의 기호•와, 상수(a, b, c)와 미지수(x, y, z) 등의 아주 기초적인 표현법조차 없어서 당시의 수학 문제와 풀이에는 장황한 설명과 난해한 문장들이 난무했다.

그런데 16세기 이후 수학이 복잡하고 어려운 문제를 다룰 수밖에 없게 됨에 따라 기존의 언어를 수학에서도 계속 사용하는 것에 점차 한계가 드러나기 시작했다.

이때부터 수학자들은 수학 그 자체의 중요성뿐만 아니라 기호의 중요성도 깨닫게 됐다. 그리고 이때부터 문자나 기호를 활용해 문제를 해결하는 대수학이 폭발적으로 발전하기 시작했다.

독일의 수학자 슈티펠Michael Stifel, 1486~1567?은 오늘날의 식 $\frac{x^2y^3}{2z}$을 ②M sec③D 2ter①로 나타냈다. 여기서 M, D는 각각 곱셈과 나눗셈을, sec, ter는 각각 두 번째 미지수, 세 번째 미지수를 나타내고, ①, ②, ③은 지수를 나타낸다.

② M	sec③ D	2 ter①
(첫 번째 미지수)^2 ×	(두 번째 미지수)^3 ÷	(세 번째 미지수)^1

• +와 −는 15세기 말에, =와 $\sqrt{\ }$는 16세기에, ×, ÷, a^n은 17세기에 등장했다.

이러한 기호의 등장으로 이탈리아의 수학자들•이 삼차방정식과 사차방정식을 정복할 수 있었고, 그 과정에서 허수 $\sqrt{-1}$이 처음으로 출현했다.

프랑스의 수학자 비에트François Viète, 1540~1603는 알려진 상수를 자음으로, 미지수를 모음으로 나타내 대수학을 급속도로 발전시켰다. 예를 들어 오늘날의 방정식 $x^3+ax=by^2$을 A cubus$+B$ in A, aequetur C in E quad와 같이 나타냈다. 여기서 모음 A와 E는 각각 미지수 x, y를, 자음 B, C는 각각 상수 a, b를 나타내고, cubus는 세제곱을, in은 곱셈을, aequetur는 등호를, quad는 제곱을 나타낸다.

$$\underbrace{A\text{ cubus}}_{x^3} + \underbrace{B}_{a}\ \underbrace{\text{in}}_{\times}\ \underbrace{A}_{x}, \underbrace{\text{aequetur}}_{=}\ \underbrace{C}_{b}\ \underbrace{\text{in}}_{\times}\ \underbrace{E\text{ quad}}_{y^2}$$

하지만 이러한 비에트의 표기법도 우리에겐 여전히 복잡하고 장황해 보이는 것은 어쩔 수 없다. 지금 우리에게 익숙한 수식 $x^3+ax=by^2$과 같이 '알려진 상수'를 a, b, c로, '미지수'를 x, y, z로 나타내는 표기법과 거듭제곱 기호는 17세기에 프랑스의 철학자이자 수학자인 데카르트에 의해 사용되기 시작했다.

그리고 드디어 역사상 가장 많은 수학책을 낸 수학자이자 18세기를 대표하는 스위스의 수학자 레온하르트 오일러Leonhard Euler, 1707~1783가 e, π, i, $\sum$, $f(x)$ 등의 많은 기호를 발명하거나 사용하면서 오늘날의 학생들도 무난하게 이해할 수 있는 수학책이 처음으로 등장하게 된다.

• 타르탈리아(Niccolò Fontana Tartaglia, 1499~1557), 카르다노(Girolamo Cardano, 1501~1576), 봄벨리(Rafael Bombelli, 1526~1572)가 대표적이다.

이러한 여러 수학자들의 노력의 결실로, 15세기 이전에는

"어떤 수를 두 번 곱하고 그 값에 그 수를 더하면 1이 된다. 어떤 수를 구하시오."

와 같이 문장으로만 서술된 문제를 오늘날에는 문자와 기호를 이용해

"방정식 $x^2+x=1$의 해를 구하시오."

와 같이 간단히 표현하고, 그 해결 과정도

$$x^2+x=1 \rightarrow x^2+x+\frac{1}{4}=1+\frac{1}{4} \rightarrow \left(x+\frac{1}{2}\right)^2=\frac{5}{4}$$

$$\rightarrow x+\frac{1}{2}=\pm\sqrt{\frac{5}{4}} \rightarrow x=\frac{-1\pm\sqrt{5}}{2}$$

와 같이 간결하고 명확하게 설명할 수 있게 됐다. 나아가 이러한 기호화의 과정을 통해 모든 계수가 문자인 이차방정식 $ax^2+bx+c=0$의 해를 $x=\frac{-b\pm\sqrt{b^2-4ac}}{2a}$로 표현할 수 있게 됐다. 이는 $ax^2+bx+c=0$이라는 단 한 문제로 무한개의 모든 이차방정식 문제를 해결할 수 있게 되었음을 의미한다.

나는 고등학교 때까지만 하더라도 피타고라스 정리가 그 시대에도

$a^2+b^2=c^2$

과 같은 모습으로 표현된 줄로만 알았었는데, 그것은 2000년이 넘는 시간적 오차가 있는 무지한 짐작이었다. 삼각형의 변의 길이를 a, b, c로 나타낸 사람은 오일러였기 때문이다.

이처럼 수학 기호의 역사를 생각하며 고대 수학자들의 업적을 공부하다 보면 마땅한 수학 기호 하나 없이 이루어 낸 그들의 업적이 새삼 더욱 대단하게 느껴진다. 피라미드가 대단한 건 단순히 크고 높아서가 아니라 그걸 그 옛날에 만들었기 때문이다.

소수 표기법의 등장

미적분을 다루려면 아주 작은 수에 대해 생각해야 할 때가 매우 많다. 분수는 고대부터 사용됐지만 작은 수들의 덧셈이나 뺄셈을 계산할 때, 분수 표현은 무척 불편했다. 그러다 16세기 후반에 네덜란드 수학자 스테빈Simon Stevin, 1548~1620에 의해 분수 $\frac{31415}{10000}$를

3⓪1①4②1③5④

와 같이 나타내는 방법이 등장했다.

한편, 17세기 초반에는 스코틀랜드 수학자 네이피어John Napier, 1550~1617가 로그logarithm를 발명해 천문학자들과 수학자들의 계산 시간을 획기적으로 줄여줬다. 특히 로그표의 등장과 함께 3.1415와 같은 오늘날의 소수 표기법이 본격적으로 사용되기 시작했다. 소수 표기법은 수학자들이 아주 작은 수를 직관적으로 상상하는데 날개를 달아줌으로써 극한의 개념과 미적분이 탄생하는 데 커다란 역할을 했다.

기하학과 대수학의 만남

미지수를 문자로 나타내게 되자 마침내 변수와 함수의 개념을 탄생시키는 수학적 도구가 발명된다. 프랑스의 수학자 페르마Pierre de Fermat, 1607~1665와 데카르트는 17세기 초반의 거의 비슷한 시기에 '좌표'를 발명했다. 사실 좌표의 역사는 별의 위치를 표현하고자 했던 천문학과 망

망대해에서 배의 위치를 알고자 했던 항해술을 위해 하늘과 지구를 위도와 경도로 나누던 기원전까지 거슬러 올라간다. 그런데 데카르트와 페르마에 의해 이러한 좌표의 개념이 수학에 도입된 것이다. 그들이 만든 직교좌표계•는 숫자나 문자를 이용해 점과 곡선의 위치를 알려주는 도구로서 수학에 엄청난 변화를 촉발시켰다. 좌표를 통해 도형을 수식으로, 수식을 도형으로 나타낼 수 있게 함으로써 기하학과 대수학을 통합한 '해석기하학'이 탄생했고, 이는 미분과 적분의 토양이 되었다.

다음 그림은 데카르트의 책에 나오는 좌표평면의 한 예인데, 이처럼 초창기의 좌표평면은 오늘날과는 다소 달랐다.

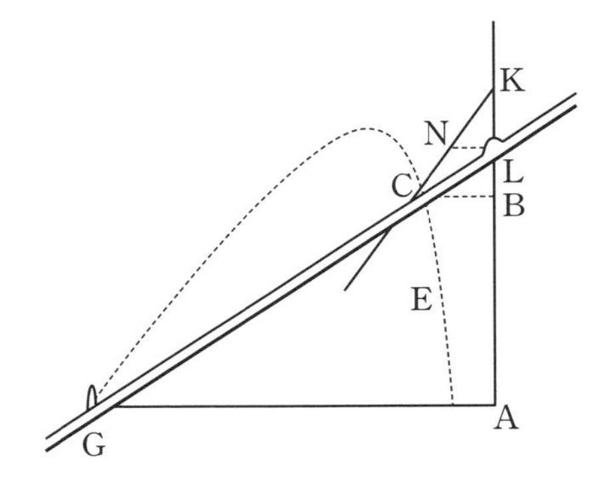

한편, 17세기까지도 많은 수학자들이 x^2은 넓이, x^3은 부피를 나타낸다고 생각해 x^2+2x+3과 같은 식은 다음 그림과 같은 세 사각형의 넓이의 합으로만 생각했다.▲

• 직교좌표계는 페르마가 더 일찍 발명했으나 그가 죽은 뒤에야 발표되는 바람에 데카르트의 업적으로 더 알려져 있다.

▲ 심지어 뉴턴도 이런 생각을 가진 적이 있다.

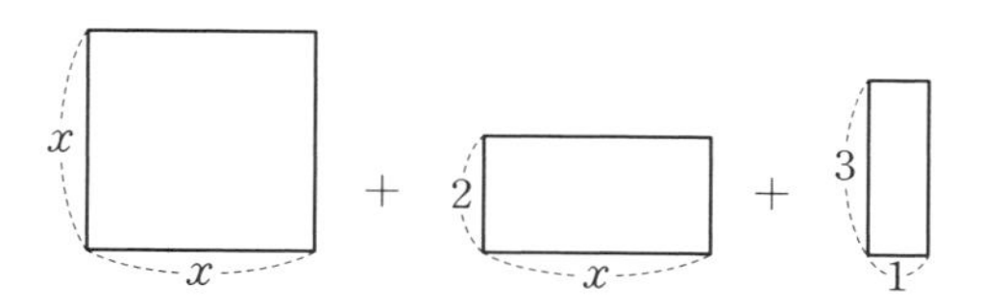

그런데 페르마와 데카르트는 x^2과 x^3을 넓이나 부피가 아닌 일반적인 수로 여겼으며, 이런 인식으로 인해 비로소 x^2과 x^3이 x와 동등하게 수직선 위에 자리 잡을 수 있었고, $y=x^3+x^2+x+1$과 같이 하나의 곡선의 방정식에 x, x^2, x^3이 함께 등장할 수 있게 됐다.

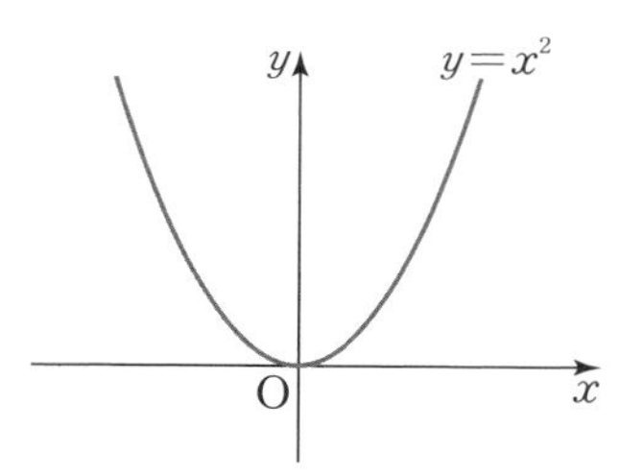

좌표평면 덕분에 우리는 등식 $y=x^2$을 보자마자 좌표평면 위의 포물선을 떠올릴 수 있고, 방정식 문제를 그림을 이용해 해결하거나 기하 문제를 방정식과 계산을 통해 해결할 수 있게 됐다.

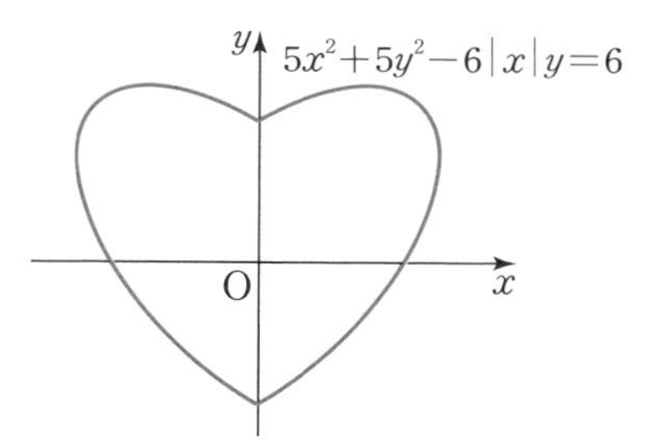

좌표평면이 생기기 전까지 수학자들이 다루던 곡선은 주로 원뿔곡선(원, 포물선, 타원, 쌍곡선), 나선, 사이클로이드 등과 같이 특정한 정의가 있는 것들뿐이었다. 하지만 이제는 변수 x와 y를 이용해 아무렇게나 방정식을 만들 때마다 그에 따른 새로운 곡선들이 생겨나기 시작했다.•

좌표평면은 수학자들에게 무한개의 곡선을 선물했다!

• 페르마는 $Ax^2+By^2+Cxy+Dx+Ey+F=0$ 꼴의 곡선은 원뿔곡선 또는 두 직선임을 보였다.

2

운동의 비밀을 밝히다

갈릴레오가 옳았다!

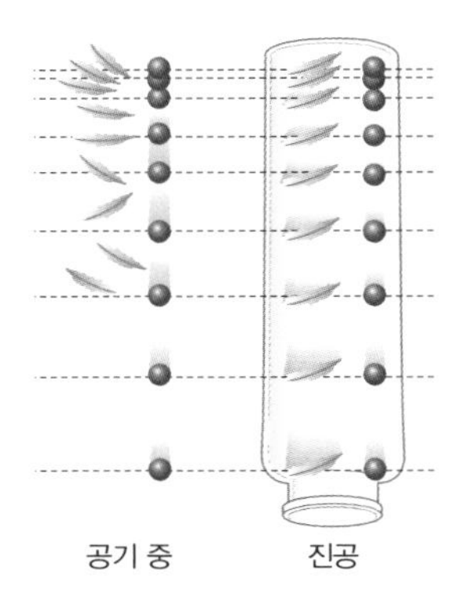

지구 위에서 한 손에는 공을, 다른 한 손에는 깃털을 들고 있다가 동시에 놓으면 공이 깃털보다 먼저 떨어진다. 이러한 현상을 보고 아리스토텔레스는 모든 물체는 우주의 중심인 지구의 중심으로 떨어지는 본성이 있는데, 무거울수록 이런 힘이 강해서 더 빨리 떨어진다고 생각했다. 중력은 물론 공기의 저항을 생각하지 못했던 사람들은 오랜 세월 동안 그의 주장을 믿으며 살았다.

거의 2000년의 세월이 흐른 후에야 이탈리아의 수학자 갈릴레오 갈릴레이에 의해 아리스토텔레스의 생각이 틀렸음이 밝혀지게 된다. 갈릴레오는 공기의 저항을 같게 하려고 같은 모양의 공을 하나는 납으로, 다른 하나는 나무로 만든 다음 높은 곳에서 동시에 떨어뜨리는 실험•을 했고, 기존의 관념을 깨뜨리는 결과를 얻었다. 하지만 갈릴레오도 공과 깃털이 동시에 떨어지는 실험은 할 수가 없었다. 진공상태를 만드는 것이 불가능했기 때문이다.

1971년에 미국에서 발사한 달 착륙선 아폴로 15호의 우주인은 진공상태인 달에서 쇠망치와 깃털을 가슴 높이에서 동시에 자유낙하시켜서 두 물체가 지구에서보다 확연히 느린 속도로 달 표면에 동시에 떨어지는 장면을 지구인들에게 생중계로 보여줬다. 그리고 그는 말했다.

"갈릴레오가 옳았어!Mr. Galileo was correct!"▲

사실 자유낙하 운동과 관련한 정말 멋진 실험은 따로 있다. 이 실험에는 아무런 도구나 장치도 필요 없다. 그저 논리적인 생각만으로 시행하는 '사고실험', 즉 수학이기 때문이다.

그림과 같이 깃털(A), 쇠공(B), 그리고 깃털과 쇠공을 실로 연결한 물체(C)가 있다. 무거운 것이 가벼운 것보다 빨리 떨어진다는 아리스토텔레스의 생각이 옳다고 가정할 때, A, B, C를 같은 높이에서 동시에 놓으면 어느 것이 가장 먼저 떨어져야 할까?

• 흔히 갈릴레오가 피사의 사탑에서 자유낙하 실험을 한 것으로 알려져 있으나, 이는 사실이 아니라는 것이 과학자들의 일반적인 견해다.

▲ "Mr. Galileo was correct"로 검색하면 동영상을 찾아볼 수 있다.

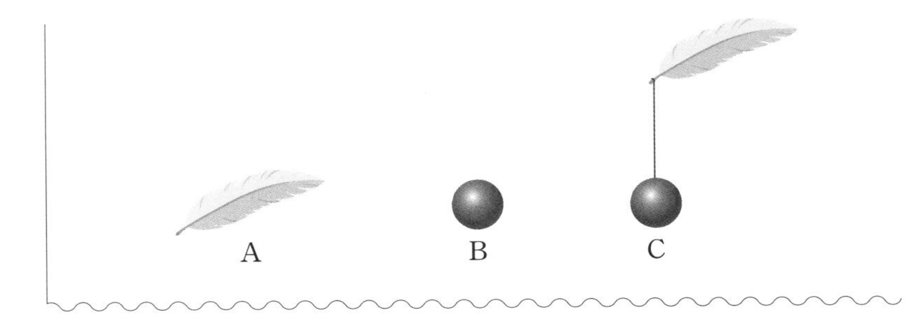

여기 위 실험에 대한 두 가지 생각이 있다.

❶ A, B, C 중 가장 무거운 것은 C이므로 C가 가장 빨리 떨어져야 한다.

❷ C가 떨어질 때 공은 깃털보다 무거워 더 빨리 떨어지므로 공과 깃털을 연결한 실이 팽팽해지면서 깃털이 공을 위로 잡아당기는 작용을 하게 된다. 결국 C는 B가 혼자 떨어질 때보다 느리게 떨어지고, 따라서 B가 가장 빨리 떨어져야 한다.

위의 두 생각은 모두 합리적 판단과 논리적 추론에 근거하지만 서로 다른 결론에 도달한다. 그러므로 무거운 것이 가벼운 것보다 빨리 떨어진다는 가정은 틀렸다는 것이 수학적 결론이다. 또한 아리스토텔레스의 생각과 정반대로 가벼운 것이 무거운 것보다 빨리 떨어진다고 가정해도 모순이 생김을 확인할 수 있다. 따라서 떨어지는 물체는 질량과 무관하게 항상 동시에 떨어진다는 최종 결론에 도달한다.

이 얼마나 멋진 실험인가? 이처럼 인간의 수학적 사고력은 굳이 피사의 사탑과 같은 높은 곳에 힘들여 올라가지 않고도, 진공상태를 위해 비싼 비용을 들여 달까지 가지 않고도 아리스토텔레스의 생각이 틀렸음을 증명할 수 있는 힘을 지니고 있다. 그렇다면 이런 놀라운 사고실험을 했던 사람은 도대체 누구일까? 이번에도 갈릴레오다.

자유낙하 운동의 비밀이 밝혀지다

어떤 물체가 한 방향으로 등속운동을 하면 일정한 시간마다 일정한 거리를 이동하므로 특정 시각에서의 그 물체의 위치를 예측하는 것은 그리 어렵지 않다.

(거리)=(속력)×(시간)

임을 이용하면 되기 때문이다.

그러나 시간에 따라 속력이 변하는 물체의 특정 시각에서의 위치를 예측하는 것은 결코 쉽지 않다. 시간에 따라 속력이 변하는 운동 중 가장 대표적인 것은 자유낙하 운동인데, 갈릴레오는 여기에도 도전장을 내밀었고 결국 성공했다. 그가 실험을 설계하고 진행하는 과정을 살펴보다 보면 그가 왜 자유낙하 운동의 선구자로 불리는지 납득하게 될 것이다.

갈릴레오가 살던 시대에는 매우 정밀한 물시계가 있었지만 자유낙하를 하는 물체는 그야말로 눈 깜짝할 사이에 특정 지점을 지나쳐 버리므로 특정 시각에서 그 물체의 위치를 정확하게 측정하는 것은 불가능했다. 갈릴레오는 이 난관을 극복하기 위해 아주 기발한 생각을 떠올렸다.

'직접 자유낙하를 시키는 대신 완만하고 매끄러운 경사면을 이용하면 어떨까?'

그리고 경사면에서 일정한 시간 간격마다 공이 굴러간 거리를 측정하기로 했다. 일정한 시간 간격을 1이라 하고 처음 1만큼의 시간 동안 굴러간 거리를 1이라 한 다음, 같은 시간 간격마다 굴러간 거리를 조사한 끝에 갈릴레오는 다음과 같은 규칙성을 발견했다.

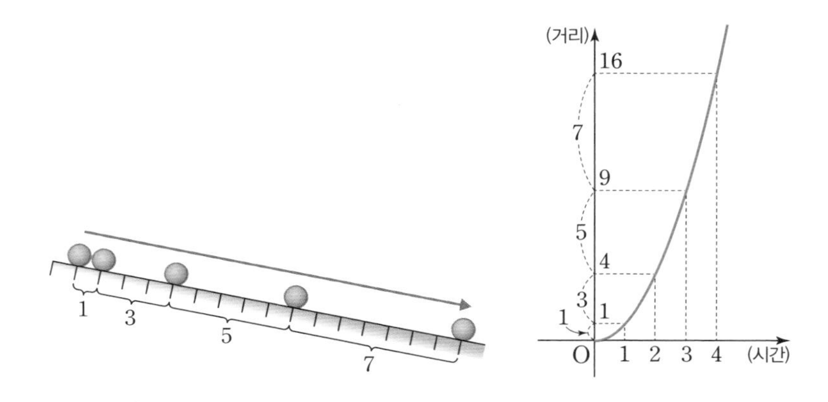

시간	0	1	2	3	4	5	6	7	8	…
거리	0	1	3	5	7	9	11	13	15	…

갈릴레오는 거의 수평에 가까운 경사면부터 시작해 경사면의 각을 조금씩 바꿔가며 공을 굴려 보는 실험을 수없이 반복했는데, 이때 경사면의 기울기와 무관하게 거리에 홀수가 차례대로 등장함을 발견했다. 후대의 과학자들은 이 법칙을 '홀수의 법칙'으로 부른다.

만일 위 실험에서 시간 측정을 2의 간격으로 했다고 가정하면 굴러간 거리는 다음과 같을 것이다.

시간	0	2	4	6	8	…
거리	0	1 + 3 = 4	5 + 7 = 12	9 + 11 = 20	13 + 15 = 28	…
거리의 비		1	3	5	7	…

이처럼 시간 간격이 일정하기만 하면 굴러간 거리의 비는 항상 홀수의 법칙을 만족시킨다. 갈릴레오는 이러한 경사면 운동의 결과를 이용해 다음과 같이 추론했다. '경사면의 기울기를 점점 크게 해도 홀수의

법칙이 항상 성립하므로 경사면의 기울기를 수직으로 만든다 해도 이 규칙성이 성립하지 않을까?' 즉, 자유낙하 운동을 '경사면 운동의 극한'으로 생각하는 아주 기발한 발상이었다.

이제 갈릴레오에게는 극한을 이용해 추론한 이론을 자유낙하 실험을 통해 직접 확인하는 절차만 남아 있었다. 갈릴레오는 여기서도 천재성을 발휘해 다음과 같은 실험을 설계했다.

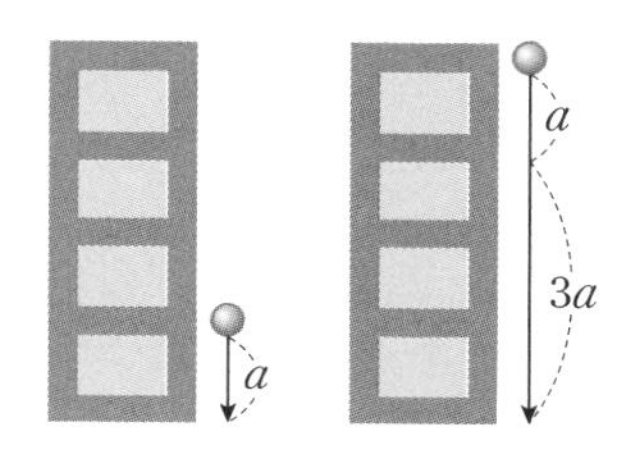

공을 1층 높이에서 자유낙하시켜 땅에 떨어질 때까지 걸리는 시간 t_A와 4층 높이에서 자유낙하시켜 땅에 떨어질 때까지 걸리는 시간 t_B를 측정해 비교하는 것이다.

이때 $t_B=2t_A$가 성립하기만 하면 자유낙하 운동에서도 홀수의 법칙이 성립함이 바로 확인되는 것이다. 갈릴레오는 층의 높이를 다양하게 변화시켜가며 이 실험을 반복한 결과 항상 $t_B=2t_A$가 성립함을 확인했다.

이 결과는 자유낙하를 시작한 후 연이은 동일 시간 동안 낙하한 거리의 비가 항상 1 : 3임을 의미하므로 자유낙하 운동에서도 홀수의 법칙이 성립함을 말해준다.

미래를 예측한다는 것

갈릴레오의 자유낙하 운동 법칙에 의하면 공이 자유낙하를 시작하고 나서 처음 1만큼의 시간 동안 낙하한 거리를 1이라 할 때, n (n은 자연수)만큼의 시간 동안 낙하한 거리 s는

$$s=1+3+5+\cdots+(2n-1)=n^2$$

이 된다. 즉, 자유낙하 한 거리는 시간의 제곱에 정비례한다. 이를 통해 자연수가 아닌 시간 t에 대해서도 t만큼의 시간 동안 공이 자유낙하 한 거리 s는 $s=t^2$일 것이라는 추론이 가능하다.

드디어 구르거나 자유낙하 하는 공의 특정 순간에서의 위치를 정확하게 예측할 수 있는 수학을 찾게 됐다. 미래를 예측한다는 것! 그것은 지금까지 인류가 꿈꿔보지 못한 지적知的 신세계였다.

새로운 수학의 꿈

이미 갈릴레오 이전의 수학자들은 직선 경로로 움직이는 물체의 속도를 구하려면 위치의 변화량을 시간으로 나눠야 한다는 것을 잘 알고 있었다. 그런데 이 속도는 특정한 시간 간격에서의 평균속도다.

이제 수학자들은 또 하나의 꿈이 생겼다. 자유낙하 하는 공의 특정 순간에서의 속도, 즉 순간속도를 알아내겠다는 꿈이다. 순간속도에서의 '순간'은 '아주 짧은 시간'이 아니라 '간격이 0인 특정한 시각'을 말한다.

따라서 순간속도를 구하려면

$$(\text{속도})=\frac{(\text{위치의 변화량})}{(\text{시간})}$$

에서 시간이 0, 즉 분모가 0이 되어버리므로 계산이 불가능했다.

갈릴레오의 시대까지는 이러한 불가능을 극복할 수가 없었는데, 그때까지는 없었던 새로운 수학만이 이를 완벽히 해결할 수 있었기 때문이다.

3

미분법이 싹트다

포탄의 궤적은 포물선이다

17세기 무렵 식민지의 패권을 두고 벌어진 전쟁을 승리로 이끌기 위해서는 당시 최고의 무기인 대포의 포탄이 날아가는 궤적을 정확히 알아내는 것이 매우 중요했다. 그 임무는 당연히 수학자들에게 맡겨졌는데, 이번에도 갈릴레오가 이 미션을 완성했다. 그는 발사된 포탄이 날아가는 궤적이 포물선(공기의 저항을 무시할 때)이라는 것을 발견했다. 이를 통해 수천 년 동안 많은 수학자의 기하학적 탐구 대상이기만 했던 포물선이, 발사된 포탄의 궤적에서뿐만 아니라 어린아이가 던진 돌의 궤적에도 등장한다는 사실이 밝혀졌다. 원은 태양이나 사람의 눈동자처럼 정지된 상태로 자주 목격되어 인간에게 아주 친숙하지만, 포물선은 던져진 물체의 궤적으로만 나타났다가 금방 사라져 버리는 탓에 그것이 포물선임을 인식하기가 어려웠고 그래서 더욱 신기했을 것이다. 이제 사람들은 마음만 먹으면 언제든지 포물선을 직접 만들 수 있게 됐다.

포물선 모양을 목격할 수 있는 페루 리마파크의 분수 터널

그렇다면 갈릴레오는 날아가는 포탄의 궤적이 포물선임을 어떻게 알아냈을까? 그는 날아가는 포탄의 운동을 중력의 영향을 받지 않는 수평 방향과 중력의 영향을 받아 자유낙하 법칙을 따르는 수직 방향으로 나눈 다음 두 운동을 결합하는 방법•을 사용했다.

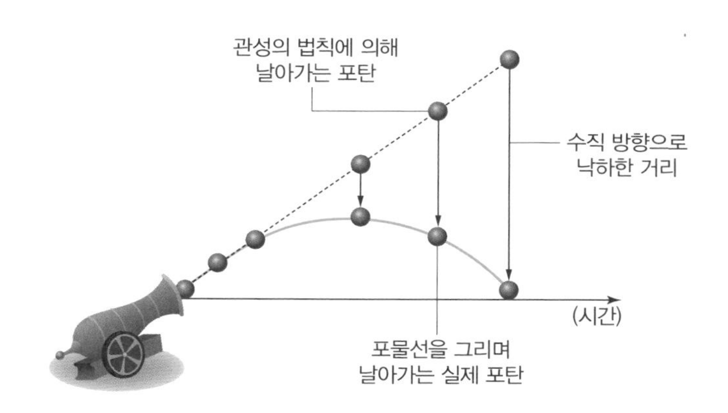

• 두 벡터의 덧셈을 이용하는 방법과 같다.

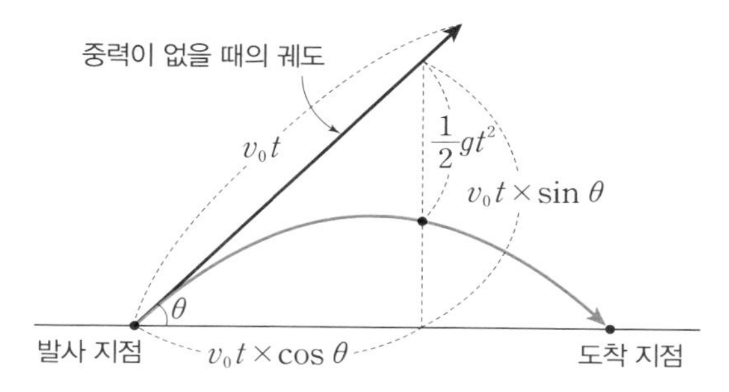

(v_0는 발사 속력, θ는 발사각, t는 시간, g는 중력가속도)

예를 들어 지면의 발사 지점에서 100 m/s의 발사 속력으로 45° 방향으로 쏘아 올린 포탄이 t초 동안 날아간 수평거리를 x m, 지면으로부터 수직높이를 y m라 할 때, 갈릴레오의 생각을 오늘날의 수학으로 표현해 보면 다음과 같다.

공기의 저항을 무시하기로 하면 수평 방향으로는 등속운동을 할 것이므로

$$x = 100t \times \cos 45^\circ = 50\sqrt{2}t$$

가 되고, 수직 방향으로는 중력의 영향을 받아 등속운동과 등가속도 운동이 결합되어

$$y = 100t \times \sin 45^\circ - \frac{1}{2}gt^2 \text{ (}g\text{는 중력가속도로 약 10 m/s}^2\text{)}$$

$$= 50\sqrt{2}t - 5t^2$$

이다. 위의 두 등식에서 t를 소거하면

$$y = -\frac{1}{1000}x^2 + x$$

와 같은 이차함수가 된다. 그런데 이차함수의 그래프는 곧 포물선이므로 던져진 물체가 그리는 곡선은 포물선임이 증명된다.

이제 날아가는 포탄의 정확한 궤적을 알게 되었으므로 포탄이 떨어질

위치를 정확히 예측할 수 있게 된다. 즉, $y=-\frac{1}{1000}x^2+x$에서 포탄이 지면에 떨어지는 순간은 $y=0$일 때이고, 이때 이차방정식 $-\frac{1}{1000}x^2+x=0$을 풀면 $x=1000$이므로 $t=10\sqrt{2}$일 때, 발사 지점으로부터 수평 방향으로 1000 m 떨어진 곳에 포탄이 떨어질 것이다.•

이러한 계산은 특정한 속도와 방향으로 포탄을 쏠 때, 그 포탄이 언제 어디에 떨어질지를 정확하게 예측하는 무시무시한 기술이었다. 이러한 수학과 과학의 힘은 결국 유럽이 지구상의 거의 모든 나라를 정복할 수 있었던 원동력이 됐다.

행성의 궤적은 타원이다

천문학에서 별star은 항성恒星이라고 부르는데, 밤하늘에서 자신의 자리에 항상 고정된 것처럼 보이기 때문에 붙여진 이름이다.▲ 반면, 행성行星은 영어로 'planet'이라고 하는데, 이 단어는 '방랑자'라는 말에서 유래했다. 행성이 제자리에 고정되어 있지 않고 항성 사이를 떠도는 것처럼 보이기 때문이다.

갈릴레오가 지구에서 떨어지는 물체의 운동이 수학적임을 밝히는 동

• 특정한 각도로 발사된 포탄이 날아간 거리를 한 번만 실측해 보면, 위 관계식으로부터 포탄의 발사 속력을 알아낼 수도 있다.

▲ 실제로는 항성도 미세하게 움직인다.

안, 갈릴레오와 거의 동시대를 살았던 독일의 천문학자이자 수학자 케플러는 밤하늘을 떠도는 행성의 운동이 수학적임을 밝혀 세상을 놀라게 했다. 케플러는 망원경이 없던 시절 최고의 천문학자인 덴마크의 튀코 브라헤Tycho Brahe, 1546~1601의 조수로 일했었는데, 그가 죽으면서 남긴 행성에 대한 방대한 관측 자료를 힘겹게 얻을 수 있었고 이 자료를 바탕으로 끈질긴 계산을 거듭한 끝에 다음과 같은 법칙을 발견했다.

케플러의 제1법칙

행성은 태양을 한 초점으로 하는 타원 궤도를 따라 공전한다.

튀코 브라헤의 자료를 보기 전까지는 케플러를 비롯한 당시의 모든 천문학자들은 행성의 궤도가 당연히 원일 것이라고 믿었다. 만일 행성의 궤도가 원이라면 행성은 항상 같은 속력으로 움직일 거라는 것도 상식적인 추론이다. 그런데 케플러가 튀코 브라헤의 자료를 분석해 본 결과 화성의 공전 속도가 일정하지 않다는 사실을 발견했다. 이를 바탕으로 행성의 공전궤도로 여러 가지 도형을 가정하고 계산을 거듭한 결과, 행성이 타원 궤도를 따라 공전한다는 제1법칙을 발견했다. 이러한 케플러의 발견은 우주가 기하학적으로 운동한다는 사실을 알리며 세상을 큰 충격에 빠뜨렸다. 하지만 케플러는 관측과 계산을 통해 행성의 궤도가 타원이라는 결과만 발견했을 뿐 타원일 수밖에 없는 이유는 알 수가 없었다. 이는 달의 모양이 약 30일을 주기로 변하는 것은 누구라도 발견할 수 있지만, 달의 모양이 왜 그렇게 바뀌는지를 알려면 천문학적 지식은 물론 기하학적 이해력이 필요한 것과 마찬가지다.

행성의 궤도가 왜 타원인지를 밝히기 위해서는 아직 태어나지 않은 새로운 수학이 필요했다. 아니 새로운 천재가 태어나야 했다. 뉴턴이라는 이름의 그 천재는 갈릴레오가 죽던 해에 태어났다.

접선의 방향은 물체가 움직이는 방향이다

포물선 궤도로 날아가는 물체, 타원 궤도로 공전하는 행성과 같이 곡선 위를 움직이는 점이나 물체는 시시각각 그 방향을 바꾸면서 움직이는데, 물체의 특정 순간에서의 운동 방향은 그 점에서의 접선 방향과 일치한다.

예를 들어 중심 O와 실로 연결된 상태로 원운동을 하는 물체가 점 P를 지나는 순간 실을 놓으면 이 물체는 점 P에서의 접선 방향, 즉 반지름 OP와 수직인 방향으로 날아가게 된다. 따라서 해머던지기에서 선수는 해머를 빙빙 돌리다가 해머를 보내고자 하는 방향과 수직이 되는 순간 해머를 놓아야 한다.

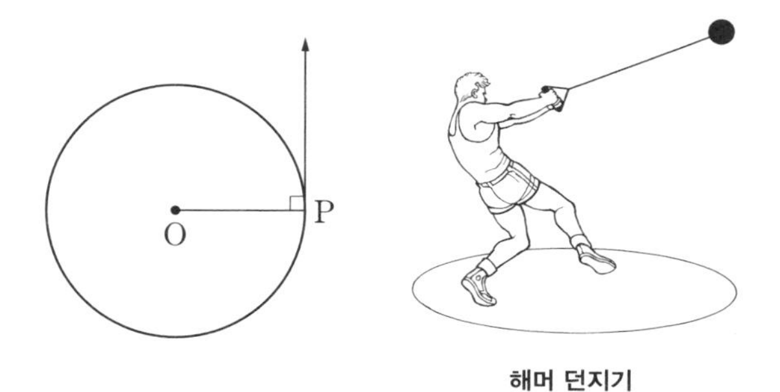

해머 던지기

이처럼 어떤 순간에서의 물체의 운동 방향을 정확히 알기 위해서는 물체가 움직이는 곡선 위의 점에서의 접선을 정확하게 그릴 수 있어야 한다.

그런데 고대 그리스 시대부터 원, 포물선, 타원, 쌍곡선과 같은 원뿔곡선(원뿔의 단면에서 볼 수 있는 곡선)에 대한 연구가 활발하게 진행되어 이들 곡선의 접선을 그리는 방법은 이미 잘 알려진 상황이었다. 즉, 원을 제외한 원뿔곡선에서는 다음 그림과 같이 두 직선이 이루는 각의 이등분선 중 하나가 접선이다(점 F와 점 F′은 초점이다.).

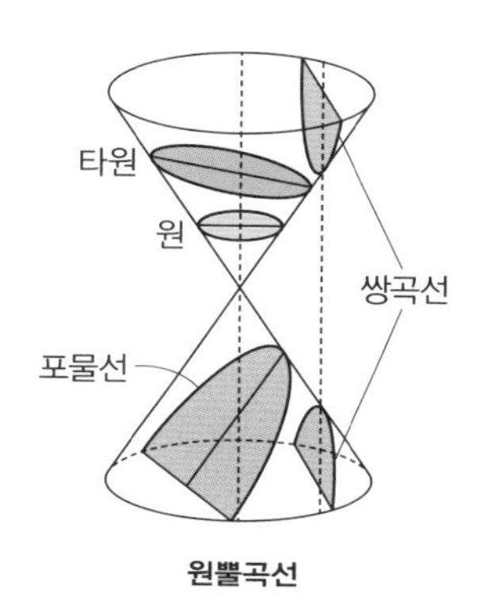

원뿔곡선

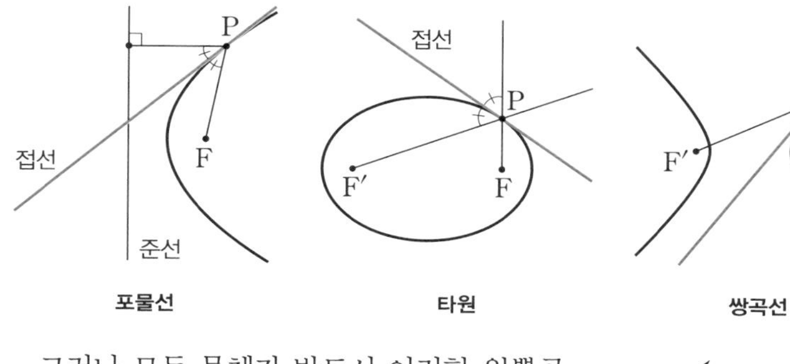

포물선 **타원** **쌍곡선**

그러나 모든 물체가 반드시 이러한 원뿔곡선을 따라 움직이지는 않았다. 따라서 움직이는 물체가 그리는 다른 곡선들에 대해서도 접선을 찾고자 하는 수학자들의 노력이 점차 커지기 시작했다.

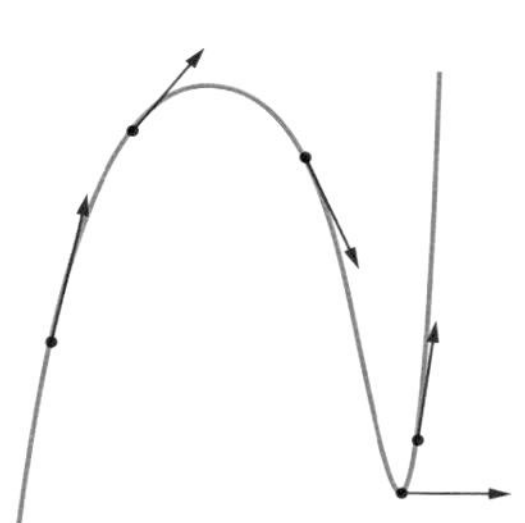

불가능을 극복하라!

수학자들은 움직이는 물체의 궤적을 좌표평면 위에 곡선으로 나타낼 때, 이 곡선 위의 점에서의 접선의 기울기가 그 순간의 물체의 운동 방향을 나타낸다는 것을 알게 됐다. 또한 직선 경로로 움직이는 물체의 운동 시간 x와 운동 거리 y 사이의 관계를 좌표평면 위에 곡선으로 나타낼 때, 이 곡선 위의 한 점에서의 접선의 기울기가 그 순간 물체의 순간속도와 같다는 것도 알게 됐다. 이러한 발견을 통해 움직이는 물체의 방향과 속도를 정확하게 파악하려면 곡선의 접선의 기울기를 정확하게 구하는 것이 중요한 과제임을 깨닫게 됐다.

[그림 1]의 두 점 $(a, f(a))$, $(b, f(b))$를 지나는 직선의 기울기는

$$\frac{f(b)-f(a)}{b-a}$$

이다. 이때 [그림 2]와 같이 b가 a에 점점 가까워질수록 이 직선은 접선에 점점 가까워진다. 그러나 b가 a에 아무리 가까워지더라도 a, b가 서로 다르면 두 점 $(a, f(a))$, $(b, f(b))$를 지나는 직선의 기울기는 아직 접선의 기울기가 아니다. 마침내 b가 a와 일치하는 '순간'의 직선(빨간색)의 기울기가 바로 점 $(a, f(a))$에서의 접선의 기울기다.

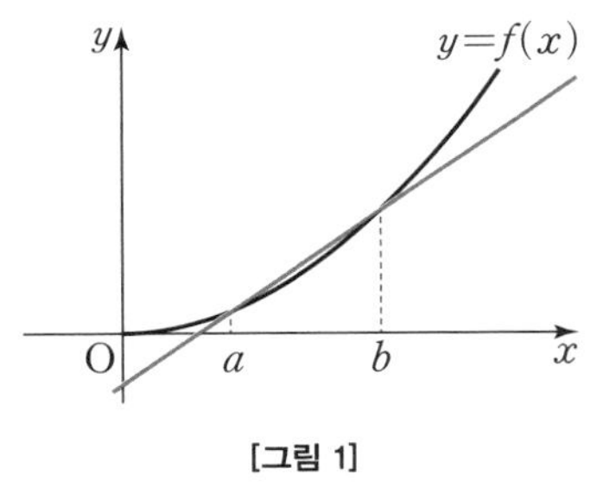

[그림 1]

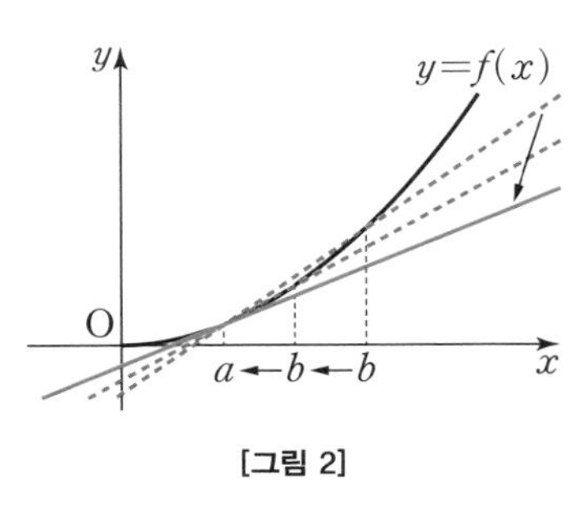

[그림 2]

그런데 b가 a와 일치해 버리면 $\frac{f(b)-f(a)}{b-a}$에서 분모가 $b-a=0$이 되어 버리기 때문에 더 이상의 계산이 불가능해진다.

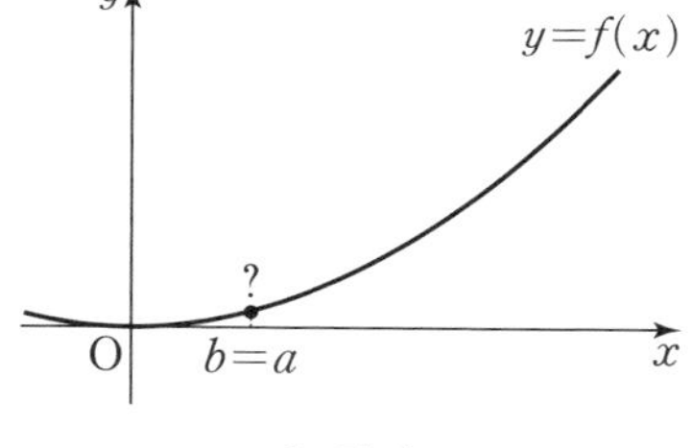

[그림 3]

실제로 컴퓨터로 그려 보면 b가 a와 일치하는 순간에는 [그림 3]과 같이 직선이 감쪽같이 사라져 버린다. 마치 별 b가 블랙홀 a에 빨려 들어가 결국 사라져 버리는 것처럼 말이다. 이처럼 접선([그림 2]의 빨간 직선)은 상상의 눈으로만 볼 수 있는 직선이었다. 따라서 이 접선의 기울기를 구하려면 **분모가 0이 될 때의 값을 구해야 하는 불가능을 극복**해야 했다.

한편, 함수 $y=f(x)$가 직선 경로로 움직이는 어떤 물체의 시각 x에서의 위치 y를 나타내는 함수라면 시각 a에서 시각 b까지의

$$(\text{평균속도})=\frac{(\text{위치의 변화량})}{(\text{시간})}=\frac{f(b)-f(a)}{b-a}$$

이다. 이때 '시각 $x=a$에서의 순간속도'는 위 식에서 b가 a와 같아지는 순간의 속도이고, 이는 결국 곡선 $y=f(x)$ 위의 점 $(a,\ f(a))$에서의 접선의 기울기와 같다. 따라서 접선 문제만 해결할 수 있다면 순간속도 문제는 저절로 해결되는 셈이다.

이제 접선 문제는 단순히 수학만의 문제가 아니라 물리학의 문제이자 과학의 문제가 됐다.

4

미분의 선구자들

미분을 탄생시킨 직관

컴퓨터를 이용해 휘어 있는 함수의 그래프나 곡선의 아주 작은 부분을 크게 확대해 보면 곡선이 점점 직선처럼 곧게 펴지다가 어느 순간부터는 우리 눈으로는 도저히 구별할 수 없을 정도로 완벽한 직선처럼 보이는 것을 확인할 수 있다.

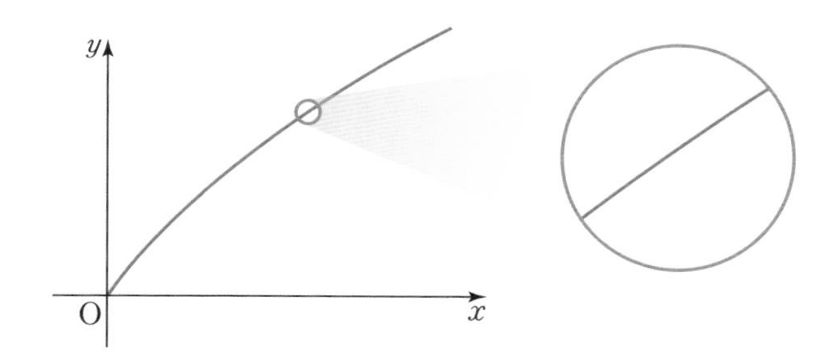

'곡선을 한없이 확대하면 직선처럼 보이고, 이 직선이 바로 접선이다.'

이것은 미분의 탄생에 기여한 모든 수학자가 가졌던 직관이며, 이 직관은 미분을 탄생시키는 결정적인 방아쇠가 됐다.

17세기 초반 유럽의 많은 수학자들은 이 직관으로부터 비롯된 생각을 바탕으로 '접선의 기울기'를 구하는 방법을 먼저 발명하기 위해 치열한 경쟁을 벌이기 시작했다.

무한소를 상상하다

앞에서 살펴본 바와 같이 곡선의 접선의 기울기를 구하려면 불가피하게 $\frac{0}{0}$ 꼴의 계산과 맞닥뜨리게 된다. 그러나 17세기까지는 극한의 개념이 아직 확립되지 않았던 터라 수학자들은 $\frac{0}{0}$의 계산 대신 곡선의 한없이 작은 부분을 상상하고 표현하기 위한 저마다의 수학적 개념을 만들어 사용했다.

그 개념들의 공통점은 무한소라는 것이었다. 무한소란 '0에 한없이 가깝지만 0은 아닌 양수' 또는 '더 이상 쪼갤 수 없는 무한히 작은 양수'를 의미하는데, 수학적으로 그런 수는 존재하지 않는다는 사실을 당시의 수학자들도 잘 알고 있었다. 하지만 $\frac{0}{0}$이 되는 상황을 극복하기 위해서는 무한소 말고 다른 선택의 여지가 없었다.

이제 17세기 초의 수학자들이 무한소를 이용해 어떻게 접선의 기울기를 구하며 미분을 탄생시켰는지, 그 독특하면서도 천재적인 방법들을 구경하러 시간 여행을 떠나자.

페르마의 미분법

곡선 위의 점에서의 접선의 기울기를 구하는 방법을 처음으로 제시한 수학자는 좌표평면을 처음으로 만들었던 페르마였다.

페르마는 아주 작은 양수 E를 무한소로 이용했는데, 그의 방법으로 곡선 $y=x^2$ 위의 점 $P(x, x^2)$에서의 접선의 기울기를 구해 보자.

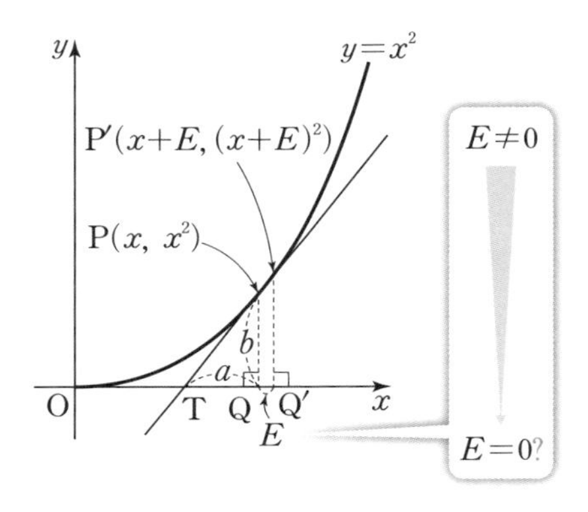

우선 곡선 $y=x^2$ 위에 점 $P'(x+E, (x+E)^2)$을 잡고 두 점 P, P'에서 x축에 내린 수선의 발을 각각 Q, Q', 직선 PP'과 x축이 만나는 점을 T라 하자.

이때 $\overline{TQ}=a$, $\overline{PQ}=b$라 하면

$$(\text{직선 PP'의 기울기})=\frac{\overline{PQ}}{\overline{TQ}}=\frac{b}{a}$$

이고, $\frac{\overline{PQ}}{\overline{TQ}}=\frac{\overline{P'Q'}}{\overline{TQ'}}$이므로

$$\frac{b}{a}=\frac{(x+E)^2}{a+E},$$

$$b(a+E)=a(x+E)^2,$$

$$b(a+E)=a(x^2+2xE+E^2) \qquad \cdots\cdots ㉠$$

이다. 이때 점 $P(x, x^2)$의 y좌표 x^2은 선분 PQ의 길이 b와 같으므로 ㉠에서

$$bE=2axE+aE^2$$

만 남는데, E는 0에 아주 가깝지만 0은 아니므로 양변을 E로 나누면

$$b=2ax+aE \qquad \cdots\cdots ㉡$$

이다. 이제 ㉡의 양변을 a로 나누면 직선 PP′의 기울기는

$$\frac{b}{a}=2x+E \qquad \cdots\cdots ㉢$$

가 된다. 여기서 페르마는 ㉢에 남아 있는 아주 작은 양수 E는 얼마든지 작아질 수 있으므로 최종적으로 0으로 간주하면

$$\frac{b}{a}=2x$$

가 되고, 곡선 $y=x^2$ 위의 점 $P(x, x^2)$에서의 접선의 기울기는 $2x$라고 주장했다.

페르마는 이러한 방법을 이용해 곡선 $y=x^n$ (n은 자연수) 위의 점 (x, x^n)에서의 접선의 기울기가 nx^{n-1}임을 구하기도 했다.

비록 페르마가 극한을 명시적으로 언급하지는 않았지만, 서로 다른 두 점이 점점 가까워지다가 결국에는 서로 만나는 상황을 이용한 그의 발상은 오늘날 도함수의 정의

$$\lim_{h\to 0}\frac{f(x+h)-f(x)}{h}$$

와 매우 유사하다고 할 수 있다.

이런 이유로 페르마는 접선을 '할선•의 극한'으로 생각해 접선의 기울기를 구한 첫 번째 수학자로 인정받고 있으며, 프랑스에서는 '미분법'의 창시자로 여겨지기도 한다.

데카르트의 미분법

데카르트는 좌표평면의 발명에서뿐만 아니라 접선의 기울기를 구하는 것에서도 페르마보다 한발 늦었다. 데카르트는 페르마가 사용한 할선 대신 원을 이용했는데, 곡선과 두 점에서 만나는 원이 점점 작아지다가 두 교점이 서로 일치하게 되는 순간의 원의 접선이 곡선의 접선과 같다는 발상을 이용했다. 데카르트의 방법은 페르마의 방법에 비해 계산이 복잡하다는 단점은 있었으나, 그의 방법 역시 다른 수학자들에게 미분에 대한 많은 영감을 주었다.

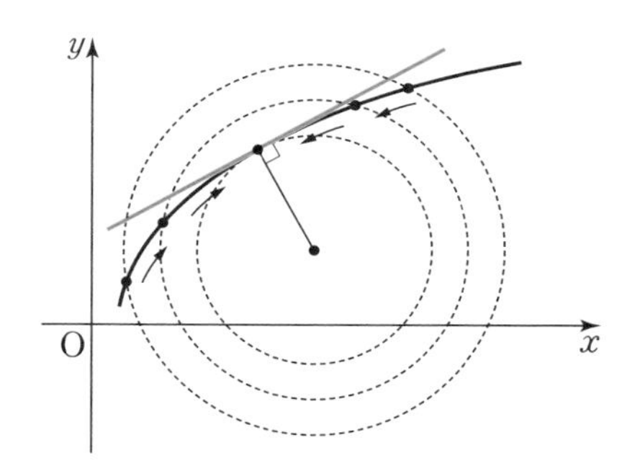

• 곡선 위의 두 점을 지나는 직선을 그 곡선의 '할선(분할선)'이라고 한다.

배로의 미분법

그 후 유럽의 여러 수학자들은 접선의 기울기를 구하는 일반적인 알고리즘을 찾기 위해 노력했다. 그중 대표적인 인물이 영국의 수학자 배로Isaac Barrow, 1630~1677인데, 그는 곡선 $f(x, y)=0$ 위의 점 (x, y)에서의 접선의 기울기를 구하기 위해 두 개의 무한소 p, q를 이용했다.

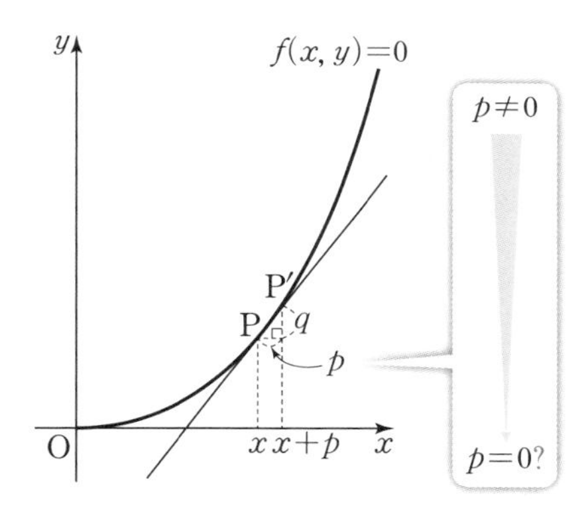

먼저 아주 작은 양수 p, q를 생각하고, 점 P에 아주 가까운 점 $\mathrm{P}'(x+p,\ y+q)$를 곡선 위에 잡았다. 그리고 점 P′이 곡선을 따라 점 P에 한없이 가까워질 때의 직선 PP′이 이 곡선 위의 점 P에서의 접선이 된다고 생각했다. 즉, 'p가 0에 한없이 가까워질 때, $\frac{q}{p}$가 한없이 가까워지는 값이 접선의 기울기'라고 생각한 것이다. 마침내 오늘날의 극한을 이용하는 방법과 매우 유사한 방법이 등장했다.

배로는 위의 방법을 소개하면서 이 방법이 자신의 제자 뉴턴의 조언을 받은 것이라고 말했다. 드디어 뉴턴이 등장한다.

5

뉴턴과 라이프니츠의 미분법

뉴턴의 미분법

뉴턴은 1642년 크리스마스에 영국의 작은 농가에서 태어났다. 뉴턴이 태어난 시기는 이미 몇몇 수학자들이 접선의 기울기에 관한 연구를 활발하게 진행하던 때였다. 어릴 적부터 빛과 천체, 그리고 물체의 운동에 관심이 많았던 뉴턴은 자연스럽게 접선 문제에도 빠져들었다.

케임브리지대학에 입학한 뉴턴은 학비가 없어 귀족 학생들의 심부름을 하며 힘겹게 공부했다. 그러던 중 1665년에 창궐한 흑사병으로 인해 동료 학생 수백 명이 사망하고 학교가 폐쇄되자 고향으로 돌아가 홀로 연구를 지속했고, 불과 1년 만인 1666년, 그것도 20대 초반의 젊은 나이에 그의 위대한 업적인 미적분학, 만유인력, 광학의 이론을 탄생시켰다.•

특히 이 시기에는 여러 수학자들에 의해 이미 미분과 적분에 대한 이

• 이런 이유로 1666년을 '뉴턴의 기적의 해'라고 부른다.

론이 상당 부분 진척된 상태였는데, 뉴턴은 그들의 성과를 바탕으로 미분과 적분을 통합하는 '미적분'을 창시했다.

뉴턴은 '시간'이 연속적으로 흐른다고 보았고, '곡선'은 시간의 흐름에 따라 움직이는 점이 그리는 궤적이라고 생각했다. 따라서 곡선은 한없이 작게 자를 수 있는 '연속적'인 도형으로 보았다. 여기서 뉴턴은 시간을 항상 일정한 빠르기로 흐르는 양으로 생각했는데, 이 일정한 시간의 흐름을 다음 두 가지 발상을 통해 접선의 기울기를 구하는 데 이용했다.

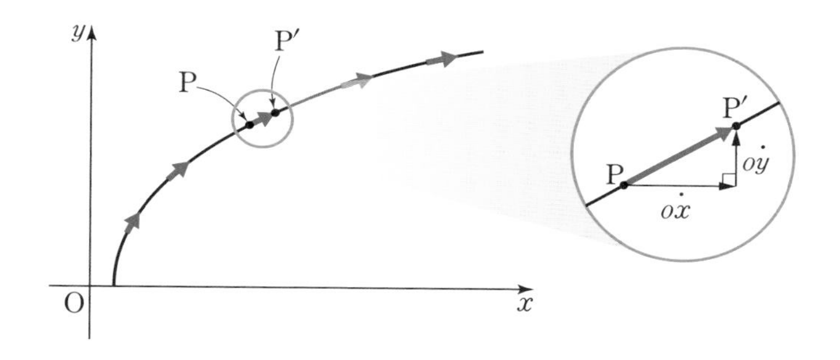

첫 번째 발상은, 곡선을 그리며 움직이는 점이 점 P를 지나자마자 무한히 짧은 시간 동안 움직여 점 P′으로 이동했다면, 비록 두 점 P, P′은 모두 곡선 위의 점이지만 두 점 P, P′ 사이의 곡선은 무한히 짧으므로 이 곡선을 직선으로 생각해도 된다는 것이다. 이렇게 생각하면 점 P에서의 곡선의 방향은 직선 PP′의 방향과 같으므로 직선 PP′이 곧 점 P에서의 접선이라는 것이 뉴턴의 발상이다.

두 번째 발상을 위한 선행 작업으로 뉴턴은 '무한히 짧은 시간' 또는 '0에 한없이 가깝지만 0은 아닌 시간'을 의미하는 o(오미크론)이라는 기호를 도입했다. 이때 비록 점 P가 등속운동을 하지 않더라도 o만큼의 아

주 짧은 시간 동안은 점 P가 등속운동을 한다고 볼 수 있다는 것이 뉴턴의 두 번째 발상이다.•

뉴턴은 위의 두 가지 발상을 결합해 다음과 같은 결론을 얻었다.

'곡선을 그리며 연속적으로 움직이는 점이 점 $P(a, b)$를 지나는 순간, x축 방향으로의 속도를 $\dot{x}$, y축 방향으로의 속도를 $\dot{y}$로 놓으면 이 점은 점 P에 도착한 후 o만큼의 시간 동안은 x축 방향으로는 $\dot{x}$의 속도로, y축 방향으로는 $\dot{y}$의 속도로 등속운동을 한다. 따라서 이 시간 동안 점 P에 있던 점이 점 P′으로 이동했다면 점 P′의 좌표는 $(a+o\dot{x}, b+o\dot{y})$가 되므로 점 P에서의 접선의 기울기는 $\frac{\dot{y}}{\dot{x}}$와 같다.▲'

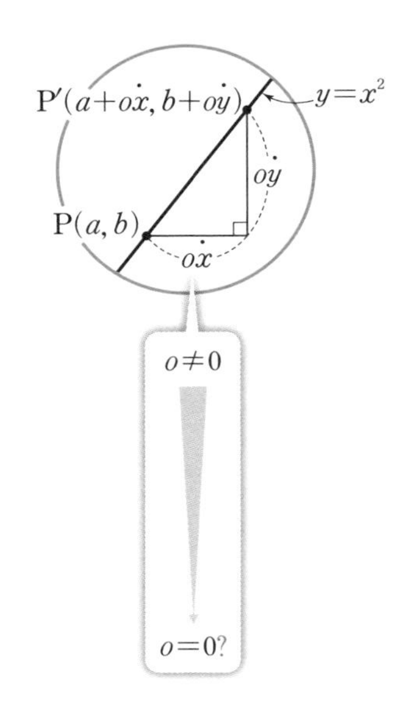

이제 뉴턴의 방법으로 곡선 $y=x^2$ 위의 점 $P(a, b)$에서의 접선의 기울기를 구해 보자.

아주 짧은 시간 o에 대하여 점 $P'(a+o\dot{x}, b+o\dot{y})$도 곡선 $y=x^2$ 위의 점이므로

$$b+o\dot{y}=(a+o\dot{x})^2,$$

• 뉴턴은 물체의 운동을 다룰 때 이 두 번째 발상을 자주 사용했다.

▲ $\dot{x}, \dot{y}, \frac{\dot{y}}{\dot{x}}$를 오늘날의 기호로 나타내면 각각 $\frac{dx}{dt}, \frac{dy}{dt}, \frac{dy}{dx}$와 같다. (단, t는 시간)

$$b+o\dot{y}=a^2+2a(o\dot{x})+(o\dot{x})^2 \qquad \cdots\cdots ㉠$$

이다. 점 $P(a, b)$가 곡선 $y=x^2$ 위의 점이므로 $b=a^2$을 ㉠에 대입하여 정리하면

$$o\dot{y}=2a(o\dot{x})+(o\dot{x})^2$$

이다. 이때 $o\neq0$, $\dot{x}\neq0$이므로 양변을 $o\dot{x}$로 나누면 직선 PP′의 기울기는

$$\frac{\dot{y}}{\dot{x}}=2a+o\dot{x}$$

이다. 여기서 o은 무한히 작아지다가 결국 사라질 것이므로 $o=0$으로 간주하면

$$\frac{\dot{y}}{\dot{x}}=2a$$

가 된다. 따라서 곡선 $y=x^2$ 위의 점 $P(a, b)$에서의 접선의 기울기는 $2a$이다.

접선의 알고리즘을 찾다

뉴턴은 나아가 x, y의 다항식으로 이루어진 함수에 대하여 일반적으로 적용할 수 있는 알고리즘을 만드는 데도 성공했다. 그는 다항함수의 그래프 위의 점에서의 접선의 기울기를 구하는 일반적인 절차를 다음과 같이 설명했다.

"각 항의 x의 차수와 같은 개수의 $\frac{\dot{x}}{x}$를 각 항에 곱하고,

각 항의 y의 차수와 같은 개수의 $\frac{\dot{y}}{y}$를 각 항에 곱하라.

이때 $\frac{\dot{y}}{\dot{x}}$가 접선의 기울기다."

위의 설명만으로는 뉴턴의 생각을 오롯이 이해하기가 어려울 것이다. 뉴턴의 방법대로 곡선 $y=x^n$ (n은 자연수) 위의 점 (x, y)에서의 접선의 기울기를 구하면 다음과 같다.

$$y=x^n \Rightarrow \left(1\times\frac{\dot{y}}{y}\right)\times y=\left(n\times\frac{\dot{x}}{x}\right)\times x^n \Rightarrow \dot{y}=n\dot{x}x^{n-1}$$

따라서 접선의 기울기는 $\frac{\dot{y}}{\dot{x}}=nx^{n-1}$이다.

드디어 다항식으로 이루어진 곡선의 접선의 기울기를 누구나 쉽게 구할 수 있는 길이 열렸다.

뉴턴은 자신의 방법에 '유율법 the method of fluxions'이라는 이름을 붙였고, 오늘날까지도 그 이름으로 불린다. '유율流率'은 곡선 위를 움직이는 점의 속도를 의미하는데 그만큼 뉴턴이 물체나 천체의 운동에 관심이 많았다는 것을 말해준다. 사실 그가 미적분을 만들게 된 가장 큰 이유는 행성의 운동이나 만유인력과 같은 물리학적인 문제를 설명하기 위한 수학적 도구가 필요했기 때문이다.

라이프니츠의 미분법

라이프니츠는 17세기 수학 분야에서 뉴턴과 쌍벽을 이루었던 인물이다. 라이프니츠는 뉴턴보다 4년 늦게 독일에서 태어났고, 21세에 법학 박사 학위를 받았다. 그는 학생 시절에도 수학에 관심이 많았지만 그가 본격적으로 수학 연구를 시작하게 된 결정적인 계기는 26세 때 네덜란드의 과학자 하위헌스Christiaan Huygens, 1629~1695와의 만남이었다. 그 만남으로부터 불과 4년 만에 그는 세상을 완전히 바꿀 수 있는 위대한 수학적 발명, '미적분'을 완성했다.

뉴턴이 곡선을 시간의 흐름에 따라 움직이는 점의 궤적으로 보았다면, 라이프니츠는 곡선을 무한히 짧은 변(무한소 변)들로 이루어져 있다고 보았고 각각의 무한소 변을 연장하면 곡선의 접선이 된다고 생각했다.

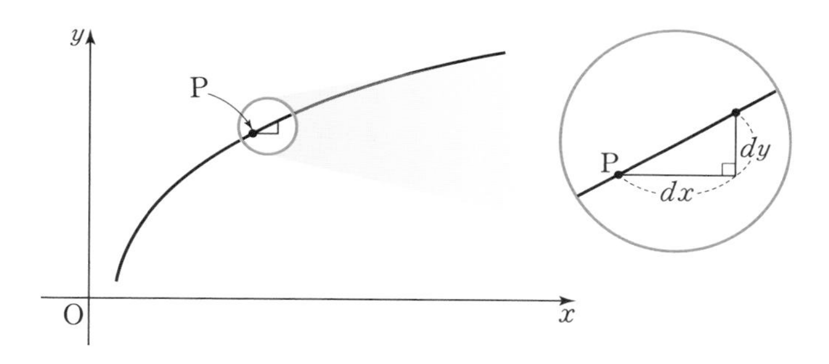

라이프니츠는 곡선 위의 점 P 부근을 무한히 확대해 한쪽 끝 점이 P인 무한소 변을 빗변으로 하는 직각삼각형(특성삼각형)을 생각하고, 특성삼각형의 밑변의 길이를 dx, 높이를 dy로 나타냈다. 그리고 dx와 dy는 한없이 작아질 수 있으며, 이때 빗변을 연장해 만든 직선이 곡선 위의 점 P에서의 접선이 된다고 주장했다. 이러한 상상을 통해 탄생한 dx, dy는 무한소의 일종으로서 라이프니츠의 미분을 상징하는 기호가 됐다.• 특히

• 라이프니츠는 자신의 미분법을 'calculi differentialis'라고 불렀는데, 미분법(differentiation)이라는 이름의 모태가 됐다.

$$\frac{dy}{dx}$$

는 미분한 함수나 접선의 기울기를 나타내는 기호로 오늘날까지 유용하게 사용되고 있다.

이제 라이프니츠의 방법으로 곡선 $y=x^2$ 위의 점 $\mathrm{P}(x, y)$에서의 접선의 기울기를 구해 보자.

라이프니츠는 점 $\mathrm{P}(x, y)$와 점 $\mathrm{P}'(x+dx, y+dy)$가 모두 곡선 $y=x^2$ 위에 있다고 생각했다. 이때 dx, dy가 무한히 작으므로 직선 PP′을 점 P에서의 접선으로 보았다.

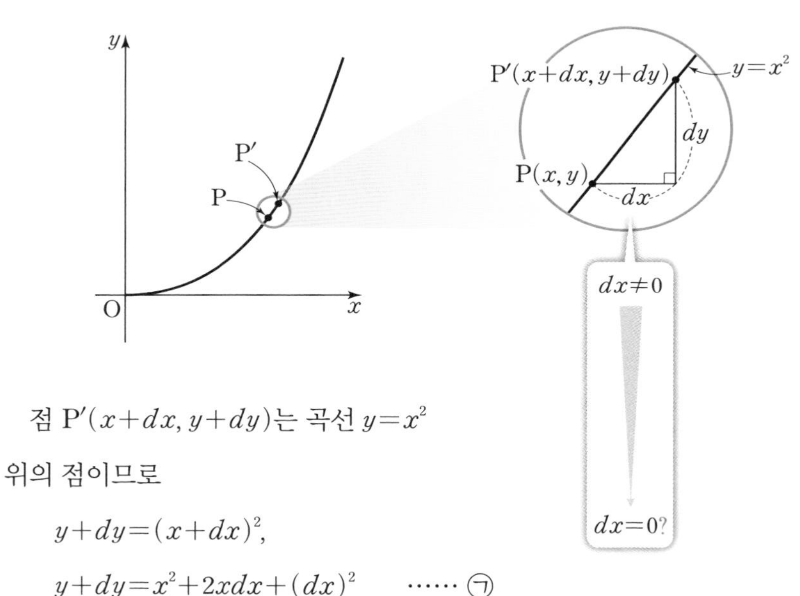

점 $\mathrm{P}'(x+dx, y+dy)$는 곡선 $y=x^2$ 위의 점이므로

$$y+dy=(x+dx)^2,$$

$$y+dy=x^2+2xdx+(dx)^2 \qquad \cdots\cdots ㉠$$

이다. 점 $\mathrm{P}(x, y)$가 곡선 $y=x^2$ 위의 점이므로 $y=x^2$을 ㉠에 대입하여 정리하면

$$dy=2xdx+(dx)^2 \qquad \cdots\cdots ㉡$$

이다.

이제 페르마도, 데카르트도, 뉴턴도 겪었던 논리의 허점에 잠시 눈을 감고 정답만을 향해 달려가 보자. dx는 무한히 작지만 0은 아니므로 ㉡의 양변을 dx로 나누면

$$\frac{dy}{dx}=2x+dx$$

이다. 라이프니츠는 우변에 남아 있는 dx는 한없이 작아지다가 결국엔 0으로 사라져 버린다고 생각했다. 따라서 구하고자 했던 접선의 기울기는

$$\frac{dy}{dx}=2x$$

가 된다고 주장했다.

라이프니츠는 이와 같은 방법으로 곡선 $y=x^n$ (n은 자연수) 위의 점 $\mathrm{P}(x, y)$에서의 접선의 기울기가

$$\frac{dy}{dx}=nx^{n-1}$$

이 된다는 것도 밝혔다.

드디어 교과서에 나오는 미분식이 처음으로 등장한다.

6

현대의 미분

무한소의 논리적 허점과 매력

앞에서 살펴본 수학자들이 사용한 무한소에는 공통적인 논리적 허점이 존재했다. 그 허점이란 처음에는 '무한소를 0이 아닌 값으로 간주'해 등식의 양변을 무한소로 나누었다가, 답을 구하기 직전 단계에서는 '무한소를 아예 0으로 간주'해 없애버린다는 것이다.

즉, 무한소가 하나의 과정에서 0이 아닌 동시에 0으로 취급되는 모순이 발생한다는 것이다.

이런 이유로 무한소 개념은 당시의 많은 수학자와 철학자들로부터 맹렬한 비판을 받았다. 특히 영국의 철학자 조지 버클리George Berkeley, 1685~1753는 뉴턴이 "점점 작아지다가 0으로 사라진다."와 같은 표현을 자주 사용한 것을 두고 "유령 같은 양量"이라며 신랄하게 비판하기도 했다.

하지만 무한소를 이용했던 수학자들은 그러한 비판을 두려워하거나 비난에 주저하지 않았다. 그러한 도전정신은 결국 여러 가지 독특한 방법들을 탄생시키며 미분법의 비옥한 토양이 됐고, 무한소는 자신만이 가지고 있는 직관의 매력으로 미분법의 씨앗이 됐다.

무한소가 품은 극한의 개념

무한대는 '한없이 커지는 상태'를 나타내므로 무한소는 '양수가 한없이 작아지는 상태', 즉 $\frac{1}{\infty}$이라고 생각할 수도 있다. 하지만 $\frac{1}{\infty}$은 그냥 0이 되어버린다. 반면 E, o, dx 등으로 나타냈던 17세기 수학자들의 무한소는, '**원하는 만큼, 필요한 만큼, 얼마든지 작아질 수 있는 양수**'라고 말할 수 있다. 이처럼 그들의 무한소에는 극한의 개념이 내포되어 있었다.

실제로 뉴턴의 극한에 대한 생각 자체는 오늘날 고등학교 수학교과서에 실려 있는 극한의 정의와 거의 다를 바 없다. 뉴턴은 그 유명한 저서 《프린키피아(자연철학의 수학적 원리)》에서

> "0으로 사라지는 양들 사이의 최종 비율•은 최종적으로 도달한 값의 비율이 아니라(즉, 0 : 0이 아니라) 0에 가까워지는 와중에 이들 사이의 비율이 접근하는 극한값을 의미한다."▲

라고 썼는데, 이는 오늘날 현대적인 극한의 정의와 비교해도 전혀 손색이 없을 정도다. 다만 lim와 같은 기호를 사용하지 못했다는 한계가 있

• $\frac{0}{0}$ 꼴의 극한값

▲ 아이작 뉴턴, 《프린키피아》, 박병철 옮김, 휴머니스트, 116쪽.

을 뿐이다. 그러나 이 기호가 품고 있는 심오한 의미와 절차는 다른 기호와는 차원이 달랐다. 따라서 이 기호가 없었다는 건 건널 수 없는 강이 앞을 가로막고 있는 것과 다름없었다. 그 강을 건너 극한의 개념을 완성하기까지는 200년에 가까운 수학자들의 노력이 필요했다.

현대 수학에서의 미분

미분은 아주 미세한 변화를 다루는 수학적 개념이자 도구다.

오늘날에는 뉴턴의 미분은 거의 사라지고 라이프니츠의 미분만이 남았는데, 라이프니츠는 '차이'를 뜻하는 difference에서 착안해 미분微分, differentiation이라는 용어를 처음으로 사용했다. 그리고 x, y의 미세한 변화량을 각각 dx, dy로 나타냈는데, dx, dy는 '무한히 작은 양수'를 나타내는 무한소의 일종으로 미분소differential라고 불리기도 한다.

그런데 앞에서 살펴본 바와 같이 이 무한소에는 논리적 허점이 존재했기 때문에 오늘날의 미분은 '극한'이라는 엄격한 논리적 개념을 이용해 설명한다. 오늘날 미분의 개념과 용어들에 대해 짧게 살펴보자.

함수 $y=f(x)$에서 x의 값이 a에서 $a+\Delta x$까지 변할 때

$$\frac{\Delta y}{\Delta x}=\frac{f(a+\Delta x)-f(a)}{\Delta x}$$

를 함수 $f(x)$의 '평균변화율'이라고 한다. 그리고 $\Delta x \to 0$일 때의 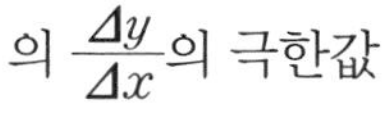의 극한값

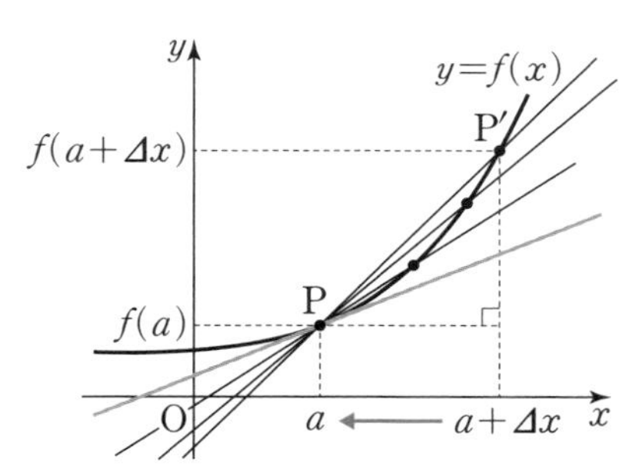

$$\lim_{\Delta x \to 0} \frac{\Delta y}{\Delta x} = \lim_{\Delta x \to 0} \frac{f(a+\Delta x)-f(a)}{\Delta x}$$

가 존재하면 이 극한값을 함수 $y=f(x)$의 $x=a$에서의 '순간변화율' 또는 '미분계수'•라 하고, 기호 $f'(a)$로 나타낸다.

이때 평균변화율 $\frac{\Delta y}{\Delta x}$는 두 점 $\mathrm{P}(a,\ f(a))$와 $\mathrm{P}'(a+\Delta x,\ f(a+\Delta x))$를 지나는 직선의 기울기와 같고, 미분계수 $f'(a)$는 함수 $y=f(x)$의 그래프 위의 점 $\mathrm{P}(a,\ f(a))$에서의 접선의 기울기와 같다. 이것이 평균변화율과 미분계수의 기하학적 의미다.

한편, 미분계수 $f'(a)$에서 상수 a를 변수 x로 생각한 $f'(x)$는 x에 대한 함수가 되는데, 이를 함수 $f(x)$의 도함수derivative라 하고 도함수를 구하는 것을 'y를 x에 대하여 미분한다.'라고 하며 곱의 미분법, 합성함수의 미분법과 같은 구체적인 계산법을 '미분법'이라고 한다.

오늘날에는 함수 $y=f(x)$의 도함수를 나타내는 기호가

$$y',\ f'(x),\ \frac{dy}{dx},\ \frac{d}{dx}y,\ \frac{d}{dx}f(x)$$

와 같이 다양한데, 특히 라이프니츠의 기호 $\frac{dy}{dx}$▲는 미분의 시작부터 오늘날까지 접선의 기울기 또는 도함수를 나타내는 대명사로 활발하게 사용되고 있다.

• 18세기까지는 $dy=f'(a)dx$와 같은 표현이 자주 사용됐는데, 여기서 $f'(a)$는 dx의 계수에 해당하므로 $f'(a)$를 '미분계수'라고 부르게 됐다. 미분 기호 $'$은 '프라임'이라고 읽는다.

▲ 우리말로는 보통 '디 와이 디 엑스'라고 읽는다.

다만 라이프니츠가 dx, dy를 무한소로 여기고 $\frac{dy}{dx}=dy \div dx$로 생각한 반면, 프랑스의 수학자 코시 Augustin-Louis Cauchy, 1789~1857는 도함수 $\frac{dy}{dx}$를 분수가 아닌 '$\frac{0}{0}$ 꼴의 분수의 극한'으로 생각해서

$$\frac{dy}{dx}=\lim_{\Delta x \to 0} \frac{\Delta y}{\Delta x}$$

로 정의했다.

그렇다고 해서 $dx=\lim_{\Delta x \to 0} \Delta x$, $dy=\lim_{\Delta x \to 0} \Delta y$로 생각해선 안 된다.

$dx \neq 0$, $dy \neq 0$이고 $\lim_{\Delta x \to 0} \Delta x=\lim_{\Delta x \to 0} \Delta y=0$이기 때문이다.

극한이 무한소의 허점을 메우다

라이프니츠가 $\frac{dy}{dx}$를 구하는 과정에서는

$$dy=2xdx+(dx)^2$$

⇨ $dx \neq 0$이므로 $\frac{dy}{dx}=2x+dx$

⇨ $dx=0$이 되므로 $\frac{dy}{dx}=2x$

와 같이 설명이 다소 어색하게 연결됐지만, 이제는 극한을 이용해

$$\frac{dy}{dx}=\lim_{\Delta x \to 0} \frac{\Delta y}{\Delta x}=\lim_{\Delta x \to 0} \frac{2x\Delta x+(\Delta x)^2}{\Delta x}$$

$$=\lim_{\Delta x \to 0} (2x+\Delta x)=2x+0=2x$$

와 같이 깔끔하게 설명할 수 있게 됐다. 얼핏 보기에는

$$\lim_{\Delta x \to 0} \frac{2x\Delta x + (\Delta x)^2}{\Delta x} = \lim_{\Delta x \to 0} (2x + \Delta x) = 2x$$

에서도 여전히 Δx를 첫 번째 등호에서는 0이 아닌 것으로 취급해 약분했다가 두 번째 등호에서는 0으로 취급해 없애버리는 것처럼 보일 수도 있으나, lim라는 기호의 의미 때문에 이 과정에는 아무런 모순도 허점도 존재하지 않는다는 것을 이해할 수 있어야 한다. 이처럼 오늘날의 극한은 논리를 이용해 무한을 자유자재로, 그러면서도 애매한 빈틈없이 확정적으로 다룰 수 있게 됐다.

드디어 수학자들은 무한이라는 오랜 혼란에서 스스로 빠져나왔다.

19세기에 극한의 개념이 확립됨에 따라 드디어 미적분의 이론적 기반도 완성되기는 했으나, 그때는 사실상 미적분이라는 수학의 꽃이 이미 만개한 후였다. 그리고 그 꽃을 피우는 데 가장 큰 역할을 했던 것이 바로 무한소와 직관의 힘이었다.

그래서 나는 이 책에서 라이프니츠의 미분소 dx, dy를 자주 사용할 것이고, $\frac{dy}{dx}$를 분수처럼 사용하기도 할 것이다. 무한소의 허점에도 불구하고 그러려는 이유는 '수학의 꽃'이라 불리는 미적분을 활짝 피게 하는 데 가장 큰 역할을 했던 것이 바로 무한소와 직관의 힘이기 때문이고, 그중에서도 으뜸은 단연 dx와 dy이기 때문이다. 또한 dx, dy를 '무한히 0에 가까운 양수'로 생각하거나 아니면 그냥 '아주 작은 양수' 정도로 생각하는 것 만으로도 미분과 적분에 대한 직관적인 이해가 쉬워지고, 수학자들이 미적분을 어떻게 만들었는지, 어떻게 활용하는지를 이해하는 데 결정적인 도움을 주기 때문이다.

실제로 뉴턴은 독자들의 직관적 이해를 돕기 위한 목적으로 "무한소 대신 '아주 작지만 쪼갤 수 있는 양'을 사용할 것"●이라고 선언하기도 했다. 또 미국의 수학자 스트로가츠Steven Strogatz, 1959~는 미분소 dx, dy에 대하여 다음과 같이 말했다.

"오늘날 우리는 미분소가 얼마나 중요한지 망각하는 경향이 있다. 오늘날의 교과서들은 미분소를 경시하거나 재정의하거나 무시하려고 하는데 그것이 무한소라는 이유 때문이다. 하지만 사실은 두려워할 것이 전혀 없다. 정말이다."▲

dx와 dy의 무한소로서의 위력을 단적으로 보여 주는 예가 합성함수의 미분법 공식이다. 프랑스의 수학자 라그랑주Joseph-Louis Lagrange, 1736~1813가 만든 기호 $f'(x)$로 합성함수의 미분법을 나타내면

$$\{f(g(x))\}'=f'(g(x))\times g'(x)$$

인데, 이 공식만으로는 이 등식이 성립하는 이유를 직관적으로 파악하기 어렵다. 반면 라이프니츠의 기호를 이용해 합성함수의 미분법을 나타내면

$$\frac{dz}{dx}=\frac{dz}{dy}\times\frac{dy}{dx}$$

와 같이 미분법을 전혀 배우지 않은 학생들도 분수 계산에 대한 이해만으로 이 공식을 쉽게 납득할 수 있도록 만든다. 다음과 같이 역함수의 미분법, 매개변수로 나타낸 함수의 미분법에서도 마찬가지다.

● 아이작 뉴턴, 《프린키피아》, 박병철 옮김, 휴머니스트, 115쪽.

▲ 스티븐 스트로가츠, 《미적분의 힘》, 이충호 옮김, 해나무, 336쪽.

$$\frac{dy}{dx}=\frac{1}{\frac{dx}{dy}},\ \frac{dy}{dx}=\frac{\frac{dy}{dt}}{\frac{dx}{dt}}$$

이런 점이 $\frac{dy}{dx}$가 미분 기호로 여전히 환영받고 있는 결정적인 이유다.

이러한 무한소의 매력 때문일까? 무한소는 미적분이라는 수학의 꽃을 만개시킨 후 극한에게 자신의 자리를 내줬지만, 무한소는 여전히 미적분 곳곳에 살아 숨 쉬고 있으며• 20세기 중반에는 무한소를 부활시켜 활용하는 '비표준 해석학▲'이라는 새로운 수학 분야가 생기기도 했다.

뉴턴의 고전역학은 매우 빠르게 움직이는 물체나 매우 작은 입자에서는 정확성이 떨어지기 때문에 오늘날에는 상대성이론과 양자역학이 더 정확한 이론으로 인정받고 있다. 그럼에도 우리는 여전히 물리학을 배우려면 뉴턴의 고전역학부터 시작하는 것이 당연한 절차라고 생각한다. 마찬가지로 뉴턴과 라이프니츠가 생각했던 무한소는 비록 현재 교과서에서는 사라졌지만, 우리가 미적분을 제대로 공부하려면 그들의 무한소를 알아두는 것도 좋다는 것이 나의 개인적 생각이다.

오늘날 학교에서 뉴턴의 고전역학을 라이프니츠의 기호 dx, dy를 이용해 가르친다는 사실을 생각하면 두 거장이 다시 살아나 서로 협업하고 있는 것만 같아 가슴이 뜨거워지기도 한다.

• 물리학이나 공학에서는 dx, dy를 단독으로 사용하는 경우가 잦고, dt, ds, dV, dS 등의 표현도 자주 사용한다. 수학에서도 $\int f(x)dx$에 dx가 단독으로 사용되고 있다.

▲ 무한대와 무한소를 서로 역수의 관계에 있다고 보고, 실수에 무한대와 무한소를 포함시킨 '초실수(超實數)'라는 개념을 도입한 분야다. $0.000\cdots=0.\dot{0}$을 0보다 큰 무한소로 인정하고 $1-0.\dot{9}=0.\dot{0}$으로 본다.

7

접선 직관하기

미션: 곡선의 방향을 보이게 하라

미분은 곡선 위의 임의의 점에서의 순간적인 변화를 파악하기 위한 수학적 도구로서 탄생했다. 따라서 미분은 곧 '접선을 구하는 것'이라고도 할 수 있을 정도로 미분과 접선은 떼려야 뗄 수 없는 관계에 있다. 그러므로 미분을 이해하기 위해서는 반드시 접선을 먼저 이해해야 한다.

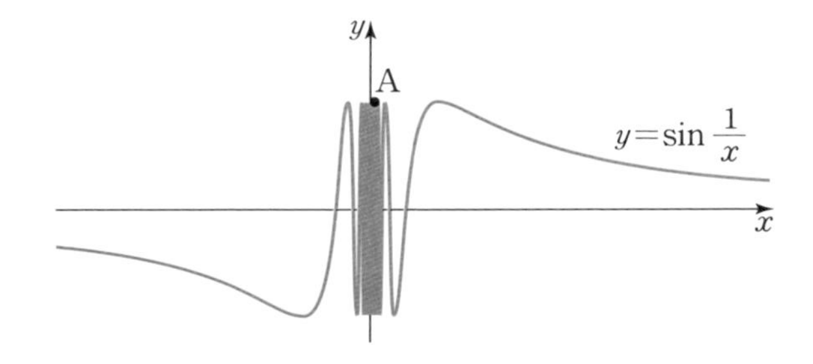

위 그림은 함수 $y=\sin\frac{1}{x}$의 그래프다. 원점 주변에는 곡선이 워낙 조밀하게 밀집해 있어 얼핏 보기엔 곡선이 아니라 색칠된 면처럼 보일

지경이다. 바로 이 조밀한 부분에 있고 좌표를 알 수 없는 한 점 A에서의 곡선의 방향을 어떻게 하면 알아낼 수 있을까? 점 A의 좌표를 모르기 때문에 미분을 이용할 수도 없다.

이를 위해 잠시 영화와 같은 상상을 해 보자.

영화 〈앤트맨Ant-Man〉의 주인공인 앤트맨은 원하는 크기만큼 작아질 수 있어 미시세계를 마음대로 여행할 수 있는 초능력자다. 이 앤트맨을 점 A를 향해 출동시키기로 하자. 앤트맨이 점점 작아지며 점 A를 향해 계속 다가가다 보니 앤트맨의 눈에는 점 A 부근의 곡선이 점점 직선으로 펼쳐지는 것처럼 보인다.

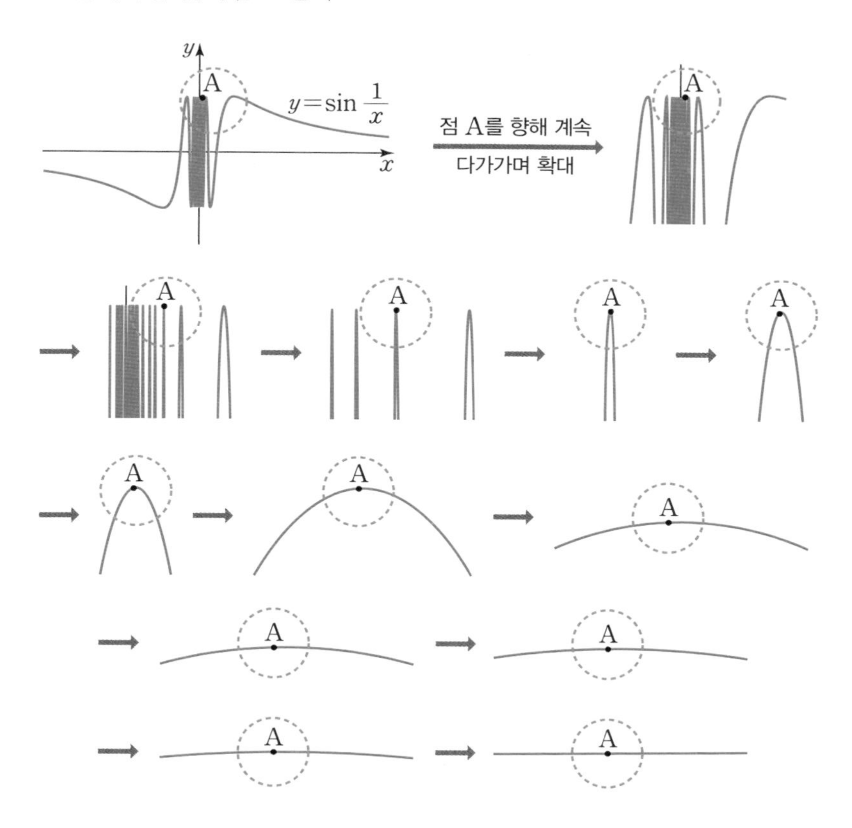

그리고 어느 순간부터는 점 A 부근의 곡선이 완벽한 직선으로 보이기 시작한다. 이때부터는 앤트맨이 아무리 더 작아지며 다가간다 한들 직선은 여전히 그 직선 그대로의 모습으로 보이며 전혀 변화가 없을 것이다. 아무리 확대하거나 축소해도 모양과 방향이 변하지 않는다는 것! 이것이 직선의 무한한 위력이기 때문이다.

그렇다면 앤트맨은 더 이상 작아질 필요가 없다. 이제 앤트맨은 점 A에 내려앉아 자신의 눈에 보이는 직선의 방향을 따라 양쪽으로 레이저 광선을 쏘면 된다. 앤트맨이 쏜 레이저 광선은 직선 방향으로 한없이 뻗어나갈 것이므로 곡선 밖에 있는 우리의 눈에도 이 레이저 광선은 직선으로 보이게 될 것이다. 이때 이 레이저 광선이 나타내는 직선은 점 A에서의 곡선의 방향을 나타내고 있다. 이 직선이 우리가 점 A에서의 '접선'이라고 부르는 바로 그 직선이다.

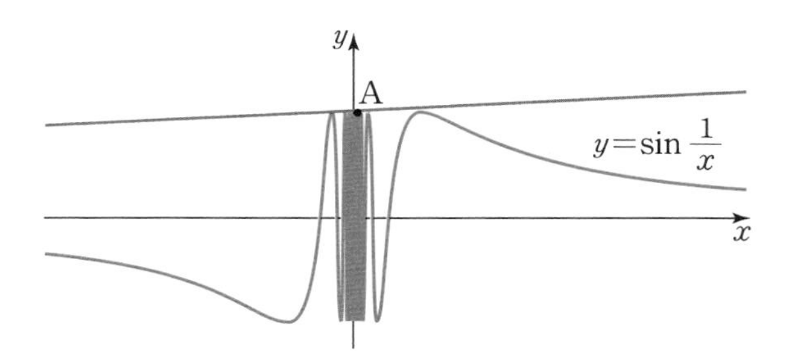

앤트맨이 쏜 레이저 광선은 점 A에서의 접선이다.

이런 의미에서 '접선이란 곡선을 한없이 확대할 때 우리 눈에 보이는 직선 그 자체'라고 말할 수도 있겠다.

달에 쏘아 올린 레이저

앤트맨이 쏜 레이저 광선이 아래 사진처럼 공기 중에 산란되어 직선처럼 보이지 않을 거라는 우려도 있을 수 있겠다.

파리 에펠탑의 야경

그런데 아주 멀리까지 직선으로 뻗어나가는 레이저 광선이 천문학에서 실제 활용되고 있으니 그런 염려는 접어두자. 과거의 천문학자들은 기하학적 원리와 천문학적 관측을 통해 지구와 달까지의 거리가 약 38만 km임을 알아냈지만, 오늘날에는 달까지의 거리를 강력한 레이저 광선을 활용해 측정한다고 한다.

1969년 아폴로 11호가 달에 착륙해 달 표면에 역반사체retroreflector라는 특수 반사경을 설치하고 돌아왔는데, 이 반사경은 빛이 어느 방향에서 들어오더라도 다시 그 방향으로 정확하게 반사되도록 만든 특수거울이라고 한다. 지구에서 이 반사경을 향해 레이저 광선을 쏘면 빛이 정확하게 출발점으로 되돌아오는데, 이때 레이저 광선이 지구와 달 사이를 왕복하는 데 걸리는 시간을 재서 지구와 달까지의 거리를 mm 단위까지 정확하게 측정하고 있다고 한다.•

솔직히 나는 지구에서 레이저 광선을 쏘아 달에 있는 저 작은 거울에 명중시킨다는 것도, 그 빛이 반사되어 다시 출발점으로 정확하게 되돌아온다는 것도 도저히 믿기지 않지만, 이는 오늘도 어김없이 실시되고 있는 아주 간단한 측정이라고 한다.

미국국립항공우주박물관에 전시된 역반사체

달에 설치된 역반사체

• 측정에 의하면 지구와 달 사이의 거리는 매년 약 38.1 mm씩 멀어지고 있다고 한다.

8

수학 현미경으로 보는 세상

곡선이 만드는 각의 크기

빛이 평면거울에서 반사될 때는 입사각과 반사각이 항상 같다. 그렇다면 평면거울이 아닌 곡면거울에서는 빛이 어떻게 반사될까?

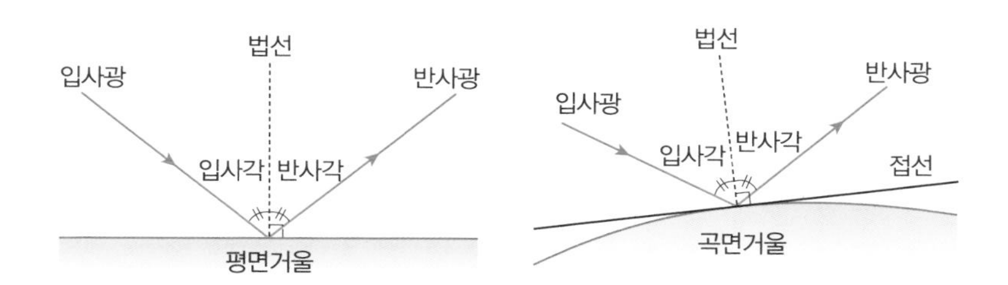

곡면 거울의 면은 사람의 눈에는 휘어 있는 것처럼 보이지만, 빛은 앤트맨도 흉내 낼 수 없을 만큼 아주 작은 입자이므로 빛의 입장에서는 곡선과 만나는 순간에 모든 곡선이 직선(접선)처럼 보일 것

오목거울에 비친 모습

이다. 따라서 빛이 직진하며 나아가다가 곡선 거울을 만나면 빛의 입자는 곡선에 닿는 점에서의 접선을 만날 때처럼 반사될 것이다. 즉, 이 접선에 대한 입사각과 반사각이 서로 같도록 반사될 것이다.

이와 같은 원리는 두 곡선이 이루는 각의 크기를 정의할 때에도 그대로 적용된다. 오른쪽 그림과 같이 점 A에서 휘어지며 만나는 두 곡선이 점 A에서 이루는 각의 크기 θ는 각도기의 눈금의 위치에 따라 측정되는 각의 크기가 달라질 것이다. 각도기의 눈금은 선분이고 곡선은 구부러져 있기 때문이다. 따라서 점 A에 가까운 부분을 측정할수록 더 정확한 각이 측정될 것이므로 θ의 값을 최대한 정확하게 측정하고자 한다면 점 A를 중심으로 두 곡선을 최대한 확대해 보면 좋을 것이다.

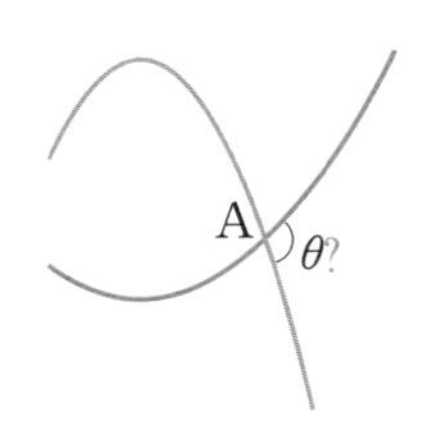

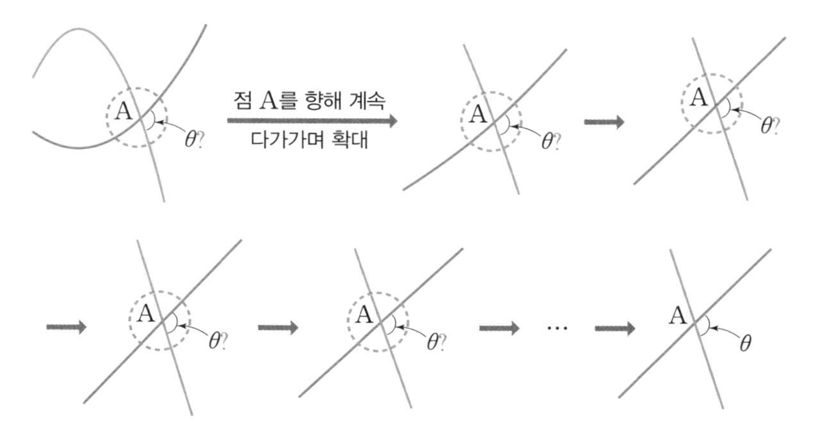

이때 두 곡선은 점점 직선처럼 변하다가 어느 순간부터는 완벽한 두 직선이 만나는 것처럼 보이게 된다. 이때 우리 눈에 보이는 두 직선은 바로 두 곡선 위의 점 A에서의 접선이다. 따라서 서로 만나는 두 곡선이 이루는 각의 크기는 '두 곡선의 교점에서의 두 접선이 이루는 각의 크기'로 정의할 수 있다.

이처럼 그저 곡선을 한없이 확대하기만 하면 답이 보이는 기출문제를 만나 보자.

문제 2007학년도 수능 6월 모의평가

$0<\theta<\frac{\pi}{2}$, $\theta\neq\frac{\pi}{4}$일 때, 곡선 $y=\cos x$ 위의 점 $\mathrm{P}(\theta, \cos\theta)$를 지나고 x축에 수직인 직선과 곡선 $y=\sin x$의 교점을 Q라 하자. 점 Q를 지나고 x축에 평행한 직선과 점 $\mathrm{R}\left(\frac{\pi}{4}, \sin\frac{\pi}{4}\right)$를 지나고 x축에 수직인 직선의 교점을 S라 하자. 삼각형 PQR의 넓이를 $f(\theta)$, 삼각형 QSR의 넓이를 $g(\theta)$라 할 때, $\lim_{\theta\to\frac{\pi}{4}}\frac{f(\theta)}{g(\theta)}$의 값은? [4점]

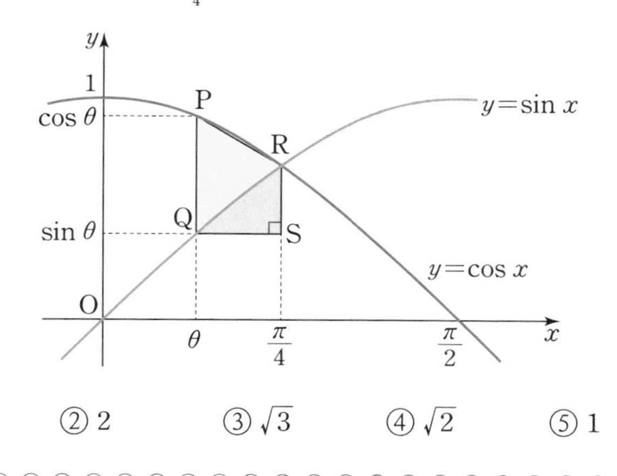

① $2\sqrt{2}$ ② 2 ③ $\sqrt{3}$ ④ $\sqrt{2}$ ⑤ 1

이 문제에는 허무할 정도로 매력적인 직관적 풀이가 숨어 있다.

직관을 위해 우선 시도해야 할 것은 θ를 $\frac{\pi}{4}$에 적당히 가깝게 이동시킨 상태를 상상한 다음, 점 R 부근을 확대해 보는 것이다.

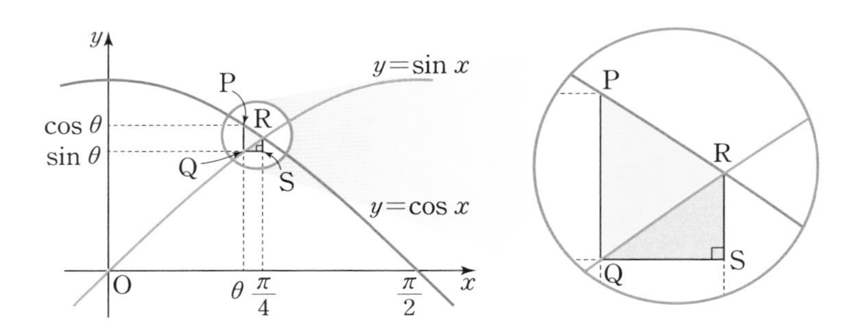

위에서 확대한 부분을 보면 벌써 두 곡선 $y=\cos x$, $y=\sin x$가 직선처럼 느껴지려고 한다. 계속해서 θ를 $\frac{\pi}{4}$에 더 가깝게 이동시켜 점 R 부근을 확대해 보자.

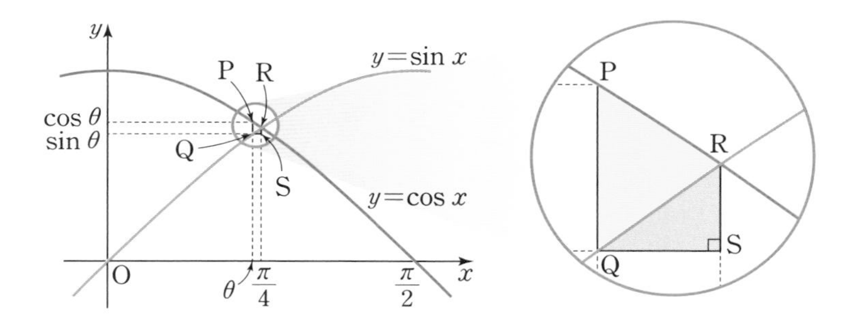

이와 같이 θ를 $\frac{\pi}{4}$에 한없이 가깝게 하여 점 R 부근을 확대한다면 두 곡선은 $x=\frac{\pi}{4}$인 점 R에서의 두 접선으로 보일 것이다. 즉, 두 곡선 $y=\cos x$, $y=\sin x$가 만나는 점 $\mathrm{R}\left(\frac{\pi}{4}, \frac{\sqrt{2}}{2}\right)$에서의 두 곡선의 접선을 각각 l_1, l_2라 하면 이제부터는 두 곡선을 두 접선 l_1, l_2로 생각해도 된다.

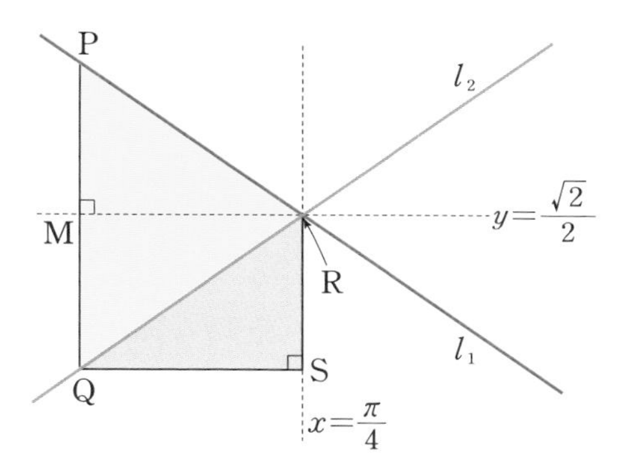

그런데 굳이 접선의 방정식을 구할 필요도 없다.

두 곡선 $y=\cos x$, $y=\sin x$는 직선 $x=\frac{\pi}{4}$에 대하여 서로 대칭이기 때문이다. 그리고 한없이 확대한 곡선 자체가 곧 접선이므로 두 접선 l_1, l_2도 직선 $x=\frac{\pi}{4}$에 대하여 서로 대칭이기 때문이다. 따라서 두 직선 l_1, l_2는 점 R을 지나고 x축에 평행한 직선 $y=\frac{\sqrt{2}}{2}$에 대해서도 서로 대칭이 된다.

선분 PQ의 중점을 M이라 하면 점 M은 직선 $y=\frac{\sqrt{2}}{2}$ 위에 놓이므로 세 삼각형 RMP, RMQ, QSR은 모두 합동이다. 따라서 삼각형 PQR의 넓이는 삼각형 QSR의 넓이의 2배다. 즉, $f(\theta)=2g(\theta)$이므로

$$\lim_{\theta \to \frac{\pi}{4}} \frac{f(\theta)}{g(\theta)} = \lim_{\theta \to \frac{\pi}{4}} \frac{2g(\theta)}{g(\theta)} = 2$$

이다.

미분은 수학적 현미경이다!

상상이 아닌 현실에서 곡선이 직선처럼 점점 펼쳐지는 모습을 직접 볼 수 있는 방법은 없을까? 앤트맨처럼 한없이 작아지는 대신 곡선 위의 특정 점 부근을 돋보기나 현미경으로 확대해 보는 것은 어떨까? 그런데 실제 곡선을 광학도구로 확대하면 선의 굵기도 함께 확대되므로 원하는 결과를 얻기는 어렵다.

대신 컴퓨터를 이용하면 선의 굵기를 가늘게 유지하면서 곡선을 확대할 수 있다. 컴퓨터에서 마우스 휠을 돌리며 이런 작업을 하다 보면 마치 우주선을 타고 우주를 유영하는 듯한 착각이 들기도 한다. 그래프를 한참 축소해서 볼 때는 우주 저 멀리로 순간 이동해 우리은하를 내려다보는, 거시세계로 나간 슈퍼맨이 된 느낌이 들기도 하고, 그래프를 한참 확대해서 볼 때는 분자와 원자 세계를 가까이서 들여다보는, 미시세계에 들어온 앤트맨이 된 기분이 들기도 한다. 미적분이 없었더라면 이러한 컴퓨터 프로그램도 생겨날 수 없었을 것이므로 미적분 덕분에 우리는 슈퍼맨과 앤트맨에 버금가는 초능력을 경험할 수 있게 됐다고 볼 수 있다.

그런데 미분을 이용하면 컴퓨터 없이도 곡선 위의 임의의 점에서의 곡선의 방향을 정확하게 계산할 수 있다. 그래서 미분은 수학적 현미경이라고 할 수 있다. 갈릴레오가 천체 망원경을 만들어 우리에게 보이지 않는 하늘을 크게 볼 수 있게 해주었다면, 수학자들은 미분이라는 수학적 현미경을 만들어 우리에게 곡선의 무한히 작은 부분까지 정확하게 볼 수 있게 해주었다.

9

직관을 타고 접선의 세계로

접선 문제에 직관 적용하기

다음 극한 여행지는 개인적으로 직관과 관련된 기출 문항 중 백미白眉라 생각하는 문제다. 이 문제는 직관을 이용해 문제를 출제할 수 있다는 것과 직관을 이용해 문제를 해결할 수 있음을 세상에 알렸다. 출제된 지도 벌써 수십 년이 지나면서 이 문제도 이제 낭만이자 전설이 되어가고 있다.

이제 기대감을 안고, 문제를 보자마자 순간적으로 떠오르는 답을 우선 생각해 보라.

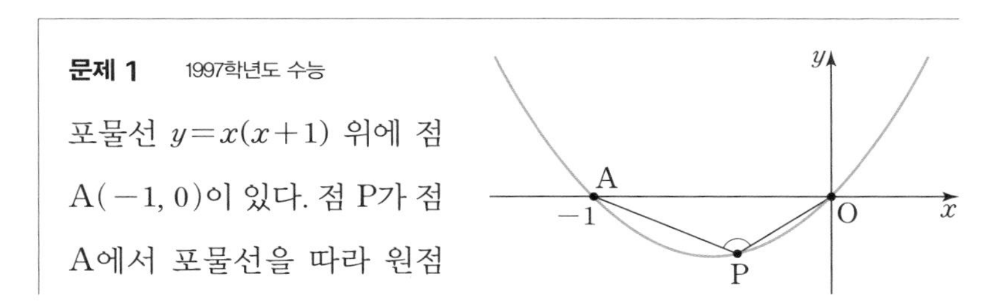

문제 1 1997학년도 수능

포물선 $y=x(x+1)$ 위에 점 A$(-1, 0)$이 있다. 점 P가 점 A에서 포물선을 따라 원점

O로 한없이 가까이 갈 때, ∠APO의 크기의 극한값은? [3점]

① 90° ② 120° ③ 135° ④ 150° ⑤ 180°

위 문항은 lim 기호 없이 문장으로만 극한을 묻고 있다는 점이 이채롭다. 따라서 극한을 모르는 사람도 이 문제를 읽고 나면 점 P가 포물선을 따라 원점 O로 한없이 가까이 가는 상황을 상상하며 ∠APO의 크기의 극한을 생각해 볼 수 있다. 학생들에게 직관적으로 아니 순간적으로 떠오르는 답을 말해 보라고 하면 대부분 180°라고 답을 한다. 아마도 점 P가 점 O로 가까이 갈수록 세 점 A, P, O가 거의 일직선 위에 놓이는 것처럼 보이기 때문일 것이다.

이제 상상의 현미경을 이용해 직관적 추론을 시도해 보기로 하자.

우선 점 P가 원점 O로 적당히 가까이 간 상태에서 ∠APO의 크기를 상상한 다음, 점 P가 원점 O로 점점 더 가까이 가면 ∠APO의 크기는 어떻게 되는지 상상을 이어가야 한다.

그런데 점 P가 원점 O로 매우 가깝게 접근하면 선분 AP가 x축에 너무 가까워지고 선분 PO의 길이는 너무 짧아져서 이 부근에서 벌어지고 있는 상황을 상상하기가 쉽지 않다. 그래서 다시 점 P 부근을 확대해 보아야 한다.

다음 그림이 바로 그 결과다.

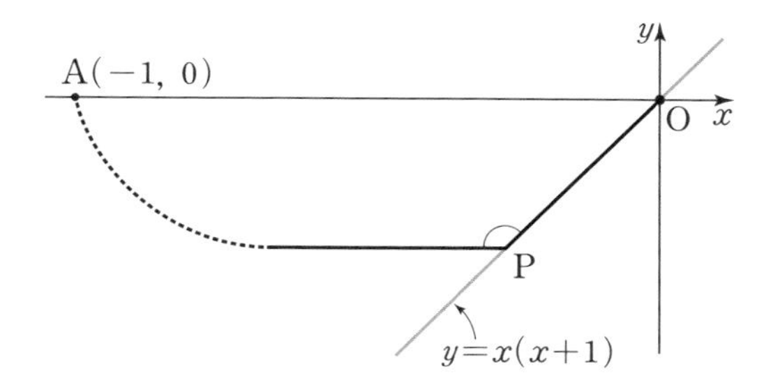

이때 점 P가 원점 O에 한없이 가까워지게 되면 점 P 부근의 선분 AP는 x축과 거의 평행하게 보이게 된다는 것을 우선 발견해야 한다.

그리고 가장 중요한 발견 하나가 더 필요하다. 위 그림에서 직선 PO와 곡선 PO가 서로 구별되는가? 아마 구별할 수 없을 것이다. 그렇다면 곡선과 일치하는 것처럼 보이는 이 직선의 정체는 과연 무엇일까?

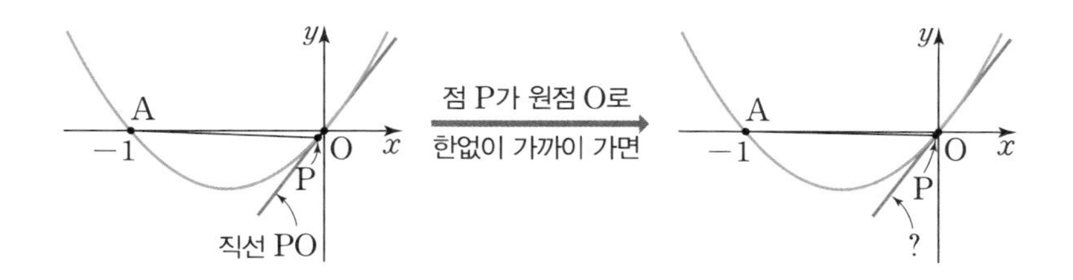

점 P가 원점 O로 한없이 가까이 갈 때, 직선 PO의 극한의 정체는 바로

'곡선 $y=x(x+1)$ 위의 점 O에서의 접선'

이다. 이제 $\angle$APO의 크기의 극한값을 구하기 위해 점 P를 원점 O로 한없이 가깝게 이동시키고 점 P 부근을 다시 상상의 현미경으로 확대해 보면 최종적으로 다음 그림과 같이 선분 AP는 x축과 평행한 동시에 곡선과 접선은 완전히 일치할 것이다.

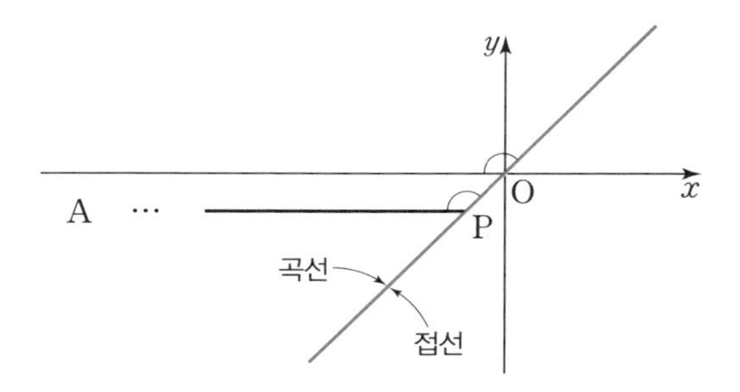

위 그림에서 직선 AP는 x축과 평행하므로 $\angle\mathrm{APO}$의 크기는 그 동위각인 x축과 접선이 이루는 둔각의 크기와 같을 것이고, 결국 이 둔각의 크기가 $\angle\mathrm{APO}$의 크기의 극한값이 될 것이다.

이제 수학적 현미경인 미분을 이용해 답을 구할 차례다.

접선의 기울기를 구하기 위해 함수 $y=x(x+1)=x^2+x$를 미분하면 $y'=2x+1$이므로 $x=0$에서의 접선의 기울기는 $2\times0+1=1$이다.

따라서 이 접선과 x축이 이루는 예각의 크기는 $45°$이므로 둔각의 크기는 $180°-45°=135°$이고 $\angle\mathrm{APO}$의 크기의 극한값도 $135°$가 된다.

이제 주어진 문제를 다시 보라. 갑자기 시력이 좋아진 것처럼 점 P가 원점 O에 한없이 가까이 갈 때의 상황이 생생하게 보이지 않는가? 그렇게 상상의 시력을 기르다 보면 수학의 실력도 눈부시게 길러질 것이다.

한편, 이 문제를 직관을 이용하지 않고 해결하는 일반적인 풀이가 궁금한 독자들을 위해 대표적인 풀이를 소개해 본다.

$\mathrm{P}(a,\ a^2+a)\,(-1<a<0)$, $\angle\mathrm{APO}=\theta$라 하면

$$\overline{\mathrm{AP}}=\sqrt{(a+1)^2+(a^2+a)^2}$$
$$=(a+1)\sqrt{a^2+1},$$

y
A(−1, 0)
θ
O
x
P(a, a²+a)

$$\overline{\mathrm{OP}}=\sqrt{a^2+(a^2+a)^2}=-a\sqrt{a^2+2a+2}$$

이므로 삼각형 OAP에서 코사인법칙•에 의해

$$\begin{aligned}\cos\theta&=\frac{\overline{\mathrm{AP}}^2+\overline{\mathrm{OP}}^2-\overline{\mathrm{OA}}^2}{2\times\overline{\mathrm{AP}}\times\overline{\mathrm{OP}}}\\&=\frac{(a+1)^2(a^2+1)+a^2(a^2+2a+2)-1}{2\times(a+1)\sqrt{a^2+1}\times(-a\sqrt{a^2+2a+2})}\\&=-\frac{a^3+2a^2+2a+1}{(a+1)\sqrt{a^2+1}\sqrt{a^2+2a+2}}\end{aligned}$$

이다. 이때 점 P가 원점 O에 한없이 가까이 갈 때, 즉 $a\to 0-$일 때

$$\begin{aligned}\lim_{a\to 0-}\cos\theta&=\lim_{a\to 0-}\left\{-\frac{a^3+2a^2+2a+1}{(a+1)\sqrt{a^2+1}\sqrt{a^2+2a+2}}\right\}\\&=-\frac{1}{1\times1\times\sqrt{2}}\\&=-\frac{\sqrt{2}}{2}\end{aligned}$$

이므로 $\angle$APO의 크기, 즉 θ의 극한값은 $135°$이다.

이처럼 이 문제는 본래 미분 단원의 문제로 출제된 것이 아니라 코사인법칙을 이용하는 함수의 극한 문제로 출제된 것이었지만, 나는 직관적인 미분의 아이디어로부터 탄생한 문제라고 생각한다. 출제자는 이 문제를 통해 학생들에게 미분이 왜 '수학적 현미경'인지를 깨닫게 하고 싶었을 것이 틀림없다.

이제 접선의 기울기를 이용해 직관적으로 해결할 수 있는 또 하나의 문제를 만나 보자.

• 세 변의 길이가 a, b, c인 삼각형 ABC에 대하여 $\cos C=\frac{a^2+b^2-c^2}{2ab}$이다.

문제 2 기출 변형

제1사분면에서 곡선 $y=x^2+x+1$ 위를 움직이는 점 $\mathrm{P}(x, y)$와 세 점 $\mathrm{A}(0, 1)$, $\mathrm{B}(1, 1)$, $\mathrm{C}(0, 2)$에 대하여 두 삼각형 PAB, PAC의 넓이를 각각 S_1, S_2라 할 때, $\lim_{x \to 0+} \frac{S_1}{S_2}$의 값을 구하시오.

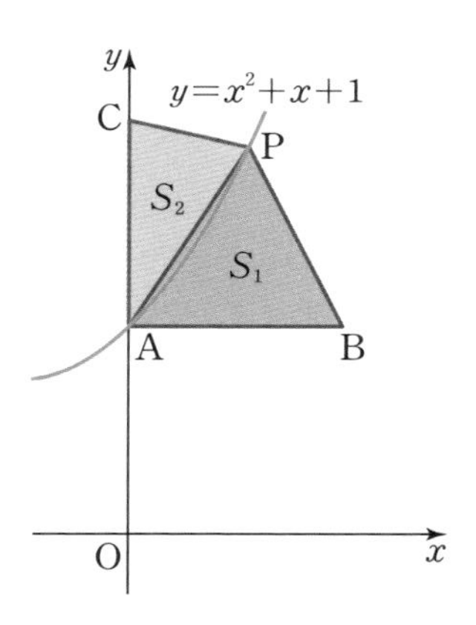

이 문제에서도 $x \to 0+$일 때 점 P는 곡선을 따라 점 A에 한없이 가까워지므로 점 P가 점 A에 매우 가깝게 접근한 상태를 상상한 다음 점 A 부근을 확대해 보자.

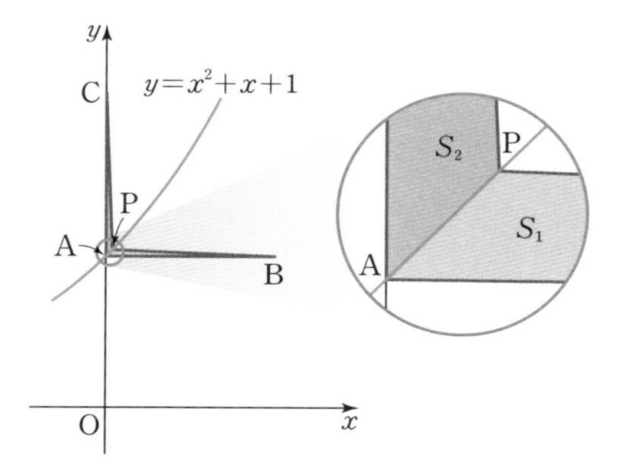

여기서 다시 점 P를 점 A에 한없이 가깝게 이동시켜 점 A 부근을 상상의 현미경으로 확대해 본다면 곡선 $y=x^2+x+1$은 점 $\mathrm{A}(0, 1)$에서

의 접선으로 보일 것이다.

함수 $y=x^2+x+1$에 미분이라는 수학적 현미경을 대 보면 $y'=2x+1$이므로 곡선 $y=x^2+x+1$ 위의 점 A(0, 1)에서의 접선의 기울기는 1이고, 접선의 방정식은 $y=x+1$이다. 이제부터는 점 P가 곡선 $y=x^2+x+1$ 위가 아니라 접선 $y=x+1$ 위에 있다고 생각해도 된다. 이렇게 생각하면 항상 $\angle BAP=\angle CAP=45^\circ$로 일정하므로 점 P에서 두 선분 AB, AC에 내린 수선의 발을 각각 H_1, H_2라 할 때 항상 $\overline{PH_1}=\overline{PH_2}$가 성립한다. 이때

$$S_1=\frac{1}{2}\times\overline{AB}\times\overline{PH_1},$$

$$S_2=\frac{1}{2}\times\overline{AC}\times\overline{PH_2}$$

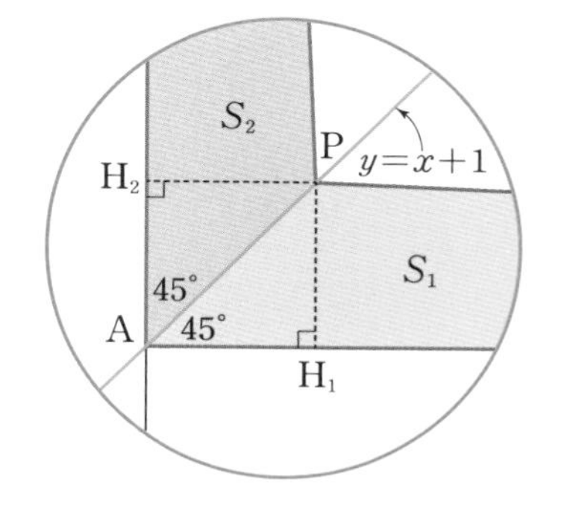

이고 $\overline{AB}=\overline{AC}=1$, $\overline{PH_1}=\overline{PH_2}$이므로

$$S_1=S_2$$

이다. 따라서

$$\lim_{x\to0+}\frac{S_1}{S_2}=\lim_{x\to0+}\frac{S_2}{S_2}=1$$

이다.

이 문제는 기출문제의 지수함수 $y=e^x$을 미분 초보자를 위해 이차함수 $y=x^2+x+1$로 변형한 것이다. 하지만 이 두 함수가 모두 점 A(0, 1)을 지나고 이 점에서의 접선의 기울기가 1로 서로 같다는 것만 알면 답도 서로 같다는 것을 이해할 것이다. 따라서 비록 이 문제의 모범답안은 미분을 이용하지 않고 극한만을 이용하는 풀이였겠지만, 이 문제의 본질은 미분이고 주어진 함수는 단순한 부품에 불과하다.

10

지구를 향한 여정

창백한 푸른 점

앤트맨이 출동했던 곡선 $y=\sin\frac{1}{x}$을 다시 보자.

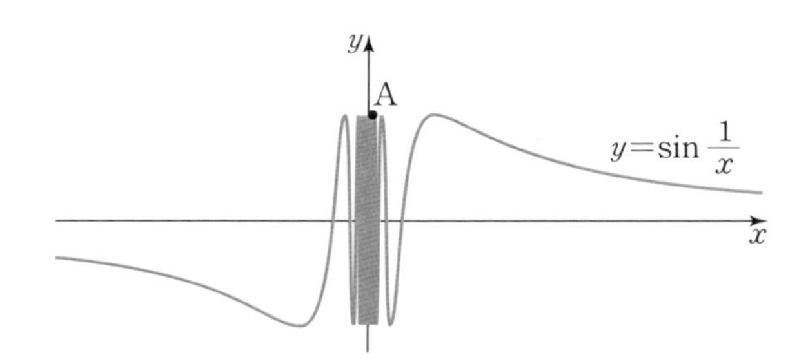

처음엔 곡선 $y=\sin\frac{1}{x}$의 y축 주변이 뾰족한 바늘들이 빽빽하게 모여 있는 듯이 보였었다. 그런데 어느 한 바늘의 끝점만 같던 점 A 부근도 점점 다가가며 확대하다 보니 결국엔 우리가 밟고 사는 땅처럼 점점 평평해짐을 확인할 수 있었다. 만약 점 A 부근의 곡선 위에 아주 작은 생명체가 살고 있다면 그들은 자신들의 땅이 완전히 평평하다고 생각하고 있을지도 모른다. 우주라는 커다란 그래프에서 지구도 작은 한 점에 불과하지만, 지구를 향해 점점 다가가다 보면 결국엔 평평한 땅을 마주하게 된다. 그러고 보니 위에서 언급한 아주 작은 생명체는 바로 우리 자신일 수도 있겠다.

이제 우주에서 지구를 향하는 여정을 인류가 실제로 찍은 사진을 통해서 실감해 보기로 하자.

창백한 푸른 점

2020년 나사가 보정한 사진

위 사진은 1990년에 촬영된 것으로, 1977년에 발사된 우주탐사선 보이저 1호가 지구에서 60억 km가 넘게 떨어진 해왕성 궤도를 지나며 지구를 바라보고 찍은 사진이다. 이는 현재까지 인류가 가장 멀리에서 찍은 지구의 사진이다.• 그 시절 대학생이던 내 모습도 저 사진 속에 상상으로나마 담겨 있을 수도, 아니면 저 순간에는 지구 반대편에 있어서 저 사진 속에 나는 아예 없을 수도 있다.

• 사진에서 지구 위를 지나가는 것처럼 보이는 광선은 카메라의 렌즈에 태양 빛이 반사된 것이 우연히 찍힌 것이라고 한다.

많은 천문학자들의 "위험하고 바보 같은 짓"이라는 비난을 무릅쓰고 보이저 1호의 방향을 돌려 지구의 사진을 찍는 프로젝트를 강행한 미국의 천문학자 칼 세이건Carl Edward Sagan, 1934~1996은 동그라미로 표시해놓지 않으면 먼지인지 행성인지 구별도 안 되는 저 작은 지구를 "창백한 푸른 점 Pale Blue Dot"이라고 불렀다.

지금까지 인류가 만들어낸 최고 속력은 17 km/s, 바로 보이저 1호의 속력이다. 보이저 1호가 처음부터 이런 속력으로 발사된 것은 아니다. 우주비행 도중 목성, 토성 등의 행성에 접근해 그 행성의 중력을 이용해 가속하는 '플라이바이flyby' 항법의 결과로 이렇게 빠른 속력을 얻게 된 것이다.

이 과정에서 탐사선의 방향을 결정하기 위해 미분으로 접선을 구하는 계산도 틀림없이 시행됐을 것이다. 이러한 행성들과 미적분의 도움에 힘입어 보이저 1호는 총알보다 빠른 속력으로 50년가량 우주를 날아가고 있지만, 지금까지 날아간 거리는 빛의 속력으로 하루 동안 가는 거리에도 못 미친다고 한다.• 태양에서 가장 가까운 별인 프록시마 센타우리▲까지 빛의 속력으로 가는 데 약 4.2년(보이저 1호로 약 7만 3000년)이 걸린다고 하니, 인류에게 성간星間 여행은 아직은 꿈같은 이야기다.

그래서 천문학자들은 당장 성간 여행을 시도하는 대신 외계인에게 지구인의 존재를 알리기 위해 매일같이 우주를 향해 전파를 보내고 있다. 하지만 빛의 속력으로 날아가는 인류의 전파조차도 현재 고작 100

• 2025년 현재 빛으로 약 22시간 걸리는 거리에 있다고 한다.

▲ 영화 '아바타'와 소설 '삼체'의 배경이 되는 별이다.

광년 정도의 거리밖에 가지 못했다. 어쩌면 수천, 수만 광년 거리의 아주 가까운(!) 행성에 사는 외계인들도 우주를 향해 전파를 보내고 있을지 모른다. 그 전파가 맹렬히 지구로 날아와 도착하는 날, 과연 우리 인류는 살아 있을까? 그 순간 그 외계인들 역시 살아 있을까? 이렇듯 두 개의 외계 문명이 서로 만나려면 거리 문제도 극복해야 하지만, 시간은 더욱 큰 문제다.

달의 입장에서 생각해 보기

이제 창백한 푸른 점보다 좀 더 가까운 지구를 만나 보자.

지구돋이

위는 아폴로 8호가 1968년 달의 궤도를 돌 때 떠오르는 지구를 촬영한 '지구돋이Earthrise'라고 불리는 사진이다. 이 사진은 우주에서 지구를 찍은 최초의 컬러사진으로, 저 아름다운 지구를 보존하자는 세계적인 환경운동을 촉발하기도 했다.

그런데 사실 달 표면에서는 '지구돋이'를 볼 수 없다. 왜일까?

달의 공전주기와 자전주기는 약 27.3일로 서로 같기 때문에 지구에서 항상 달의 한쪽 면만 보인다. 그리고 우리는 지구에서 보이는 쪽을 달의 앞면이라고 부른다. 여기까지는 누구나 잘 알고 있는 상식일 것이다. 그런데 가만히 생각해 보니 나는 달의 입장에서 생각해 본 적이 단 한 번도 없었다. 생각해 보자는 결심만 해봤어도 많은 것을 깨달을 수 있었을 텐데 말이다. 이제라도 달의 입장에서 한번 생각해 보자.

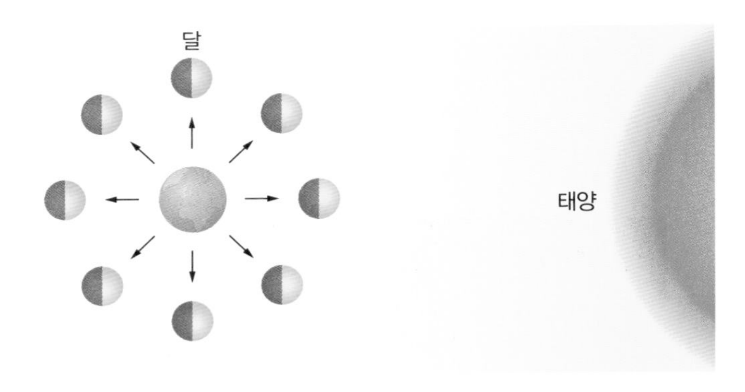

화살표 방향이 달의 앞면이다.

달에서는 태양이 한 달에 한 번씩만 떴다가 질 것이다. 달에는 대기가 없어서 태양이 한 번 뜨면 100 ℃보다 뜨거운 낮이 약 2주간 지속되다가 태양이 지고 나면 −150 ℃보다 차가운 밤이 약 2주간 계속된다고 한다. 한 달에 한 번씩 극심한 사계절이 반복되는 셈이다. 달의 봄과 가을은 너무나 짧을 것이고, 달에는 방사선이 가득한 태양풍을 막아줄 자기장도 대기도 없으니 생명체에게는 그야말로 극한의 지옥일 것이다. 그럼에도 우리 인류는 달에 기지를 만들어 사람들이 살 수 있게 하려는 프로젝트를 추진 중이다.

지금 내가 달 앞면에서 지구를 바라본다고 상상해 보라. 달 앞면의 정중앙에 내가 있다면 지구는 머리 꼭대기 방향에 고정된 채 그 자리에서 천천히 자전할 것이고, 달 앞면의 가장자리에 내가 있다면 지구가 달의 지평선 가까이에 고정된 채로 천천히 자전할 것이다. 달에서 보면 지구도 한 달에 한 번씩 '보름지구', '반지구', '초승지구'로 모양을 바꾸겠지만 지구가 떠 있는 위치는 변하지 않는다. 그래서 달 표면에서는 지구돋이를 볼 수 없는 것이다. 따라서 만약 달에 사람이 실제로 살게 된다면 지구가 보이는 위치를 이용해서 그 사람의 정확한 위치를 알려주는 수학이나 도구가 생길 것이다. 아! 달의 뒷면에서는 지구를 결코 볼 수 없겠구나. 이것은 좀 치명적이다. 만일 내가 달에 살게 된다면 나는 지구가 지평선 방향에 살짝 보이는 곳에 살고 싶다. 그리고 머리 위의 하늘로는 다른 많은 별들을 보고 싶다.

잠시 '블루마블 Blue Marble'이라는 멋진 이름의 지구 사진을 감상해 보자.

블루마블

앞 사진은 아폴로17호가 1972년 달로 가는 도중 찍은 것으로, 둥근 지구를 찍은 최초의 컬러사진이다.

이제는 인공위성과 카메라 기술의 발달로 우주에서 보는 지구의 모습을 손바닥 보듯 생생하게 감상할 수 있게 됐다.

이제 카메라가 지구에 점차 가까워질수록 지구의 곡면이 점점 평면에 가까워지고 있음을 확인할 수 있다. 곡선의 한 점 부근을 확대하며 다가갈수록 직선처럼 보이듯이 말이다.

우주의 관점에서는 먼지보다도 작은 지구의 '셀카'들을 보고 있노라면, 참으로 아름답고 소중하다는 말밖에 떠오르지 않는다.

우주에서 바라본 수평선

우주에서
바라본
남극

우주에서
바라본
칠레의 화산

우주에서
바라본
마다가스카르의
베시보카강

11

미분가능성 직관하기

접선의 정체

여기서는 접선과 미분가능성의 정의와 특수한 경우의 접선에 대해 살펴보려고 한다. 먼저 다음 퀴즈를 통해 접선에 대한 이해도를 확인해 보자.

퀴즈 1

다음 명제의 참, 거짓을 말하시오.

(1) 접선이란 곡선과 한 점에서만 만나는 직선이다.

(2) 곡선과 한 점에서만 만나는 직선은 모두 접선이다.

(3) 곡선을 관통하는 접선이 존재할 수 있다.

위 퀴즈에 답하기 위해 가장 필요한 것은 '접선의 정의'를 정확히 이해하는 것이다. 접선은 영어로 'tangent line'이라고 하며, '살짝 스치듯 만나는 직선'이라는 의미다. 그러나 지금 우리는 정확한 수학적 정의가 필요하다.

곡선 C 위의 점 A에서의 접선의 정의

곡선 C 위의 점 A에 대하여 곡선 위의 점 P가 점 A에 한없이 가까워질 때, 직선 AP가 한없이 가까워지는 직선 l이 존재하면 직선 l을 곡선 C 위의 점 A에서의 '접선'이라고 한다. 한편, 직선 AP는 곡선 C의 할선이므로 접선을 간단히 '할선의 극한'으로 정의하기도 한다.

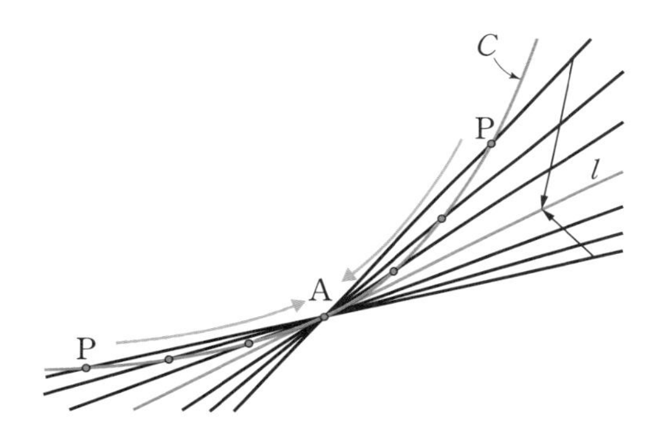

이제 접선의 정의를 이용해 앞 퀴즈에 제시한 명제의 참, 거짓을 확인해 보자. 원뿔곡선에서의 모든 접선은 곡선과 오직 한 점에서 만나지만, 함수의 그래프에서는 곡선과 2개 이상의 점에서 만나는 접선을 흔히 발견할 수 있다.

예를 들어 [그림 1-1]과 같이 곡선 $y=x^3$ 위의 원점이 아닌 점 A에서의 접선 l_1은 이 곡선과 두 점에서 만나고, 심지어 [그림 1-2]와 같이 직선 $y=1$은 곡선 $y=\sin x$와 무한개의 점에서 접한다. 그러므로 명제 (1)은 거짓이다.

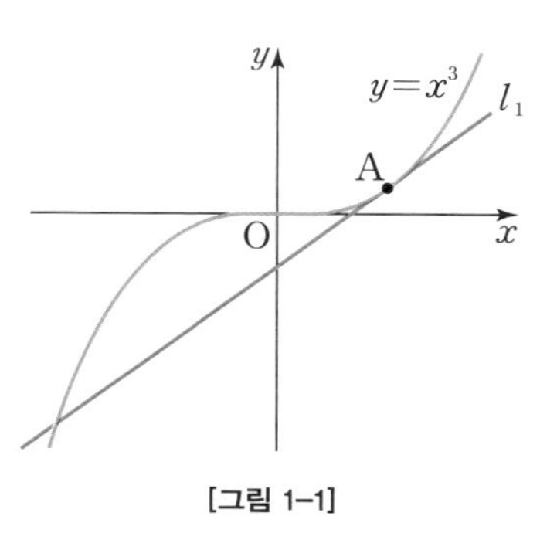

[그림 1-1]

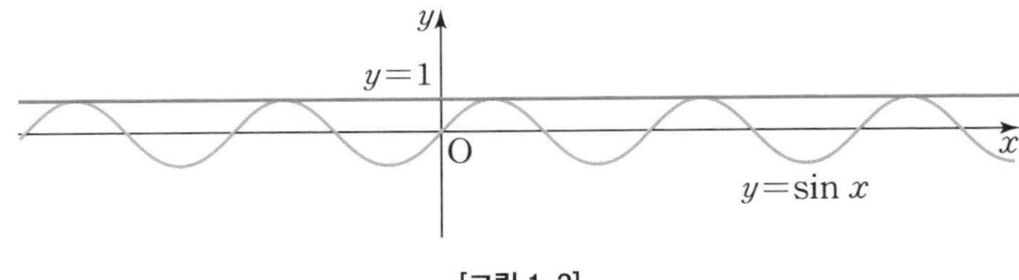

[그림 1-2]

한편, [그림 2]와 같이 포물선의 축과 평행한 직선은 포물선과 한 점에서 만나지만 포물선을 가로지르므로 접선이 아니다. 따라서 명제 (2)도 거짓이다.

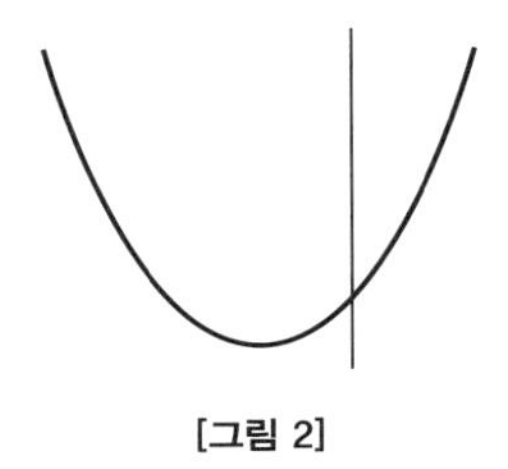

[그림 2]

그런데 곡선을 가로지르는 접선도 존재한다.

함수 $y=x^3$을 미분하면 $y'=3x^2$이므로 원점 O(0, 0)에서의 접선의 기울기는 0이다.

따라서 곡선 $y=x^3$ 위의 점 O에서의 접선의 방정식은 $y=0$인데, 이 직선은 곡선 $y=x^3$을 가로지르는 접선이다. 그러므로 명제 (3)은 참이다. 실제로 [그림 3]과 같이 곡선 $y=x^3$ 위의 원점 부근을 확대해 보면 이 곡선은 x축과 점점 일치하는 것처럼 보이므로 x축이 원점에서의 접선이라는 사실을 직접 확인할 수 있다.

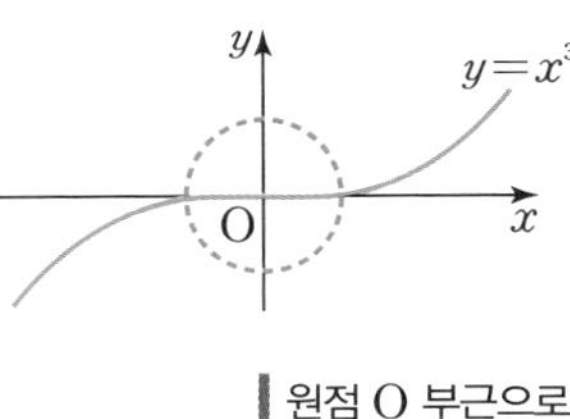

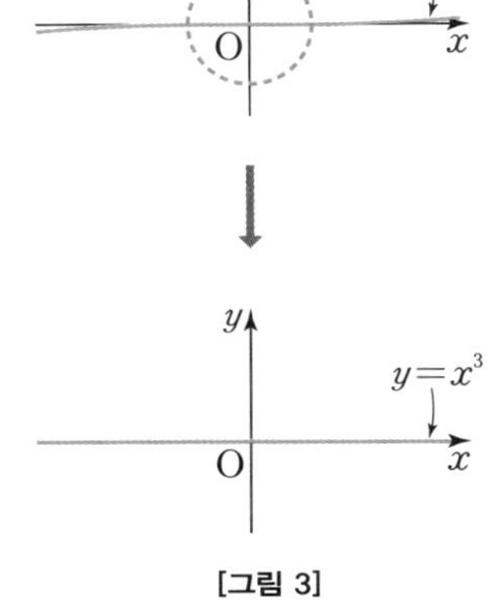

[그림 3]

이처럼 함수 $y=f(x)$에 대하여 할선의 기울기의 극한인

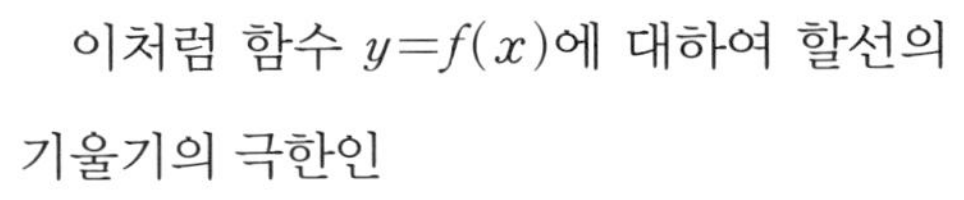

$$f'(a)=\lim_{x \to a}\frac{f(x)-f(a)}{x-a}$$

의 값이 존재하기만 하면 접선이 존재한다. 그래서 수학자들은 미분계수 $f'(a)$가 존재하기만 하면 함수 $y=f(x)$는 '$x=a$에서 미분가능하다'고 정의했다.

미분가능하지 않은 점과 접선

정의에 의하면 미분가능한 점에서는 반드시 접선이 존재한다. 그렇다면 미분가능하지 않은 점에서는 당연히 접선이 존재할 수 없는 것이 아닐까?

우선 $x=a$에서 불연속인 함수는 $x=a$에서 미분가능하지 않음을 직관적으로 이해해 보자.

$x=a$에서 불연속인 함수 $y=f(x)$의 그래프가 [그림 4-1]과 같다고 하자. 이때 두 점 $(a, f(a))$, $(x, f(x))$를 지나는 직선의 기울기는 [그림 4-2]에서와 같이 $x \to a-$일 때 $+\infty$로, $x \to a+$일 때 $-\infty$로 발산한다.

따라서 함수 $f(x)$는 $x=a$에서 미분가능하지 않다.

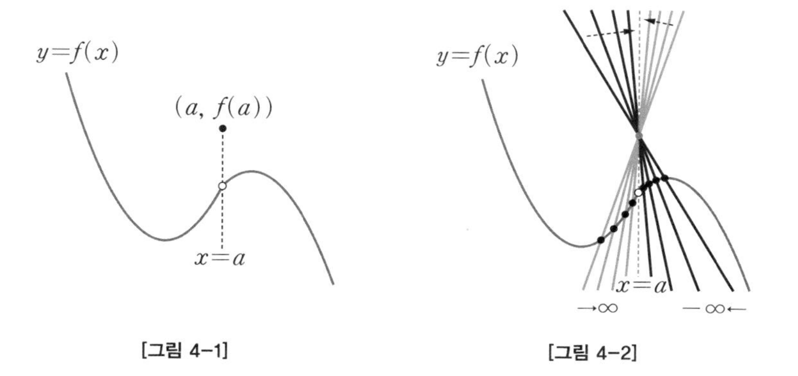

[그림 4-1] [그림 4-2]

뜻밖에도 미분가능하지 않은 점에서도, 곡선이 부드럽게 이어져 있기만 하다면 접선이 존재할 수 있다. 예를 들어 함수

$$f(x)=\begin{cases} \sqrt{x} & (x\geq 0) \\ -\sqrt{-x} & (x<0) \end{cases}$$

에 대하여

$$\lim_{x\to 0+}\frac{f(x)-f(0)}{x-0}=\lim_{x\to 0+}\frac{\sqrt{x}}{x}=\lim_{x\to 0+}\frac{1}{\sqrt{x}}=\infty,$$

$$\lim_{x\to 0-}\frac{f(x)-f(0)}{x-0}=\lim_{x\to 0-}\frac{-\sqrt{-x}}{x}=\lim_{t\to 0+}\frac{-\sqrt{t}}{-t}=\lim_{t\to 0+}\frac{1}{\sqrt{t}}=\infty$$

$-x=t$라 하면 $x\to 0-$일 때, $t\to 0+$이다.

이므로 $f'(0)$의 값은 존재하지 않는다. 따라서 함수 $f(x)$는 $x=0$에서 미분가능하지 않다.

그런데 막상 함수 $y=f(x)$의 그래프를 그려 보면 [그림 5-1]과 같이 $x=0$에서 수직 방향으로 부드럽게 이어진 곡선임을 확인할 수 있다. 그리고 [그림 5-2]와 같이 곡선 위의 점 P가 원점 O에 한없이 가까워질 때 할선 OP의 극한은 y축이므로 원점 O에서의 접선은 직선 $x=0$(y축)이 된다.

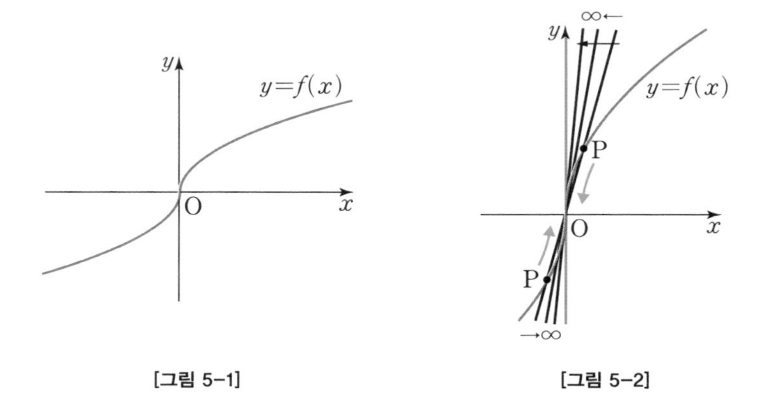

[그림 5-1]

[그림 5-2]

뾰족한 점과 접선

다음은 함수 $y=|x|$의 그래프다.

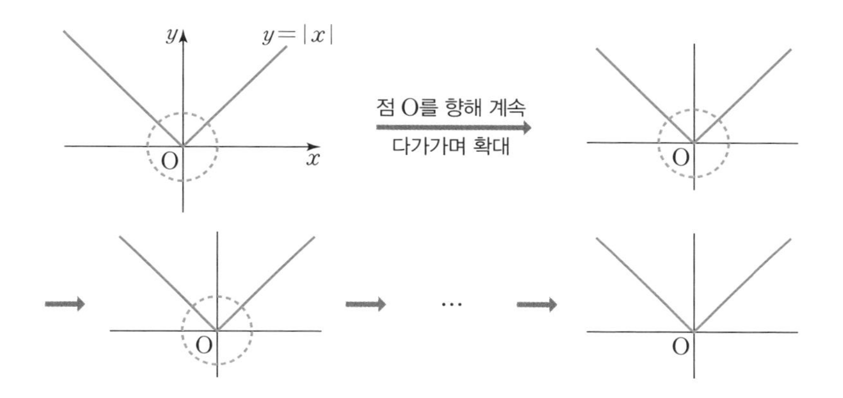

앤트맨을 함수 $y=|x|$의 그래프 위의 점 O$(0, 0)$을 목표지점으로 하여 파견하면 앤트맨이 점 O를 향해 아무리 가까이 다가가더라도 그의 눈에는 점 O 부근의 그래프가 영원히 똑같은 모습으로만 보일 것이고, 결코 하나의 직선으로 보이지 않을 것이다. 그래서 점 O에서는 접선이 존재하지 않고, 미분가능하지도 않다.

이처럼 연속이지만 미분가능하지 않고 접선도 존재하지 않는 점을 흔히 '뾰족점'이라고 부르기도 한다.

한편, 앤트맨이 $x<0$인 부분에서 함수 $y=|x|$의 그래프를 따라 점 O를 향해 아무리 가깝게 접근하더라도, 그는 이 그래프가 점 O에서 갑자기 꺾인다는 것을 미리 알 수가 없을 것이다. 이처럼 연속이더라도 미분가능하지 않은 경우에는 한 치 앞에서 전혀 예상하지 못한 미래가 펼쳐질 수도 있다.

반면 어떤 자연현상이나 사회현상을 그래프로 나타냈을 때 그 그래프가 미분가능한 경우에는 비교적 가까운 미래를 정확하게 예측할 수 있다. 가까운 미래의 방향 및 변화의 정도가 현재와 크게 다르지 않을 것이라는 믿음이 있기 때문이다.

그런데 논쟁의 대상이 되기도 하는 뾰족점이 있다. 다음 함수 $y=\sqrt{|x|}$의 그래프 위의 점 O(0, 0)이 그 괘씸한 점이다.

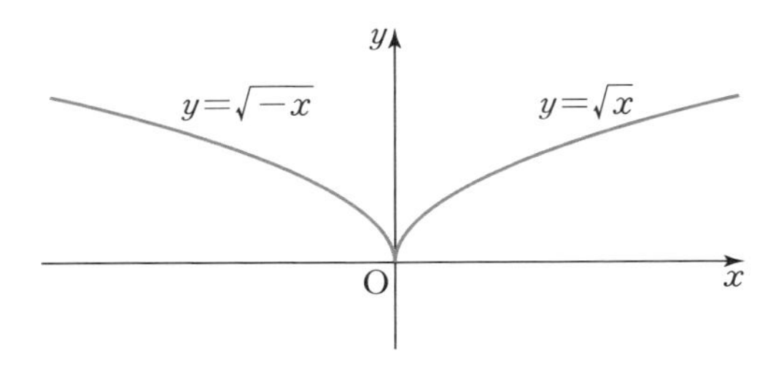

이 곡선 위의 점 O에서 접선이 과연 존재할 수 있을까? 우선 '할선의 극한'이라는 접선의 정의를 따라가 보자. 다음 그림에서 보듯이 이 곡선 위의 점 P가 원점 O에 한없이 가까워지면 이번에도 할선 OP는 y축에 한없이 가까워짐을 확인할 수 있다.

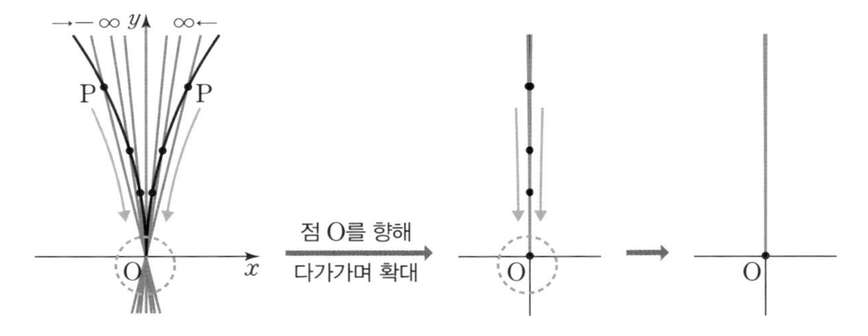

이를 근거로 '이 곡선 위의 점 O에서의 접선은 직선 $x=0$(y축)이다.'라는 주장이 존재한다.

앞에서 살펴본 곡선 $y=\begin{cases} \sqrt{x} & (x \geq 0) \\ -\sqrt{-x} & (x<0) \end{cases}$와 곡선 $y=\sqrt{|x|}$ 모두 원점 O에서의 할선의 극한이 y축이라는 공통점이 존재하기 때문이다. 그러나 곡선 $y=\sqrt{|x|}$에서는 할선 OP의 기울기의 극한이 $-\infty$와 ∞로 완전히 다르다는 차이점이 있다.

실제로 곡선 $y=\begin{cases} \sqrt{x} & (x \geq 0) \\ -\sqrt{-x} & (x<0) \end{cases}$에서는 원점 부근을 한없이 확대하면 곡선이 직선 $x=0$과 일치하는 것으로 보이는 것과는 달리, 곡선 $y=\sqrt{|x|}$에서는 원점 부근을 한없이 확대하면 직선이 아니라 반직선 $x=0(y \geq 0)$과 일치하는 것으로 보인다. 이제 '곡선을 한없이 확대하면 완전한 직선으로 보일 때 그 직선이 접선이다.'라는 접선의 본질과 '미분가능한 곡선은 바로 앞에서의 변화를 예상할 수 있다.'라는 미분의 정신을 생각해 보면, 곡선 $y=\sqrt{|x|}$가 원점에서 접선을 갖는다는 생각은 결코 타당해 보이지 않는다. 만일 할선의 극한을 모두 접선으로 인정한다면 [그림 4-2]와 같은 불연속인 경우에도 직선 $x=a$를 접선으로 인정해야 할 것이다.

따라서 접선의 정의를 보다 명확하게 재정비할 필요성이 대두된다.

미션: 안전하게 착륙하라

비행기가 활주로에 최대한 안전하고 편안하게 착륙하기 위한 가장 중요한 관건은 착륙하는 순간 비행기 바퀴의 경로선과 활주로를 최대한 부드럽게 연결하는 것이라고 할 수 있다.

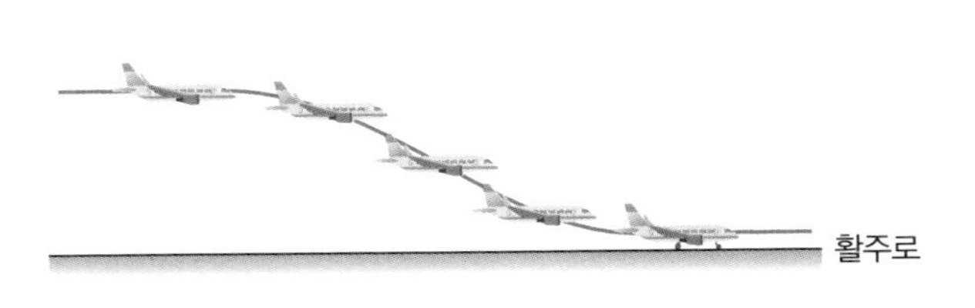

함수가 미분가능하다는 것도 결국엔 그 그래프가 갑작스러운 끊김이나 꺾임 없이 부드럽게 이어진다는 것을 의미한다. 미분가능에 관한 문제를 잘 푸는 것이 항공기 조종사가 되기 위한 필요조건은 아니겠지만, 나의 미래를 책임지는 조종사가 된 기분으로 다음 수능 문제를 해결해 보자.

문제 1998학년도 수능

그림은 함수 $y=1$과 함수 $y=0$의 그래프의 일부이다. 두 점 A(0, 1), B(1, 0) 사이를 $0\leq x\leq 1$에서 정의된 함수 $y=ax^3+bx^2+cx+1$의 그래프를 이용하여 연결하였다. 이렇게 연결된 그래프 전체를 나타내는 함수가 구간 $(-\infty, \infty)$에서 미분가능하도록 상수 a, b, c의 값을 정할 때, $a^2+b^2+c^2$의 값을 구하시오. [4점]

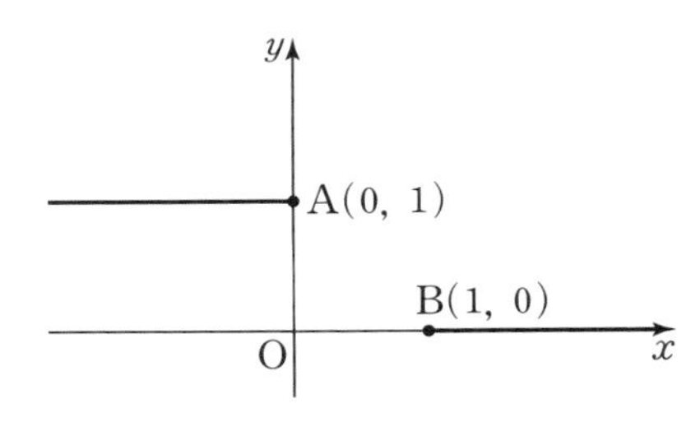

위 문제를 푸는 학생들에게 좌표평면의 제2사분면을 날던 비행기가 x축에 착륙하기 위해 점 A(0, 1)에서부터 부드러운 곡선을 그리면서 하

강하다가 마침내 점 B(1, 0)에서 x축에 사뿐히 내려앉는 모습을 상상해 보라고 얘기하고 싶다.

두 직선 $y=1$, $y=0$의 기울기는 모두 0이므로 연결된 그래프 전체를 나타내는 함수가 실수 전체의 집합에서 미분가능하려면 삼차함수 $f(x)=ax^3+bx^2+cx+1$의 그래프가 점 A(0, 1)과 점 B(1, 0)을 지나고 이 점들에서의 접선의 기울기가 모두 0이어야 한다. 즉,

$$f(0)=1,\ f(1)=0,\ f'(0)=0,\ f'(1)=0$$

이라는 4개의 조건을 만족시켜야 한다.

$f(x)=ax^3+bx^2+cx+1$, $f'(x)=3ax^2+2bx+c$에 위 4개의 조건을 적용하면

$$f(0)=0+0+0+1=1$$

$$f(1)=a+b+c+1=0,$$

$$f'(0)=0+0+c=0$$

$$f'(1)=3a+2b+c=0$$

에서

$$a=2,\ b=-3,\ c=0$$

이다. 모두 $a^2+b^2+c^2=13$이라는 답에 사뿐히 착륙했길 바란다.

이제 함수가 미분가능하다는 것을 기하학적으로 설명하자면, 오른쪽 그림과 같이 '한 점을 기준으로 양쪽의 그래프의 기울기가 같게 되면서 서로 만나는 것'이라고 말할 수 있겠다. 이것이 일반적인 사람들의 당연한 직관이다.

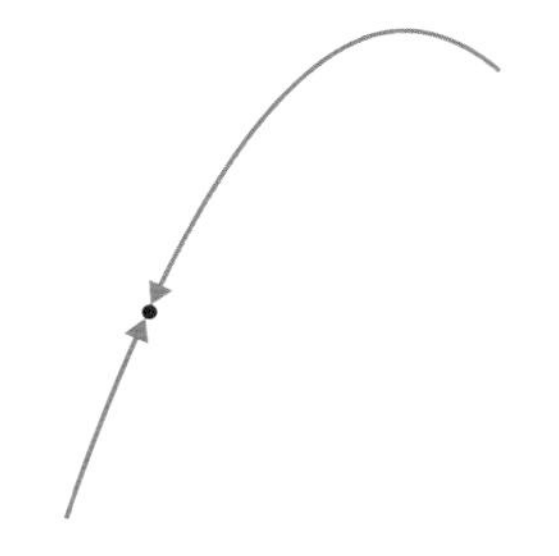

그런데 이 직관은 항상 옳을까?

상상할 수 없는 곡선의 몸부림

다음은 수학의 어려움과 심오함을 동시에 품고 있는 퀴즈다.

퀴즈 2

다음 조건을 만족시키는 함수 $f(x)$가 존재할까?

(1) 함수 $f(x)$는 $x=a$에서 미분가능하고 도함수 $f'(x)$는 $x=a$에서 미분가능하지 않다.

(2) 함수 $f(x)$는 $x=a$에서 미분가능하고 도함수 $f'(x)$는 $x=a$에서 불연속이다.

(1)의 예는 비교적 쉽게 찾을 수 있을 것이다.

즉, $f(x)=\begin{cases} -x^2 & (x<0) \\ x^2 & (x\geq 0) \end{cases}$이 바로 그 예다.

$$\lim_{x\to 0-}\frac{f(x)-f(0)}{x-0}=\lim_{x\to 0-}\frac{-x^2}{x}=\lim_{x\to 0-}(-x)=0,$$

$$\lim_{x\to 0+}\frac{f(x)-f(0)}{x-0}=\lim_{x\to 0+}\frac{x^2}{x}=\lim_{x\to 0+}x=0$$

에서

$$f'(0)=\lim_{x\to 0}\frac{f(x)-f(0)}{x-0}=0$$

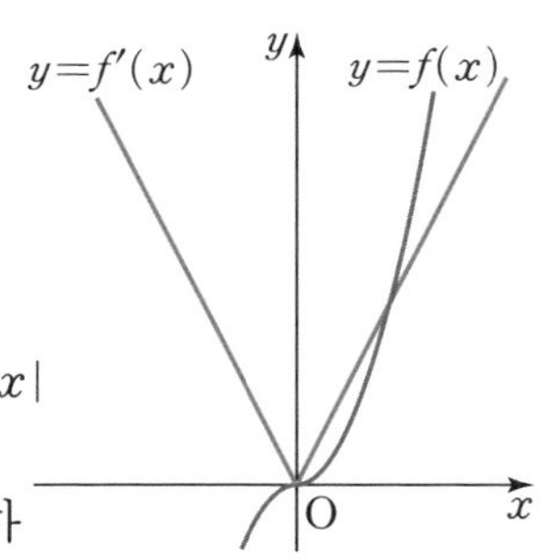

이므로 함수 $f(x)$는 $x=0$에서 미분가능하다.

그런데 함수 $f(x)$의 도함수는

$$f'(x)=\begin{cases} -2x & (x<0) \\ 2x & (x\geq 0) \end{cases}, \text{ 즉 } f'(x)=|2x|$$

이므로 도함수 $f'(x)$는 $x=0$에서 미분가능하지 않다.

한편, (2)의 예를 직관적으로 상상하기는 거의 불가능한데,

$$f(x)=\begin{cases} x^2\sin\dfrac{1}{x} & (x\neq 0) \\ 0 & (x=0) \end{cases}$$

이 그 예이다. 이러한 함수가 존재한다는 사실은 색다른 수학적 경험을 제공한다. 앤트맨이 탐험했던 함수 $y=\sin\dfrac{1}{x}$에 x^2이 곱해진 함수인데, 함수 $f(x)$는 $x=0$에서 연속이고 미분가능하다(313쪽 참조).

그리고 함수 $y=f(x)$의 그래프를 멀리서 보면 [그림 6-1]과 같고, 원점 부근을 가까이서 확대해서 보면 [그림 6-2]와 [그림 6-3]과 같이 두 곡선 $y=x^2$과 $y=-x^2$ 사이를 쉴 새 없이 오가는 모습으로 그려진다.

이때 두 곡선 $y=x^2$, $y=-x^2$은 원점에서 서로 접하므로 곡선 $y=x^2\sin\dfrac{1}{x}$도 원점을 지나는 순간에는 접선의 기울기가 0일 것이라는 짐작은 지극히 당연하고, 이에 따라 $f'(0)=0$은 물론 도함수 $f'(x)$도 $x=0$에서 연속일 것이라는 짐작도 매우 자연스럽다.

그런데 도함수를 직접 구해 보면

$$f'(x)=\begin{cases} 2x\sin\dfrac{1}{x}-\cos\dfrac{1}{x} & (x\neq 0) \\ 0 & (x=0) \end{cases}$$

이 되는데, $\lim\limits_{x\to 0}2x\sin\dfrac{1}{x}=0$(수렴)이지만, $\lim\limits_{x\to 0}\cos\dfrac{1}{x}$은 발산(진동)하므로 $\lim\limits_{x\to 0}f'(x)$의 값이 존재하지 않는다.

즉, 도함수 $f'(x)$는 $x=0$에서 불연속이다.

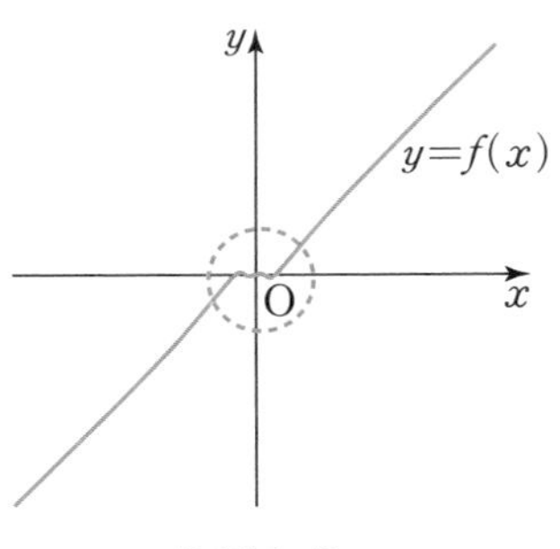

[그림 6-1]

원점 O를 향해 계속
다가가며 확대

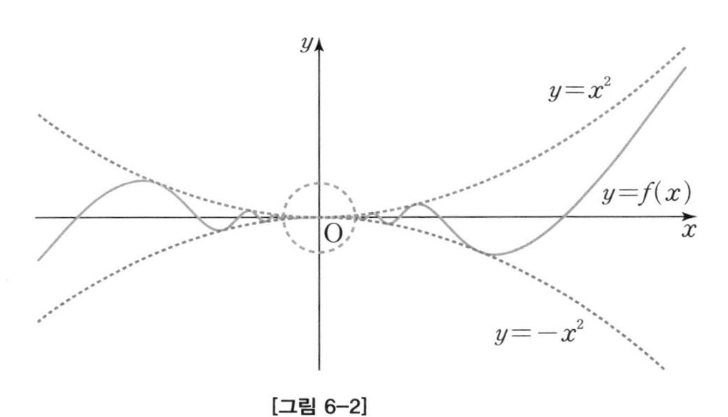

[그림 6-2]

원점 O를 향해 계속
다가가며 확대

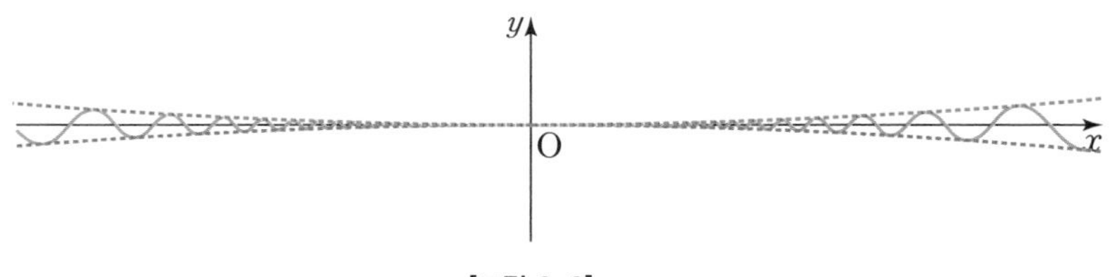

[그림 6-3]

결론적으로 함수

$$f(x)=\begin{cases} x^2\sin\dfrac{1}{x} & (x\neq 0) \\ 0 & (x=0) \end{cases}$$

은 $x=0$에서 미분가능하지만, '두 곡선이 양쪽에서 접근해 오다가 $x=0$에서 기울기 $f'(x)$가 서로 같게 되면서 서로 만나는 것', 즉 $\lim_{x\to 0-} f'(x)=\lim_{x\to 0+} f'(x)$일 것이라는 직관이 틀릴 수 있음을 보여주는 예가 된다.

솔직히 나는 지금도 저 좁은 틈에서도 $\lim_{x\to 0} f'(x)$의 값이 존재하지 않을 정도로 격렬하지만 미세하게 진동하는 곡선 $y=f(x)$의 몸부림이 좀처럼 상상이 가지 않는다.

뉴턴과 라이프니츠도 이런 특이한 곡선이 존재할 수 있을 것이라고는 상상하지 못했다. 만약 뉴턴과 라이프니츠가 이러한 함수의 존재를 알았더라면, 미적분의 발걸음을 한 발씩 뗄 때마다 괴상한 함수의 존재 여부를 확인하느라 그들의 미적분의 발전 속도는 오히려 더 더뎠을지도 모른다.

앞 세대의 천재들이 먼저 큰 틀을 만들고, 후대의 천재들이 빈틈을 메우며 다시 한 단계 도약시키는 역사의 흐름은 비단 수학에만 국한된 것이 아니리라.

12

미분의 역할

변하지 않는 것은 없다!

우주의 모든 것은 변하고 움직인다. 아무리 내가 지금의 나를 유지하려 해도 내 몸을 이루는 세포들이 쉼 없이 변화하며 나를 성장시키거나 노화시키고 있다. 아무리 내가 지금의 위치를 유지하려 해도 지구는 460 m/s로 자전•하는 동시에 30 km/s로 태양을 공전하고 있으며, 태양계는 220 km/s로 우리은하를 공전하고 있다고 한다. 태양이 우리은하를 한 바퀴 공전하는 데는 약 2억 2500만 년이 걸린다고 하니 어느 세월에 한 바퀴라도 돌 수 있을까 하는 생각도 할 수 있겠으나, 지구의 나이가 46억 년이니 지구는 이미 우리은하 주위를 20번 이상 돌았을 것이다.

이처럼 상태가 변하든, 위치가 변하든 세상의 모든 것은 끊임없이 변

• 자전속도는 위도마다 다른데, 지구의 반지름의 길이가 약 6,400 km이므로 적도면의 경우 $\frac{2\pi \times 6400 \times 1000 \text{ m}}{24 \times 3600\text{초}} \fallingdotseq 465$ m/s로 움직인다.

한다. 단순히 혼자만 변하는 것이 아니라 어떤 것의 변화는 다른 것의 변화에도 영향을 주기도 하고, 어떤 것의 변화는 다른 것의 변화에서 영향을 받기도 한다. 원의 반지름의 길이가 변하면 원의 넓이가 변하고, 공의 높이가 변하면 공의 위치에너지가 변하며, 상품의 가격이 변하면 상품의 소비량이 변한다. 지구의 공전궤도에서 지구의 위치가 변하면 태양의 고도가 변하고, 태양의 고도가 변하면 지구의 계절이 변하며, 지구의 계절이 변하면 산과 들의 색깔이 변한다. 그리고 세상의 모든 것이 낡거나 늙는 것은 시간이 변하기(흐르기) 때문이다.

변화량과 변화율

누구나 무언가의 '변화량'을 증가시키거나 감소시키기 위해 노력한다.

예를 들어 건강을 위해 체지방은 줄이고 근육은 늘리려는 노력, 자아실현을 위해 기술과 실력을 향상시키려는 노력은 누구나 시도해 봤을 것이다.

육상경기 중 높이뛰기나 멀리뛰기도 이러한 노력의 한 예다. 높이뛰기는 높이의 변화량이, 멀리뛰기는 거리의 변화량이 큰 선수가 이기는 경기이기 때문에 얼마나 빨리 높이 뛰고 얼마나 빨리 멀리 뛰는지는 중요하지 않다.

반면 동일한 변화량을 두고 얼마나 빠르게 변화시키는지를 겨루는 종목도 많다. 100 m 달리기 선수들이 목표로 하는 위치의 변화량은 100 m로 동일하다. 하지만 선수들의 진짜 목표는 100 m를 달리는 데 걸리는 시간을 단축시켜 거리의 시간에 대한 평균변화율(평균속력)을 높이는 것에 있다. 42.195 km를 달리는 마라톤도 평균변화율의 싸움인 것은 마찬가지다. 이처럼 얼마나 빠르게 변화하는지를 나타내는 척도인 '변화율'도 '변화량' 못지않게 매우 중요하다.

순간속도는 미분이다

교과서에서는 미분 단원의 맨 마지막 부분에서 속도에 대하여 다루고 있다. 그러나 미적분의 역사에서 속도는 접선의 기울기와 함께 미분의 탄생을 촉발시킨 개념이었다. 즉, 속도야말로 미분의 시작이라 할 수 있다.

직선 위를 움직이는 점 P의 위치 x와 시간 t에 대하여

$$(\text{평균속도})=(\text{위치의 시간에 대한 평균변화율})=\frac{\Delta x}{\Delta t}$$

이다. 이때 점 P의 순간속도는 $\Delta t \to 0$일 때의 평균속도의 극한이므로

$$(\text{순간속도})=(\text{위치의 시간에 대한 순간변화율})=\lim_{\Delta t \to 0}\frac{\Delta x}{\Delta t}$$

이다. 그런데 이처럼 '무언가를 무언가로 나눈 $\frac{0}{0}$ 꼴의 극한'이 바로 미분이 아니었던가? 즉,

$$\lim_{\Delta t \to 0}\frac{\Delta x}{\Delta t}=\frac{dx}{dt}$$

이다. 다시 말해 순간속도란 위치를 시간에 대하여 미분한 물리량이다.

현실 속의 미분

야구 경기를 관람하다 보면 투수들이 던지는 공의 속력을 실시간으로 확인할 수 있는데, 이때 공의 속력을 측정하는 도구를 스피드건speed gun이라고 한다. 스피드건으로 측정한 공의 속력은 순간속력이 아니라 평균속력이다. 속력을 재는 시간이 아주 짧긴 하지만 유한한 시간이 걸리기 때문이다. 이처럼 현실 세계에서 완벽한 순간변화율을 실측하는 것은 불가능하기 때문에 순간변화율 또는 순간속력을 측정하고자 할 때는 $\frac{dx}{dt}$ 대신 $\frac{\Delta x}{\Delta t}$를 이용할 수밖에 없다.

그 대표적인 예가 고정식 과속단속카메라가 고속으로 달리는 자동차의 순간속력을 측정하는 원리다.

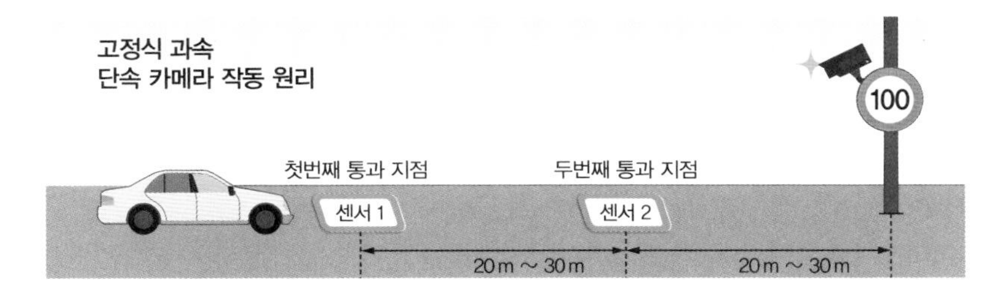

위 그림과 같이 단속카메라 앞의 도로에 두 개의 센서를 $\Delta x(\mathrm{m})$의 간격을 두고 묻어둔다.• 컴퓨터는 자동차가 센서 1을 지나는 순간부터 센서 2를 지나는 순간까지의 시간 Δt(초)를 측정하고, 이를 바탕으로 속

• 과속카메라 앞 도로를 유심히 보면 2개의 사각형 모양의 홈이 파여 있는 것을 볼 수 있다. 이 사각형 밑에 센서가 묻혀있다.

력, 즉 $\frac{\Delta x}{\Delta t}$(m/s)를 순식간에 계산한다. 예를 들어 두 센서의 간격이 $\Delta x=20$(m)이고, 두 센서 사이를 통과하는 데 걸린 시간이 $\Delta t=0.5$(초)였다면

$$(\text{속력})=\frac{20\text{ m}}{0.5\text{초}}=40(\text{m/s})=40\times\frac{3600}{1000}(\text{km/h})=144(\text{km/h})$$

$1\text{ m}=\frac{1}{1000}\text{ km}$, $1\text{초}=\frac{1}{3600}$시간이므로 $1\text{ m/s}=\frac{3600}{1000}\text{ km/h}$

이므로 이 자동차는 순간속력 144 km/h로 과속을 한 것으로 단속된다.

수학의 관점에서는 0.5초를 아주 짧은 시간이라고 보기 어렵지만, 도로를 달리는 자동차의 속력이 급격하게 변하기 어렵다•는 점을 감안하면 0.5초도 충분히 짧은 시간으로 볼 수 있고, 이때 측정한 속력은 순간속력으로 볼 수 있다.

미분을 해석하는 방법

여기서 순간변화율을 올바르게 해석하는 방법을 잠깐 확인하고 가기로 하자.

예를 들어 어떤 자동차를 1시간 동안 관찰한 결과 100 km를 이동했다면 이 차의 평균속력은 100 km/h이다. 그렇다면 과속단속장비로 측정한 자동차의 순간속력이 100 km/h라는 것은 무엇을 의미할까? 이는

• 뉴턴은 모든 움직이는 물체는 아주 짧은 시간 동안은 등속운동을 한다고 생각했다.

과속단속장비로 이 자동차를 1시간 동안 관찰했더니 100 km를 이동했다는 뜻이 당연히 아니다. 순간속력이 100 km/h라는 것은 자동차가 과속단속장비로 측정했던 순간의 속력을 그대로 유지하며 달린다고 가정할 때, 1시간 동안 100 km를 달린다는 것을 의미한다. 또한 어떤 물체의 온도의 순간변화율이 −3 ℃/m이라는 것은 그 물체의 온도를 1분 동안 측정하면 온도가 3 ℃만큼 내려간다는 의미가 아니라, 물체의 온도를 측정했던 순간에서의 온도가 변하는 빠르기가 그대로 유지된다고 가정할 때 1분 동안 온도가 3 ℃만큼 내려간다는 의미다.

미분이란 무엇인가

이제야 새삼스레 스스로에게 물어 보게 된다.

'도대체 미분이란 무엇일까?'

많은 것들이 서로 영향을 주고받으며 변하고 있지만 그 영향의 정도가 항상 일정하지는 않을 것이므로 주고받는 영향의 '정도'를 정확하게 파악하는 것이 중요할 때가 많다. 여기서 말하는 '영향을 주고받는 정도'란 하나의 대상이 변함에 따라 다른 대상이 변할 때, '두 대상이 변화하는 정도의 비율'을 의미한다. 이때 이 비율을 최대한 정확하게 파악하려면 가능한 한 미세한 간격으로 나누어 분석하는 것이 좋다. 그 미세한 간격을 0에 한없이 가깝게 하여 만든 분석법이 수학의 한 분야로 태어난 것이 바로 '미분'이다.

누가 나에게 미분이 무엇이냐고 물으면 서로 영향을 주고받는 두 양量

중 하나가 미세하게 변함에 따라 다른 하나도 미세하게 변할 때, 두 변화량 사이의 비율을 알아내는 수학적 도구라고 말할 수 있다.

이 개념을 라이프니츠의 기호로 설명하자면, 두 개의 양 x, y에 대하여 x가 dx만큼 변함에 따라 y가 dy만큼 변할 때 두 변화량 사이의 비 $\frac{dy}{dx}(=dy \div dx)$를 구하는 도구가 바로 미분이다.

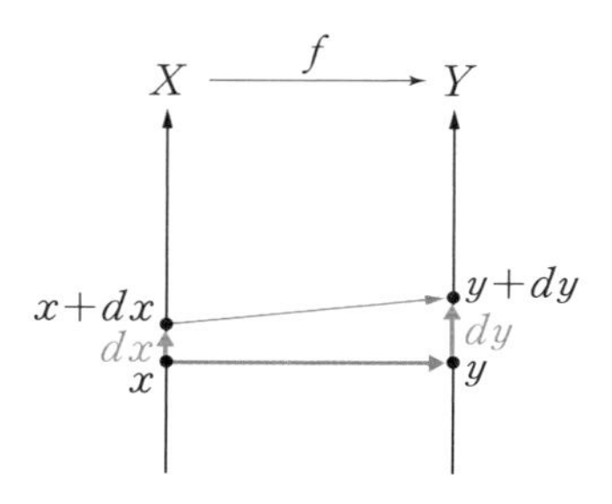

한편, 어떤 대상의 변화에 영향을 미치는 요소는 하나가 아니라 여러 개가 있을 때가 많다. 예를 들어 원기둥의 부피는 밑면의 반지름의 길이뿐만 아니라 높이의 변화에도 영향을 받는다. 피아노 줄이 만들어 내는 아름다운 소리에는 줄의 길이, 줄의 장력, 줄의 밀도 등이 결정적인 영향을 미친다. 상품의 소비량 변화에 영향을 주는 것은 상품의 가격뿐만이 아니라 소득 수준, 경쟁 제품, 광고 등 매우 다양한 요소들이 있다. 따라서 실제 현실을 반영하고 탐구하려면 단순히 dx와 dy의 비에만 머물지 말고, dx와 dy, dz의 비 또는 그 이상의 대상들이 얽히고설키며 변화하는 복잡한 양상들을 종합적으로 파악해야만 한다. 이것도 미분의 역할이다.

13

곱의 미분법 직관하기

고전역학에 적용되는 합과 차의 미분법

'미분법'은 도함수를 구하는 구체적인 방법이나 규칙을 일컫는데, 처음에는 단일 함수의 도함수를 구하는 방법에서 출발했지만 점차 여러 개의 함수가 결합된 함수의 미분법으로 발전했다.

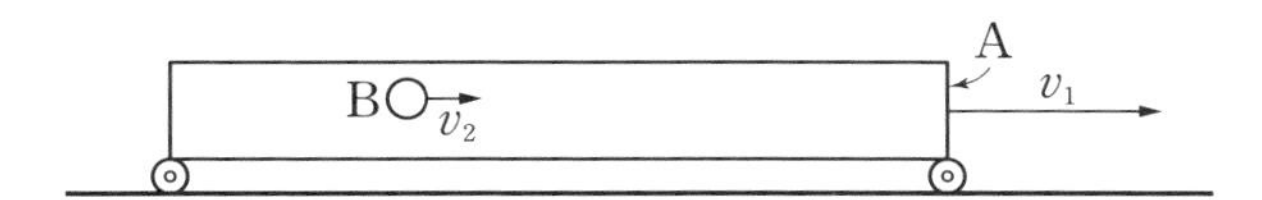

직선 경로를 따라 v_1의 속도로 움직이는 물체 A에서 물체 B가 물체 A의 이동 방향과 같은 방향으로 v_2의 속도로 움직이면 외부에 정지 상태로 있는 관찰자에게 물체 B의 속도는 v_1+v_2로 관측되고, 물체 B가 물체 A의 이동 방향과 반대 방향으로 v_2의 속도로 움직이면 외부에 정지 상태로 있는 관찰자에게 물체 B의 속도는 v_1-v_2로 관측된다.

이것이 바로 고전역학의 원리 중 하나인 갈릴레오의 '상대성 원리 the principle of relativity'다.

그런데 '속도는 곧 위치함수의 미분'이므로 이 예를 통해 합과 차의 미분법

$$\{f(t)+g(t)\}'=f'(t)+g'(t),\ \{f(t)-g(t)\}'=f'(t)-g'(t)$$

이 현실 세계에서도 그대로 성립함을 쉽게 이해할 수 있다.

라이프니츠는 두 함수 f, g에 대하여 x가 dx만큼 증가하는 동안 f는 df만큼, g는 dg만큼 증가한다고 할 때, 두 함수의 합 $f+g$와 차 $f-g$는 각각 $df+dg$, $df-dg$만큼 증가한다는 사실, 즉

$$d(f+g)=df+dg,\ d(f-g)=df-dg$$

임을 간파했다. 그리고는 양변을 dx로 나누어

$$\frac{d(f+g)}{dx}=\frac{df}{dx}+\frac{dg}{dx},\ \frac{d(f-g)}{dx}=\frac{df}{dx}-\frac{dg}{dx}$$

와 같이 합과 차의 미분법을 직관적으로 증명했다.

우주를 붕괴시킬 수 있는 직관

이처럼 합, 차의 미분법이 직관적으로 예상했던 것과 일치하는 결과로 나오다 보니, 라이프니츠는 초창기에 곱의 미분법이

$$d(fg)=df\times dg,\ \text{즉}\ \frac{d(fg)}{dx}=\frac{df}{dx}\times\frac{dg}{dx}$$

일 것으로 짐작하기도 했다. 이는 두 함수의 곱 $f(x)g(x)$의 도함수가

$$\{f(x)\times g(x)\}'=f'(x)\times g'(x)$$

라는 것과 같은 생각이다.

수업 시간에

"만약 수학자들이 곱의 미분법을 $\{f(x)\times g(x)\}'=f'(x)\times g'(x)$로 정했다면 미분이 훨씬 쉬워지지 않았을까?"

라고 말하면 많은 학생들의 얼굴이 밝아진다. 그들에겐 우주의 법칙보다는 당장 눈앞에 닥친 수학 문제 풀이의 어려움에서 벗어나는 것이 더 중요하기 때문이다. 그런데 만약 곱의 미분법이 $\{f(x)\times g(x)\}'=f'(x)\times g'(x)$와 같이 성립한다면 $x'=1$로부터

$$(x^2)'=(x\times x)'=x'\times x'=1\times 1=1,$$

$$(x^3)'=(x\times x\times x)'=x'\times x'\times x'=1\times 1\times 1=1$$

이라는 결과가 도출된다. 이 결과는 한 모서리의 길이가 x인 정육면체에 대하여 각 모서리의 길이가 매초 1씩 증가할 때, 각 면인 정사각형의 넓이도 매초 1씩 증가하고, 정육면체의 부피도 매초 1씩 증가한다고 말해 주는데, 이는 현실과 전혀 맞지 않는다. 수학은 현실을 반영하고 현실을 설명하기 위한 탐구의 결과물이지 현실과 동떨어져 아무렇게나 창작한 허구가 아니다.

심지어 곱의 미분법이 이렇게 성립한다면 모든 함수 $f(x)$에 대하여

$$\{f(x)\}'=\{1\times f(x)\}'=1'\times\{f(x)\}'=0\times f'(x)=0$$

이 되기도 하는 모순이 발생할 것이다. 만일 이처럼 모든 함수의 도함수가 0이었다면 우주는 아무런 변화도 없이 빅뱅 이전의 상태가 유지되고 있을 것이다.

그리고 만약 현실 세계에서 x^2의 미분의 결과가 때로는 1이 됐다가 때로는 0이 되기도 하는 방식으로 작동했다면 우주는 지금처럼 진화하지 못하고 이미 엉망진창이 되어 진즉에 붕괴하고 말았을 것이다. 우리우주에서는 곱의 미분법이 이렇게 작동하지 않는다는 것이 얼마나 다행인가?

곱의 미분법은 직관과 다르지 않다

그러나 우주에서 지금도 올바르게 작동하고 있는 곱의 미분법이 우리의 직관과 다른 것이 아니다. 우리의 직관이 아직 성숙하지 않고 서툴기 때문에 아무렇게나 짐작했을 뿐이다. 따라서 직관을 지나치게 맹신해서는 안 된다. 다만 틀린 직관을 했더라도 틀린 생각을 하게 된 이유를 정확히 파악할 수만 있다면 비슷한 상황에서 같은 실수를 반복하지 않을 것이고, 그 과정에서 논리에 기반한 직관에 대한 큰 깨달음을 얻게 될 수도 있다. 그렇다면 라이프니츠도 저질렀던 곱의 미분법에서의 직관의 오류는 어디에서 비롯됐을까? 다음 퀴즈에 그 답이 있다.

퀴즈 1

두 함수 $f(x)$, $g(x)$가 있다. $f(x)$가 3만큼, $g(x)$는 2만큼 증가한다고 하자.

(1) 두 함수의 합 $f(x)+g(x)$는 얼마만큼 변할까?

(2) 두 함수의 곱 $f(x)g(x)$는 얼마만큼 변할까?

(1)의 답은 당연히 $3+2=5$이다. 따라서 (2)의 답도 당연히 $3\times2=6$일 것으로 예상하는 사람이 많다. 예를 들어 $f(x)$, $g(x)$의 처음 값이 각각 0, 0이었으면 나중 값은 각각 3, 2이므로 합의 변화량과 곱의 변화량은 각각

$$(3+2)-(0+0)=5,\ (3\times2)-(0\times0)=6$$

이 되어 둘 다 직관에 들어맞는 듯하다.

그러나 $f(x)$, $g(x)$의 처음 값이 각각 20, 30이었으면 나중 값은 각각

23, 32이므로 합의 변화량은

$$(23+32)-(20+30)=5$$

가 되어 이번에도 예상과 부합하지만, 곱의 변화량은

$$(23\times 32)-(20\times 30)=136 \qquad \cdots\cdots (*)$$

이 되어 이번에는 예상과 완전히 다른 결과가 나와버린다. 이처럼 함수의 곱에서는 두 함수의 변화량이 같아도 처음 값에 따라 곱의 변화량이 달라진다. 따라서 변화율도 당연히 달라질 것이다. 라이프니츠는 이처럼 함수의 곱에서는 함수의 처음 값이 변화율에 결정적인 영향을 준다는 것을 알아차리고 곧바로 올바른 곱의 미분법을 증명했다며 자신의 실수를 고백했다.

그렇다면 $(*)$의 변화량 136은 도대체 어떻게 나온 것일까?

두 함수 f, g의 변화량을 각각 Δf, Δg라 하면 두 함수의 곱 $f\times g$의 변화량 $\Delta(f\times g)$는

$$\Delta(f\times g)=(f+\Delta f)(g+\Delta g)-fg, \text{ 즉}$$

$$\Delta(f\times g)=\Delta f\times g+f\times\Delta g+\Delta f\times\Delta g \qquad \cdots\cdots (**)$$

이다. 그래서 $\Delta(f\times g)=3\times 30+20\times 2+3\times 2=136$이었던 것이다.

이제 $(**)$로부터 곱의 미분법의 원리를 이해해 보자.

$(**)$의 양변을 Δx로 나누면

$$\frac{\Delta(f\times g)}{\Delta x}=\frac{\Delta f\times g}{\Delta x}+\frac{f\times\Delta g}{\Delta x}+\frac{\Delta f\times\Delta g}{\Delta x}$$

가 된다. 위 등식의 양변에서 $\Delta x\to 0$일 때의 극한을 생각하면

$$\lim_{\Delta x\to 0}\frac{\Delta(f\times g)}{\Delta x}=\lim_{\Delta x\to 0}\left(\frac{\Delta f}{\Delta x}\times g\right)+\lim_{\Delta x\to 0}\left(f\times\frac{\Delta g}{\Delta x}\right)+\lim_{\Delta x\to 0}\left(\frac{\Delta f}{\Delta x}\times\Delta g\right)$$

이고, 여기서

$$\lim_{\Delta x \to 0} \frac{\Delta f}{\Delta x} = \frac{df}{dx},\ \lim_{\Delta x \to 0} \frac{\Delta g}{\Delta x} = \frac{dg}{dx},\ \lim_{\Delta x \to 0} \Delta g = 0$$

이므로 최종적으로

$$\frac{d(f \times g)}{dx} = \frac{df}{dx} \times g + f \times \frac{dg}{dx},\ \text{즉}\ (f \times g)' = f' \times g + f \times g'$$

이 된다.

곱의 미분법의 기하학적 이해

이제 곱의 미분법을 기하학적으로 이해해 보기로 하자.

[그림 1-1]과 같이 가로의 길이가 $f(x)$, 세로의 길이가 $g(x)$인 직사각형이 있다고 하자. 이번에는 곧장 라이프니츠의 미분소 dx를 사용할 것이다. x의 값이 dx만큼 변할 때, $f(x)$와 $g(x)$가 각각 df, dg만큼 변한다고 하면 직사각형의 넓이 $S(x)$의 변화량인 dS는 얼마일까?

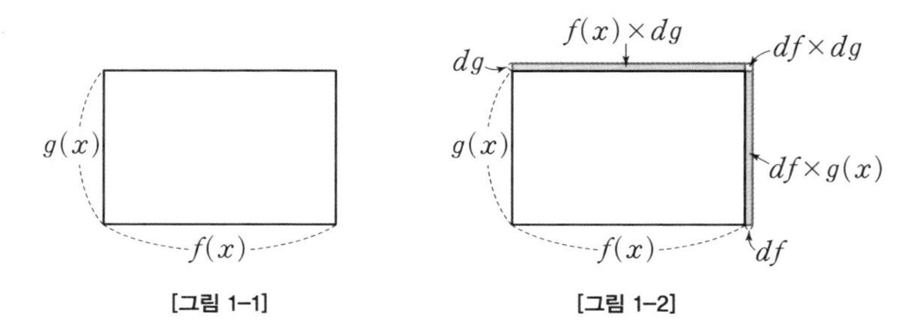

[그림 1-1] [그림 1-2]

직사각형의 넓이는 [그림 1-2]의 색칠한 부분의 넓이만큼 변하므로

$$dS = df \times g(x) + f(x) \times dg + df \times dg$$

이다. 양변을 dx로 나누면

$$\frac{dS}{dx}=\frac{df}{dx}\times g(x)+f(x)\times\frac{dg}{dx}+\frac{df}{dx}\times dg$$

이다. 여기서 $g(x)$가 미분가능한 함수이면 $dx\to0$일 때 $dg\to0$이므로 $\frac{df}{dx}\times dg$는 결국 0으로 수렴하고

$$\frac{dS}{dx}=\frac{df}{dx}\times g(x)+f(x)\times\frac{dg}{dx}$$

만 남는다. 이때 $S(x)=f(x)g(x)$이므로 곱의 미분법

$$\frac{d}{dx}\{f(x)g(x)\}=\frac{d}{dx}f(x)\times g(x)+f(x)\times\frac{d}{dx}g(x)$$

가 증명된다. 라이프니츠가 곱의 미분법을 증명했던 방법도 위 방법과 매우 유사하다.• 이처럼 곱의 미분법은 가장 작은 자투리의 넓이 $df\times dg$가 무시된 결과다.

상수함수의 미분법과 곱의 미분법

상수함수의 미분법은

$g(x)$가 상수함수이면 $\{f(x)g(x)\}'=f'(x)g(x)$ …… ㉠,

$f(x)$가 상수함수이면 $\{f(x)g(x)\}'=f(x)g'(x)$ …… ㉡

라고 말해준다. 그리고 곱의 미분법은

'두 함수 $f(x)$와 $g(x)$가 모두 상수함수가 아니면 $\{f(x)g(x)\}'$은

• 라이프니츠는 $d(fg)=(f+df)(g+dg)-fg=f\times dg+df\times g+df\times dg$임을 이용했다.

무엇인가?'

라는 물음에 ㉠, ㉡의 합

$$\{f(x)g(x)\}'=f'(x)g(x)+f(x)g'(x)$$

이 그 답이라고 말해준다.

몫의 미분법 직관하기

미분법의 공식을 외우는 것은 어렵지 않다. 그러나 외우기만 해서는 수학이 재미없고 수학을 제대로 알 수 없다. 이미 알고 있는 공식이라도 그것에 담긴 의미를 정확히 모르고 있다면 아직 배울 것이 남은 것이다.

몫의 미분법을 본격적으로 다루기 전에 먼저 $\frac{1}{f(x)}$의 도함수를 짐작해 보자. 이번에도 곱의 미분법에서와 같이 $\left\{\frac{1}{f(x)}\right\}'=\frac{1}{f'(x)}$이 성립하지 않을까 하는 첫 느낌을 가졌을 수도 있겠다. 이 생각이 얼마나 말이 안 되는지는 다음 질문을 통해 금방 깨달을 수 있다.

퀴즈 2

함수 $f(x)$가 $x=a$에서 증가하면 함수 $\frac{1}{f(x)}$은 $x=a$에서 증가할까, 감소할까? (단, $f(x)\neq 0$)

$f(x)$가 증가하면 그 역수인 $\frac{1}{f(x)}$은 감소한다는 것이 자연스러운 생각일 것이다. 예를 들어 $f(x)$의 값이 2에서 3으로 1만큼 증가하면

$\frac{1}{f(x)}$의 값은 $\frac{1}{2}$에서 $\frac{1}{3}$로 $\frac{1}{6}$만큼 감소한다. 또 $f(x)$의 값이 -2에서 -1로 1만큼 증가하면 $\frac{1}{f(x)}$의 값은 $-\frac{1}{2}$에서 -1로 $\frac{1}{2}$만큼 감소한다. 그런데 $f(x)$의 값이 -0.1에서 0.1로 0.2만큼 증가하면 $\frac{1}{f(x)}$의 값도 -10에서 10으로 20만큼 증가한다.•

그러나 미분에서는 x의 값이 무한소 dx만큼만 증가할 때를 생각하므로 x의 값이 음수에서 갑자기 양수로 점프하는 경우는 생각하지 않는다.

따라서 미분법에서는 '$f(x)$가 증가하면 $\frac{1}{f(x)}$은 감소한다.', 즉

'$f'(x)>0$이면 $\left\{\frac{1}{f(x)}\right\}'<0$이다.'

가 참이다. 이것이 몫의 미분법에 음의 부호(−)가 등장해야 하는 이유다.

곱의 미분법으로 몫의 미분법 증명하기

어느 날 '곱과 몫은 본질적으로 같은 연산이므로 곱의 미분법을 이용해 몫의 미분법을 유도할 수도 있지 않을까?'하는 생각이 스쳐서 다음과 같은 증명을 시도해 보았다.

• 이는 결과만 생각한 것이고, 중간 과정까지 생각하면 $\frac{1}{f(x)}$의 값은 -10에서 $-\infty$로 작아졌다가 다시 ∞에서 10으로 작아진 것이다.

증명 1

미분가능한 함수 $f(x)(f(x)\neq 0)$에 대하여

$$f(x)\times\frac{1}{f(x)}=1$$

위 등식의 양변을 x에 대하여 미분하면 곱의 미분법에 의해

$$f'(x)\times\frac{1}{f(x)}+f(x)\times\left\{\frac{1}{f(x)}\right\}'=0$$

따라서 $\left\{\frac{1}{f(x)}\right\}'=-\frac{f'(x)}{\{f(x)\}^2}$

증명 2

미분가능한 두 함수 $f(x), g(x)$ $(g(x)\neq 0)$)에 대하여 $h(x)=\frac{f(x)}{g(x)}$라 하면

$$f(x)=h(x)g(x)$$

곱의 미분법에 의해

$$f'(x)=h'(x)g(x)+h(x)g'(x)$$

이므로

$$h'(x)=\frac{f'(x)-h(x)g'(x)}{g(x)}=\frac{f'(x)g(x)-\{h(x)g(x)\}g'(x)}{\{g(x)\}^2}$$

$$=\frac{f'(x)g(x)-f(x)g'(x)}{\{g(x)\}^2}$$

따라서 $\left\{\frac{f(x)}{g(x)}\right\}'=\frac{f'(x)g(x)-f(x)g'(x)}{\{g(x)\}^2}$

그런데 위의 증명은 이미 알려진 것이었음을 뒤늦게 알게 됐다. 그럼에도 스스로 발견했다는 점에서 나에겐 소중한 수학적 경험으로 남아 있다.

14

미분의 활용

휘어짐의 미학

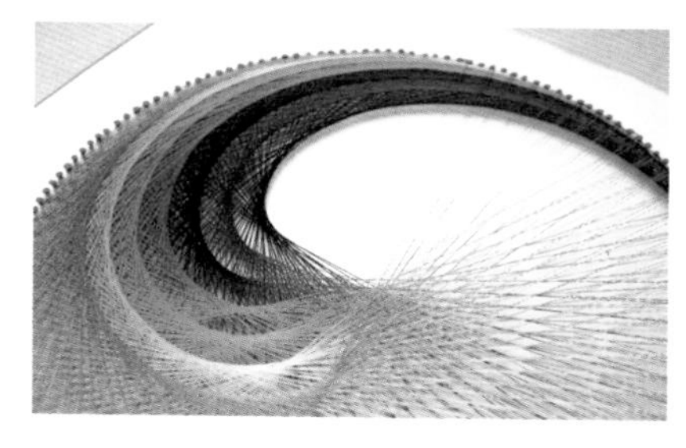

스트링 아트

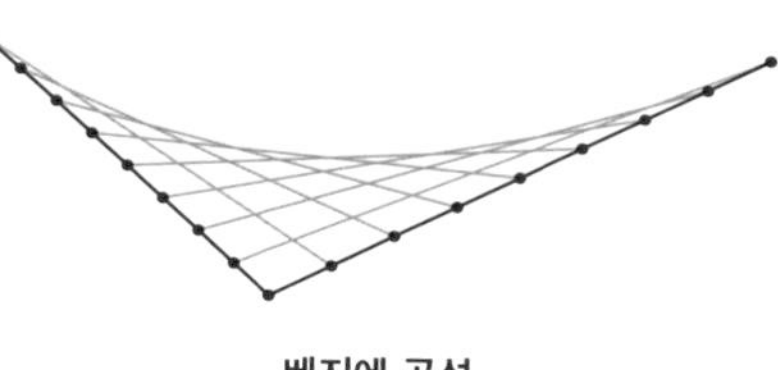

베지에 곡선

오른쪽 사진과 같은 예술작품은 분명히 직선으로만 이루어져 있지만, 우리의 눈에는 아름다운 곡선이 부각되어 보인다. 이 사진에 있는 직선들은 모두 우리 눈에 보이는 곡선의 접선이다.

오른쪽 그림과 같이 두 개의 선분 위에 일정한 간격으로 점을 찍고 대응하는 점끼리 선분으로 연결하면 우리 눈에 곡선 모양이 보이는데, 여기서 선분의 길이와 각도를 조절하면 다양한 모양의 곡선을 손쉽게 만들 수 있다. 1960년대에 프랑스의 자동차 회사에 근무하던 공학자 피에르 베지에Pierre Bézier, 1910~1999는 이 원리를 자동차 디자인에 적용해 자동차의 외관이 유려한 곡면으로 바뀌게 되는 획기적인 전환점을 만들어냈고, 그 후 이러한 곡선은 '베지에 곡선'으로 불리며 컴퓨터 그래픽, 산업디자인 등 다양한 분야에 활용되고 있다.

'하나를 알면 열을 안다'는 말이 있다. 수학자들과 과학자들에게는 이에 못지않게 중요한 말이 있다.

'하나의 원리를 알면 열 군데에 활용할 수 있어야 한다.'

베지에 곡선도 이에 대한 좋은 예다. 이제 미분의 원리를 활용해 수학적으로 할 수 있는 여러 가지 예에 대해 알아보자.

복잡한 것을 단순하게

$\sqrt{25.5}$의 근삿값을 빠르고 정확하게 구하는 방법은 없을까?

우선 $5.1^2=26.01$이므로 $5.0^2<25.5<5.1^2$에서 $5.0<\sqrt{25.5}<5.1$임을 알 수 있다. 또 5.01^2, 5.02^2, …의 값들을 구해나가다 보면 $5.04^2<25.5<5.05^2$이므로 $5.04<\sqrt{25.5}<5.05$임을 알 수 있다. 이러한 과정을 계속 반복하면 원하는 만큼의 근삿값을 구할 수 있으나 그 과정이 상당히 번거롭고 지루할 것이다.

그런데 뉴턴이 접선을 활용해 $\sqrt{25.5}$의 근삿값을 구하는 아주 근사한 방법을 생각해 냈다. 뉴턴의 방법은 25.5와 가장 가까운 완전제곱수인 $25(=5^2)$에서부터 시작한다.

$$(\sqrt{x})' = (x^{\frac{1}{2}})' = \frac{1}{2} \times x^{\frac{1}{2}-1} = \frac{1}{2}x^{-\frac{1}{2}} = \frac{1}{2\sqrt{x}}$$

함수 $y=x^a$(a는 실수, $x>0$)의 도함수는 $y=ax^{a-1}$

이므로 곡선 $y=\sqrt{x}$ 위의 점 $(25, 5)$에서의 접선의 기울기는 $\frac{1}{2\sqrt{25}}=\frac{1}{10}$ 이고, 접선의 방정식은 다음과 같다.

$$y-5=\frac{1}{10}(x-25), \text{ 즉 } y=\frac{1}{10}x+\frac{5}{2}$$

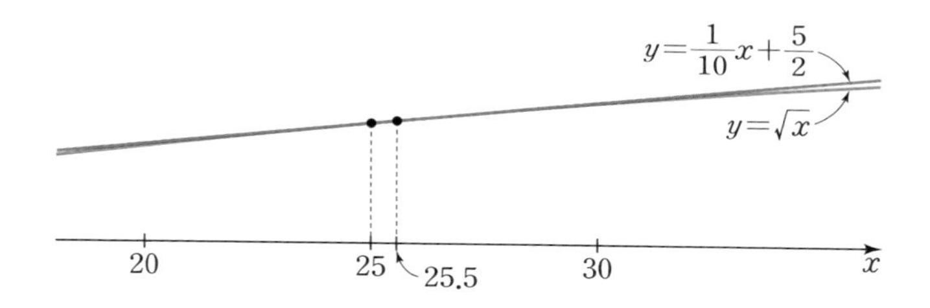

따라서 위 그림에서와 같이 점 $(25, 5)$ 부근에서 곡선 $y=\sqrt{x}$와 직선 $y=\frac{1}{10}x+\frac{5}{2}$는 거의 겹쳐 보일 것이다. 이제 접선의 방정식 $y=\frac{1}{10}x+\frac{5}{2}$에 $x=25.5$를 대입하면

$$y=\frac{25.5}{10}+\frac{5}{2}=\frac{255}{100}+\frac{250}{100}=5.05$$

를 얻는데, 이는 $\sqrt{25.5}$의 참값 $5.04975\cdots$와 상당히 비슷한 근삿값임을 알 수 있다.

일반적으로 함수 $y=f(x)$의 그래프 위의 점 $(a, f(a))$에서의 접선의 방정식은

$$y=f'(a)(x-a)+f(a)$$

이므로 x가 a에 가까우면 곡선 $y=f(x)$와 직선 $y=f'(a)(x-a)+f(a)$

는 매우 비슷할 것이다. 따라서 $x=a$ 부근에서의 함수 $f(x)$를 일차함수 $f'(a)(x-a)+f(a)$로 근사시킬 수 있다.

이번에는 이 방법을 활용해 1.01^{10}의 근삿값을 구해 보자.

함수 $y=x^{10}$에 대하여 $y'=10x^9$이므로 곡선 $y=x^{10}$ 위의 점 $(1, 1)$에서의 접선의 기울기는 $10\times1^9=10$이고, 접선의 방정식은 다음과 같다.

$$y-1=10(x-1), \text{ 즉 } y=10x-9$$

따라서 $x=1.01$일 때

$$y=10\times1.01-9=1.1$$

이므로 근삿값 $1.01^{10}\fallingdotseq1.1$을 얻는다. 참값은 $1.01^{10}=1.1046\cdots$이다.

이처럼 미분은 아주 짧은 구간에서 복잡한 함수를 일차함수인 접선으로 대신하겠다는 직관적인 목표를 갖고 탄생한 개념이기도 하다. 오늘날은 계산기와 컴퓨터의 도움으로 복잡한 계산도 간단하게 할 수 있는 시대라서 근삿값을 구할 때 미분의 도움이 필요 없어졌다고 생각될 수도 있지만, 사실 계산기와 컴퓨터의 계산 원리는 이미 미분이 내재되어 있다.

느린 것을 빠르게

고등학교 2학년 학생들에게 삼차방정식

$$x^3-x^2+2x-1=0$$

의 실근을 구해 보라고 하면 처음에는 의기양양하게 도전한다. 1학년 때 이미 삼차방정식에 관한 많은 문제를 풀어 봤기 때문이다. 하지만 곧 자신의 능력 밖의 문제임을 깨닫는다.

$f(x)=x^3-x^2+2x-1$이라 할 때, $f(\alpha)=0$인 α를 찾을 수만 있다면 $f(x)=(x-\alpha)(x^2+px+q)$와 같이 인수분해한 뒤 나머지 해도 구할 수 있지만, 지금은 그런 α를 도저히 찾을 수가 없기 때문이다. 1학년 때는 간단한 해 α가 존재하는 쉬운 문제만 주어졌었다는 것을 이제야 깨닫게 된다.

컴퓨터가 없던 시절에 고차방정식의 정확한 해를 찾을 수 없는 경우에는 근삿값이라도 구하기 위해 다양한 아이디어를 동원했다. 그중 가장 이해하기 쉬운 방법은 다음과 같다.

함수 $f(x)=x^3-x^2+2x-1$에 대하여

$$f'(x)=3x^2-2x+2=3\left(x-\frac{1}{3}\right)^2+\frac{5}{3}>0$$

이므로 함수 $f(x)$는 증가함수•다. 이때

$$f(0)=-1<0,\ f(1)=1>0$$

이므로 오른쪽 그림으로부터 방정식 $x^3-x^2+2x-1=0$은 구간 $(0,\ 1)$에서 오직 하나의 실근을 갖는다는 사실을 직관적으로 알 수 있다.▲

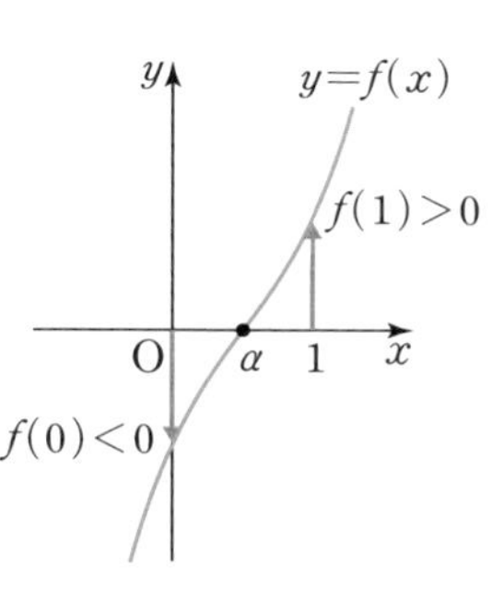

이때 다음과 같은 과정을 반복하면 실수 α가 존재하는 구간을 좁혀갈 수 있다.

• 정의역의 모든 원소 x에 대하여 $f'(x)>0$이면 x의 값이 증가할 때 y의 값도 증가한다.

▲ 이와 같은 성질을 연속함수의 '사잇값의 정리'라고 한다.

(i) 구간 $(0, 1)$의 정중앙인 $x=\frac{1}{2}$일 때 $f\left(\frac{1}{2}\right)<0$이므로 α는 구간 $\left(\frac{1}{2}, 1\right)$에 존재한다. $0.5<\alpha<1$

(ii) 구간 $\left(\frac{1}{2}, 1\right)$의 정중앙인 $x=\frac{3}{4}$일 때 $f\left(\frac{3}{4}\right)>0$이므로 α는 구간 $\left(\frac{1}{2}, \frac{3}{4}\right)$에 존재한다. $0.5<\alpha<0.75$

(iii) 구간 $\left(\frac{1}{2}, \frac{3}{4}\right)$의 정중앙인 $x=\frac{5}{8}$일 때 $f\left(\frac{5}{8}\right)>0$이므로 α는 구간 $\left(\frac{1}{2}, \frac{5}{8}\right)$에 존재한다. $0.5<\alpha<0.625$

(iv) 이와 같은 과정을 원하는 만큼의 근삿값이 나올 때까지 반복한다.

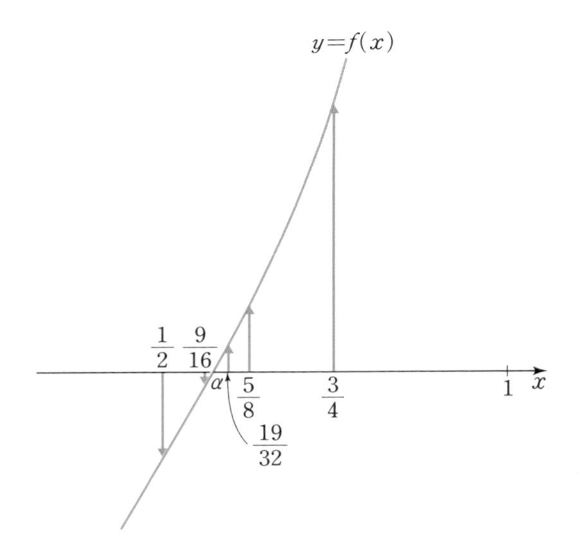

위 그림은 이 과정을 5번 반복한 것이고, 그 결과 α는 구간 $\left(\frac{9}{16}, \frac{19}{32}\right)$에 존재함을 알 수 있다. 즉, $0.5625<\alpha<0.59375$임을 알아내어 α의 근삿값을 소수점 아래 첫째 자리까지 정확하게 구했다.

이러한 방법을 '이분법二分法'이라고 부르는데, 사실상 미분을 사용하지 않고 비교적 단순한 논리만으로도 시도할 수 있다는 장점이 있다. 하지만 위의 예와 같이 5번의 과정을 거친 후에도 겨우 소수점 아래 첫째 자리까지만 정확하게 구할 수 있을 정도로 정확한 해로 다가가는 속도, 즉 '수렴 속도'가 매우 느리다는 단점도 있다.

그래서 수학자들은 '수렴 속도'가 더 빠른 방법을 찾아 나섰다. 그중 대표적인 것은 접선을 활용하는 방법으로, 뉴턴이 발견한 방법과 매우 유사해 '뉴턴법Newton's Method'이라고도 불린다. 뉴턴법을 간단히 소개하면 다음과 같다.

$f(x)=x^3-x^2+2x-1$이라 하면 $f'(x)=3x^2-2x+2$이다.

구간 $(0, 1)$에 존재하는 실근을 α라 하자.

(i) 점 $(0, f(0))$에서의 접선을 이용한다.

$f'(0)=2$이므로 곡선 $y=f(x)$ 위의 점 $(0, -1)$에서의 접선 l_1의 방정식은

$$l_1 : y=2x-1$$

따라서 접선 l_1의 x절편을 a_1이라 하면

$$a_1=\frac{1}{2}=0.5$$

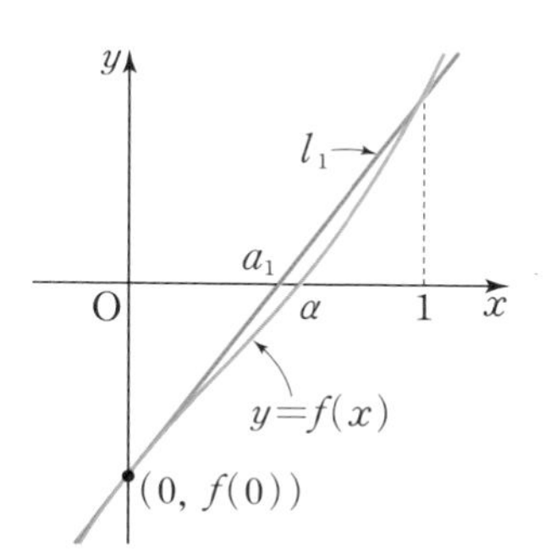

(ii) 점 $(a_1, f(a_1))$에서의 접선을 이용한다.

$$f'(a_1)=f'\left(\frac{1}{2}\right)=\frac{7}{4}$$

이므로 곡선 $y=f(x)$ 위의 점 $\left(\frac{1}{2}, -\frac{1}{8}\right)$에서의 접선 l_2의 방정식은

$$l_2 : y=\frac{7}{4}x-1$$

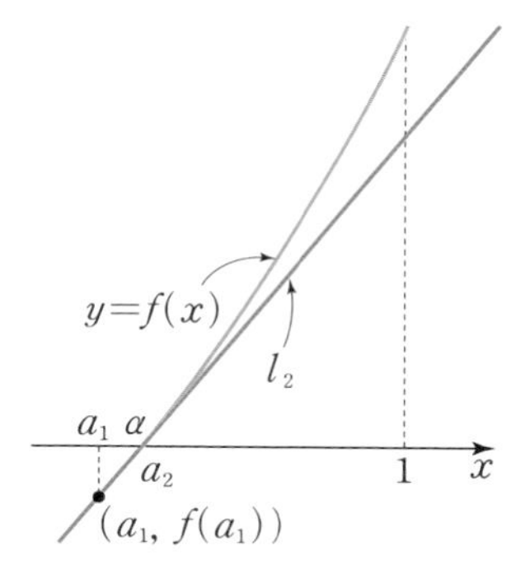

따라서 접선 l_2의 x절편을 a_2라 하면

$$a_2=\frac{4}{7}=0.57142\cdots$$

(iii) 점 $(a_2,\ f(a_2))$에서의 접선을 이용한다.

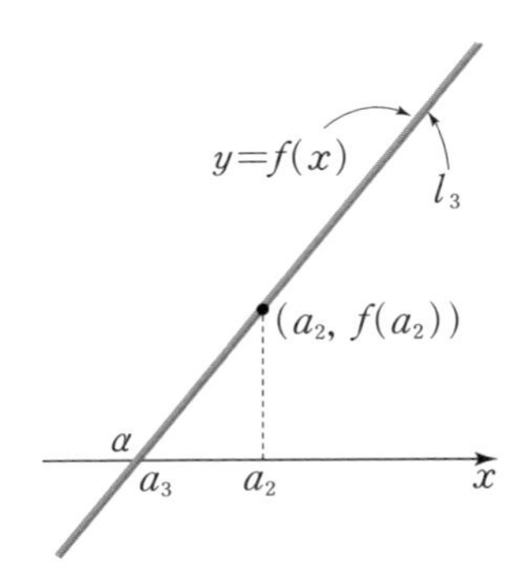

같은 방법으로 점 $\left(\frac{4}{7},\ f\left(\frac{4}{7}\right)\right)$에서의 접선 $l_3 : y=\frac{90}{49}x-\frac{359}{343}$의 x절편 a_3을 구하면

$$a_3=\frac{359}{630}=0.5698412\cdots$$

이때 a_3의 값은 삼차방정식 $x^3-x^2+2x-1=0$의 실제 실근인 $\alpha=0.5698402\cdots$와 소수점 아래 다섯째 자리까지 일치하는 놀라운 정확도를 보인다. 뉴턴법을 겨우 세 번만 실행했을 뿐인데 말이다. 이처럼 뉴턴법으로 구한 근삿값 a_n은 실근 α에 매우 빠르게 수렴한다.

미분을 모르는 사람이라면 뉴턴법이 더 어렵게 느껴져서 이분법을 선택하려 하겠지만, 이분법을 이용해 소수점 아래 다섯째 자리까지 일치하는 근삿값을 구하려면 아마도 복잡하고 지루한 계산의 벽 앞에 대부분 포기하고 말 것이다. 여기서 우리는 '어려운 원리를 이해하면 어려운 문제를 쉽게 해결할 수 있다'는 사실을 다시 한번 확인하게 된다.

근삿값을 구하는 뉴턴의 근사한 방법

사실 위 뉴턴법은 후대의 수학자들이 미분과 접선을 이용해 각색한

것•이고, 뉴턴이 실제로 사용했던 방법은 훨씬 더 신기하고 놀랍다. 마치 답만 빨리 구하기 위한 편법을 보는 것 같기도 할 정도다.

뉴턴은 삼차방정식 $x^3-x^2+2x-1=0$의 실근 α가 $0<\alpha<1$임을 알고

$$\alpha=0+p=p$$

로 놓은 후 삼차방정식에 대입했다.

$$p^3-p^2+2p-1=0$$

그런데 뉴턴은 위 등식에서 1차 이하의 항만 남기고 p^2, p^3항을 무시했다. 이때 일차방정식 $2p-1=0$이 남고, 이 일차방정식의 해가 $p=\frac{1}{2}$이므로 첫 번째 근삿값

$$a_1=0+p=0+\frac{1}{2}=\frac{1}{2}$$ ← 뉴턴법에서의 접선 l_1 : $y=2x-1$의 x절편은 $\frac{1}{2}$

을 얻는다. 이번에는 $\alpha=p+q=\frac{1}{2}+q$로 놓고 같은 과정을 반복한다. 즉,

$$\left(\frac{1}{2}+q\right)^3-\left(\frac{1}{2}+q\right)^2+2\left(\frac{1}{2}+q\right)-1=0$$

을 전개할 때도 1차 이하의 항만 남기고 q^2, q^3항을 무시하면 일차방정식

$$\left(\frac{1}{2}\right)^3+3\times\left(\frac{1}{2}\right)^2\times q-\left(\frac{1}{2}\right)^2-2\times\frac{1}{2}\times q+2\times\frac{1}{2}+2q-1=0,$$ 즉

$$\frac{7}{4}q-\frac{1}{8}=0$$

이 남고, 이 일차방정식의 해가 $q=\frac{1}{14}$이므로 두 번째 근삿값

$$a_2=\frac{1}{2}+\frac{1}{14}=\frac{4}{7}$$ ← 뉴턴법에서의 접선 l_2 : $y=\frac{7}{4}x-1$의 x절편은 $\frac{4}{7}$

• 뉴턴의 미분법(유율법)은 오늘날의 미분법과 상당히 달랐다.

를 얻는다. 다시 $a=p+q+r=\frac{4}{7}+r$로 놓고 같은 과정을 반복한다. 즉,

$$\left(\frac{4}{7}+r\right)^3-\left(\frac{4}{7}+r\right)^2+2\left(\frac{4}{7}+r\right)-1=0$$

에서 r^2, r^3항을 무시하여 정리하면 일차방정식 $\frac{90}{49}r+\frac{1}{343}=0$이 남고, 이 일차방정식의 해가 $r=-\frac{1}{630}$이므로 세 번째 근삿값

$$a_3=\frac{4}{7}-\frac{1}{630}=\frac{359}{630}$$ ← 뉴턴법에서의 접선 l_3 : $y=\frac{90}{49}x-\frac{359}{343}$의 x절편은 $\frac{359}{630}$

를 얻는다. 이 방법으로 얻은 a_1, a_2, a_3의 값은 접선을 활용한 뉴턴법의 결과와 일치한다(자세한 원리는 315쪽 참조).

마치 무언가에 홀린 기분이 드는 것은 비단 나 혼자뿐일까? 뉴턴은 어떻게 이토록 무시무시한 발상을 떠올렸을까? 뉴턴은 처음에 $0<p<1$이므로 p^2, p^3은 p에 비해 현저히 작을 것이라서 일단 p^2, p^3을 무시했다. 다음엔 $0<q<p$이므로 마찬가지 이유로 q^2, q^3을 무시했다. 뉴턴은 자신이 무한소를 다루던 바로 그 방식에서 아이디어를 얻었던 것이다.

최대, 최소 구하기

살다 보면 같은 양의 비용이나 재료로 최대의 결과를 내기 위한 조건이나, 최소의 비용이나 재료로 같은 결과를 만들어내기 위한 조건을 찾아야 하는 문제와 종종 맞닥뜨리게 된다. 이른바 '최적화 문제'로 불리는 최대·최소 문제는 미분의 태동기에 '접선 문제' 못지않게 수학자들의 많은 관심을 받던 수학적 소재였다. 미분의 선구자라 할 수 있는 페르마는

함수의 최댓값을 구하기 위해 다음과 같은 생각을 했다.

'아주 작은 양수 E에 대하여 함수 $f(x)$가 최대가 되는 점의 좌우에서 두 점 $(x,\ f(x))$, $(x+E,\ f(x+E))$를 지나는 직선의 기울기가 0이 되도록 잡는다. 이때 E가 0이 될 때의 x에서 함수 $f(x)$는 최대가 된다.'

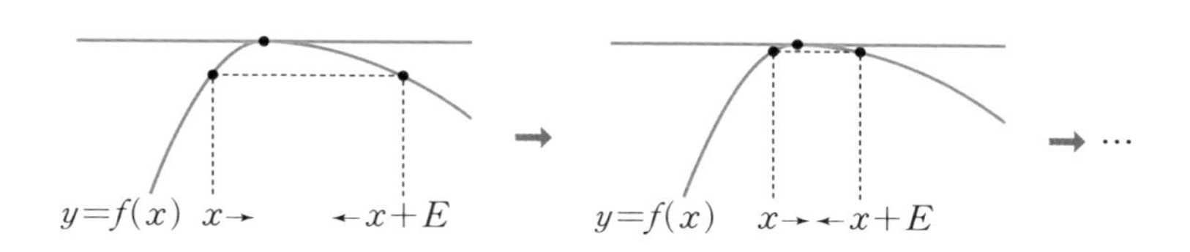

페르마의 생각을 함수 $f(x)=-x^3+x^2\ (0<x<1)$을 통해 따라가 보자.

$$f(x+E)=-(x+E)^3+(x+E)^2$$
$$=-x^3-3x^2E-3xE^2-E^3+x^2+2xE+E^2$$

이므로 두 점 $(x,\ f(x))$, $(x+E,\ f(x+E))$를 지나는 직선의 기울기는

$$\frac{f(x+E)-f(x)}{(x+E)-x}=\frac{-3x^2E-3xE^2-E^3+2xE+E^2}{E}$$
$$=-3x^2-3xE-E^2+2x+E$$

이다. 이 기울기가 0이면

$$-3x^2-3xE-E^2+2x+E=0$$

이고, 이때 E가 0이 되면

$$-3x^2+2x=0$$

만 남는데 $0<x<1$이므로

$x=\dfrac{2}{3}$이다.

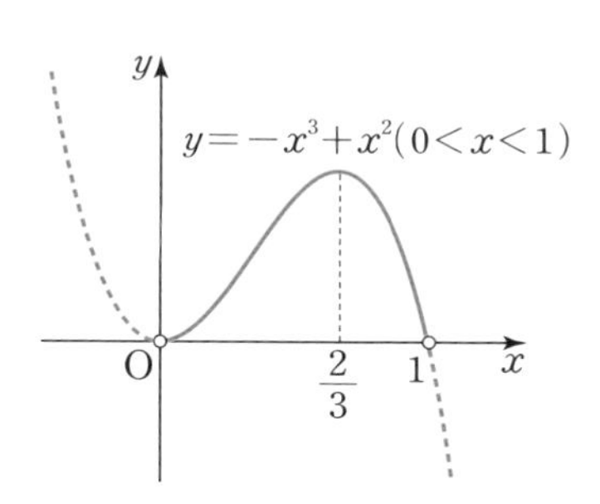

따라서 함수 $f(x)$는 $x=\frac{2}{3}$에서 최대가 된다.

오늘날의 미분법을 사용하지 않고도 삼차함수의 최댓값을 구할 수 있다는 사실만으로도 신기할 뿐이다. 그러나 위의 과정에도 최대 또는 최소인 순간은 접선의 기울기가 0인 순간이라는 미분의 개념이 내재되어 있다. 그래서 이 성질을 '페르마의 정리'라고도 부른다.

그러나 페르마의 방법으로는 접선의 기울기가 0인 점만을 찾을 수 있을 뿐이라서 그래프의 개형을 모르는 상태에서는 구한 x의 값에서 함수가 최대인지, 최소인지를 알 수 없다는 한계가 있었다. 지금이야 미분이 워낙 널리 알려져서 페르마의 방법이 오히려 신선하게 느껴질 수도 있으나, 미분을 이용하면 '페르마의 정리'에 의해

'$f'(x)=-3x^2+2x=0$에서 $0<x<1$이므로 $x=\frac{2}{3}$이다.'

와 같이 단숨에 해결할 수 있으니 얼마나 대단한 미분인가?

수학의 추상성

우리는 지금까지 미분을 통해 다양한 일들을 할 수 있다는 것을 알아보았다. 그저 접선의 기울기를 구했을 뿐인데 근삿값이 구해지고 최댓값이 찾아지는 것을 목격했다. 하지만 미분으로 할 수 있는 일은 이뿐이 아니다.

움직이는 물체의 위치의 변화율은 속도다. 따라서 위치함수를 미분하면 속도가 구해진다. 또 속도함수를 미분하면 가속도가 나온다. 그리고

전하량의 변화율은 전류다. 공장에서 물건을 생산할 때 드는 비용의 변화율을 한계비용이라 하는데, 한계비용을 알면 효율적인 생산체계를 갖추게 될 것이다.

누군가 무언가를 미분하고 있는 모습을 보면 그저 접선의 기울기를 구하는 것처럼 보일 수 있지만 사실 그는 지금 속도를 구하고 있을 수도, 전류를 구하고 있을 수도, 한계비용을 구하고 있을 수도 있다. 어쩌면 우리가 접선의 기울기를 구하고 있을 때에도 우리는 모든 분야의 문제를 해결하는 연습을 하고 있는 것인지도 모른다.

이와 같이 수학이 세상의 여러 가지 문제를 해결하는데 적용되어 광범위하게 활용될 수 있게 만드는 힘은 '수학의 추상성'으로부터 나온다. '수학의 추상성'이란 현실 세계의 구체적인 사물, 현상, 상황에서 발견되는 개별적 특성이나 요소들을 배제하고 그들 사이에 존재하는 동질적이고 본질적인 속성만을 추출해 일반적인 개념, 관계, 패턴을 탐구하는 수학의 특성을 말한다. 쉬운 예로 강아지 두 마리와 장미꽃 두 송이를 보고 숫자 2를 떠올리는 것, 창문이나 책상을 보고 사각형을 떠올리는 것, 자판기나 사다리 타기 게임에서 함수를 떠올리는 것 등이 수학적 추상화라 할 수 있다.

이처럼 수학의 추상성은 주로 구체적인 문제들을 기호화하고 형식화해 일반적인 개념으로 추상화하는 과정을 통해 얻어진다. 그리고 그 추상성을 통해 수학은 다양한 분야에 이론과 방법을 제공하는 강력한 도구로서의 역할을 한다. 미적분이 거의 모든 분야에서 현재와 같은 강력한 활용성을 발휘할 수 있게 된 것은 무엇보다도 '수학의 추상성'이라는 수학의 본질 덕분인 것이다.

15

빛의 세계에 눈을 뜨다

빛과 정보

뉴턴은 물론이고 모든 과학자, 아니 모든 사람들에게 "세상에서 가장 신비로운 물질은 무엇일까?"라는 질문을 던지면, 아마도 "빛光, light"이라고 답하는 사람이 가장 많지 않을까? 우선 빛이 없다면 아무것도 태어나지 못했을 것이고 아무것도 살 수 없을 것이다. 그 자체로 에너지이기도 한 빛은 모든 생명의 근원이다. 또한 빛이 없다면 아무것도 볼 수 없다. 우리가 눈으로 어떤 물체를 본다는 것은 그 물체에서 방출되거나 반사되는 빛을 보는 것이다. 빛은 눈이 달린 모든 생명체에게 생사가 걸린 정보들을 한시도 쉬지 않고 공급해준다. 생물체는 생존을 위한 각종 정보를 시각, 청각, 후각, 미각, 촉각 등의 감각을 통해 감지한다. 이 중 시각과 청각을 제외한 나머지 감각들은 공간적인 한계가 뚜렷하다. 특히 아주 멀리 떨어진 대상의 정보를 파악하기 위해서는 오직 시각에 의존

할 수밖에 없고, 따라서 오로지 빛에 의존할 수밖에 없다.•

빛은 빠르다. 가장 빠르다. 인류는 이러한 빛의 특기를 각종 정보 전달에 활용했다. 고전적인 정보 전달 도구인 등대는 전달하고자 하는 정보의 대상이 빛 그 자체이고, 현대의 정보 전달 도구인 광섬유는 온갖 정보들을 빛에 담아 빛의 속력으로 전 세계로 퍼뜨린다.

빛은 강하다. 빛은 오래 간다. 소리와는 달리 빛은 공기나 물과 같은 매질이 없는 진공에서도 스스로 나아갈 줄 안다. 그래서 진공 속에서도 빅뱅 후 100억 년이 넘는 시간 동안 동일한 속력으로 움직일 수 있다.

오늘도 캄캄한 밤이 되면 지구에 갇혀 있는 우리의 눈에 별과 은하의 각종 정보들이 빛의 형태로 쏟아져 내릴 것이다.

빛을 미분하다

'눈 깜빡할 사이'에 해당하는 아주 짧은 시간도 직접 볼 수 있게 해주고, 심지어 시간 간격을 마음대로 조절해 세상의 변화율을 자유자재로 보여주는 도구가 바로 사진기다. 사진기는 셔터shutter가 열렸다 닫히는 시간 동안 렌즈와 조리개▲를 통해 들어온 모든 빛을 한 장의 화면에 담아 보여주는 원리를 이용한 기계다. 그야말로 빛을 미분하는 기계장치라 할

• 전파도 빛의 일종이므로 전파를 통한 정보도 넓은 의미에서 시각으로 간주할 수 있다.

▲ 렌즈를 통해 들어온 빛을 최종적으로 통과시키는 구멍의 크기를 조절하는 도구다. 셔터는 눈꺼풀과 같고, 조리개는 눈동자와 같다고 할 수 있다.

수 있겠다. 사진기의 셔터 속도•를 적절히 조절하면 극적이고 역동적인 사진을 찍을 수 있다. 다음 사진들에서 평균변화율이 보이는가?

셔터 속도 1/1000초

셔터 속도 1/3초

셔터 속도 약 2시간▲

한편, 어두운 밤에 별들의 사진을 찍으려면 짧게는 몇 초에서 길게는 몇 시간 동안 셔터를 열어두어야 하고, 우주 망원경으로 아주 멀리 있는 은하의 사진을 찍으려면 셔터를 며칠 동안이나 열어두어야 할 때도 있다.

이때 사진기를 고정한 채 천체 사진을 찍으면 셔터가 열려 있는 시간 동안 천체가 일주 운동을 하므로 별들이 지나간 원 모양의 흔적이 남게 된다. 별들이 지나간 흔적이 아닌 선명한 천체 사진을 찍으려면 천체에

- • 셔터가 열렸다 닫힐 때까지 걸리는 시간이다.
- ▲ 각 별들이 회전의 중심에 있는 북극성을 중심으로 약 30° 정도씩 회전한 것을 알 수 있는데, 모든 별은 1시간에 15° 씩 회전하므로 위 사진의 셔터 속도는 약 2시간임을 추정할 수 있다.

초점을 맞추고 셔터가 열려 있는 동안 그 천체와 똑같은 속도, 똑같은 방향으로 망원경을 쉬지 않고 움직여주어야 한다. 이런 작업은 인간의 손으로는 도저히 불가능하기 때문에 천체 망원경과 컴퓨터를 연결해 망원경이 자동으로 천체를 따라 움직이도록 하는 장치를 이용한다. 순간을 찍은 사진이 빛을 미분한 결과라면, 별의 일주 운동이나 우주 망원경으로 찍은 사진들은 빛을 적분한 결과다.

망원경의 역사

원시시대부터 사람들은 이슬이나 물방울을 통해 보이는 세상의 모습이 실제와는 다르다는 것을 알았을 것이다. 유리가 발명된 후에는 많은 사람들이 물이 담긴 유리컵을 통해 왜곡된 세상을 보며 흥미로워했을 것이다. 그러다 누군가는 우연히 물병을 통과한 햇빛이 한 곳으로 모이는 현상을 발견하고는 물 대신 유리를 깎아서 정밀한 돋보기를 만들었

거미줄에 새벽이슬이 맺혀 탄생한 이슬은하

창가의 물병에 햇빛이 굴절된 모습

을 것이고, 또 누군가는 자신에게 딱 맞는 안경을 발명했을 것이다.

17세기 초, 네덜란드의 안경사 한스 리페르세이Hans Lippershey, 1570~1619는 볼록렌즈와 오목렌즈를 동시에 들고 두 렌즈 사이의 거리를 조절하면 멀리 떨어진 대상이 크게 보인다는 사실을 발견하고는 두 렌즈를 길쭉한 통에 끼워 망원경을 발명했다. 이 대단한 발명품은 주로 어느 분야에 쓰였을까? 아르키메데스의 지렛대의 원리나 오목거울, 노벨의 다이너마이트, 아인슈타인의 $E=mc^2$• 등이 그랬듯, 망원경도 군사 분야에서 중요한 역할을 하며 그 위력을 발휘했다. 특히 해상 전투에서 멀리 있는 적군의 배를 먼저 발견하고 적군의 동태를 정확히 파악할 수 있게 하는 강력한 무기가 됐다.

하늘을 향해 눈을 돌리다

갈릴레오는 네덜란드에서 처음 발명된 망원경의 원리를 전해 듣고, 성능을 향상시킨 망원경을 직접 만들었다. 그리고 망원경의 방향을 증오하는 적군이 아닌 사랑하는 하늘로 돌려 달 표면이 매끄럽지 않고 울퉁불퉁하다는 것, 은하수가 셀 수 없을 만큼 많은 별들의 모임이라는 것, 목성의 위성 4개▲, 태양의 흑점, 토성의 띠 등을 인류 최초로 관측하며 천문학의 새로운 지평을 열었다.

• 질량이 m인 물질이 지닌 에너지 E를 나타내는 공식으로, c는 빛의 속도다.

▲ 4개의 위성의 이름은 이오, 유로파, 가니메데, 칼리스토이고 통틀어 갈릴레오 위성이라고도 불린다.

갈릴레오가 직접 그린 달의 표면은 기존에 알려졌던 것처럼 매끄러운 표면이 아니어서 사람들의 달에 대한 환상을 깼다. 또한 목성의 위성들이 목성을 공전하는 동시에 목성과 함께 태양을 공전한다는 사실을 직접 확인함으로써, '달이 지구를 돌면서 지구와 함께 태양을 공전할 수는 없다'는 천동설 지지자들의 논리를 정면으로 반박할 수 있는 증거를 얻게 됐다.

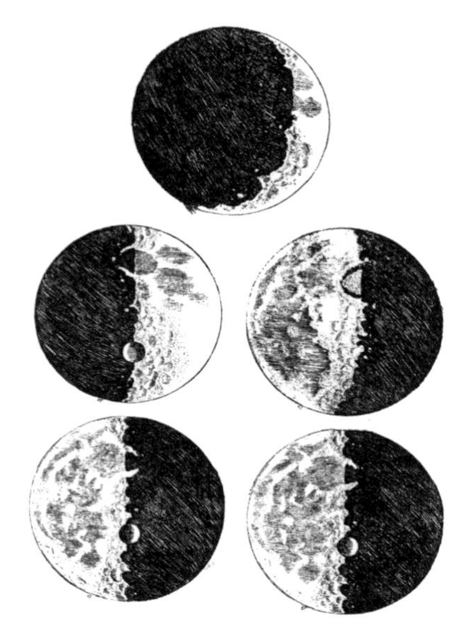

갈릴레오가 그린 달의 표면

접선과 망원경

갈릴레오 이후 케플러와 뉴턴 등에 의해 점점 개량되고 발전된 망원경이 등장했다. 정밀한 망원경을 만들기 위해서는 빛이 반사되거나 굴절되는 정확한 경로를 알아야 했는데, 이때 원뿔곡선의 접선의 성질이 활용됐다.

포물선은 축과 평행하게 입사한 빛이 포물선에 반사되면 모두 초점을 지나는 성질이 있다. 이러한 성질을 활용하면 포물선의 축과 평행하게 들어오는 모든 빛이나 전파를 초점으로 모으는 망원경이나 안테나를 만들 수 있고, 역으로 초점에서 발사된 빛을 축과 평행한 방향으로 나아가도록 하는 조명 장치를 만들 수도 있다.

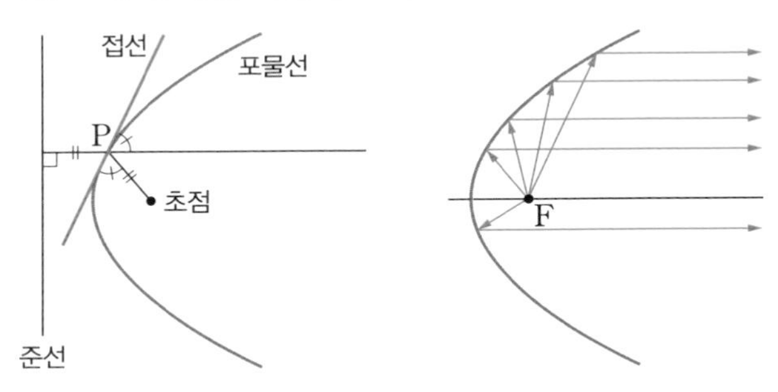

또한 쌍곡선은 한 초점 F를 향해 들어오는 빛이 그 초점과 가까운 쪽에 있는 쌍곡선 위의 점 P에서 반사되면 다른 초점 F′을 지나는 성질이 있다. 반대로 초점 F′에서 출발한 빛은 그 초점과 먼 쪽에 있는 쌍곡선에 반사되어 마치 다른 초점 F에서 출발한 것과 같은 방향으로 나아가게 된다.

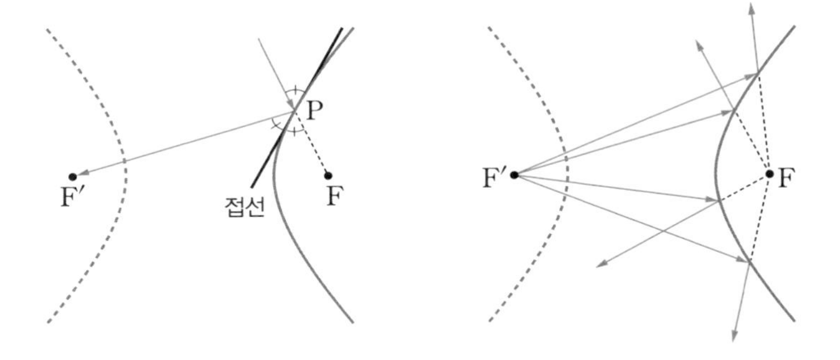

원뿔곡선의 접선 성질은 천체 망원경이나 전파를 모으는 위성 안테나의 원리에 그대로 적용됐다. 대표적인 예가 포물선과 쌍곡선의 반사 성질을 결합해 발명한 '카세그레인식 망원경'이다.

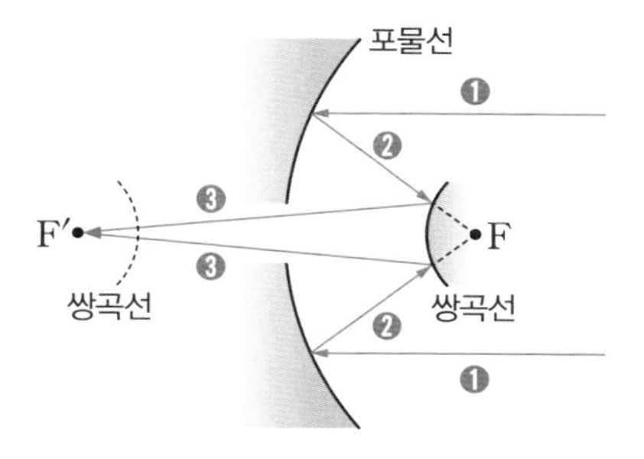

카세그레인식 망원경의 원리

위 그림에서 점 F는 포물선의 초점이고, 두 점 F, F′은 쌍곡선의 초점이다. ❶포물선의 축에 평행하게 들어온 모든 빛은 포물선에 반사되어 ❷포물선의 초점이자 쌍곡선의 초점 F를 향해 진행한다. 그리고 다시 쌍곡선에 반사되어 ❸쌍곡선의 다른 초점 F′을 향해서 나아간다. 따라서 망원경에 들어온 빛은 모두 한 점 F′으로 모이게 된다. 이러한 원리를 바탕으로 카세그레인식 망원경은 뉴턴식 반사망원경의 단점이었던 긴 초점 거리를 짧게 만들어 휴대성을 높일 수 있었다.

이처럼 접선을 이용하는 빛의 반사 성질이 망원경에 적용되고, 다시 그 망원경으로 들어온 빛을 통해 수많은 우주의 비밀들이 밝혀지는 과정을 생각하다 보면, 우주의 비밀들이 또 다른 우주의 비밀을 캐는 데 결정적인 도움들을 주고 있음을 발견하게 된다.

우주를 향해 눈을 돌리다

오늘날에는 허블 우주 망원경과 제임스 웹 우주 망원경을 통해 100억 광년도 넘게 떨어진 은하의 빛을 관측하고 있다. 특히 제임스 웹 우주 망원경은 2021년 크리스마스에 발사되어 달보다 더 먼 곳인 라그랑주 점 L2에서 우주의 비밀을 담고 있다.

라그랑주 점이란 두 개의 거대한 물체가 서로 공전할 때 서로의 중력과 원심력이 균형을 이루는 지점을 가리키는데, 태양과 지구 사이에는 다음 그림의 5개의 라그랑주 점 L1, L2, L3, L4, L5가 존재한다.

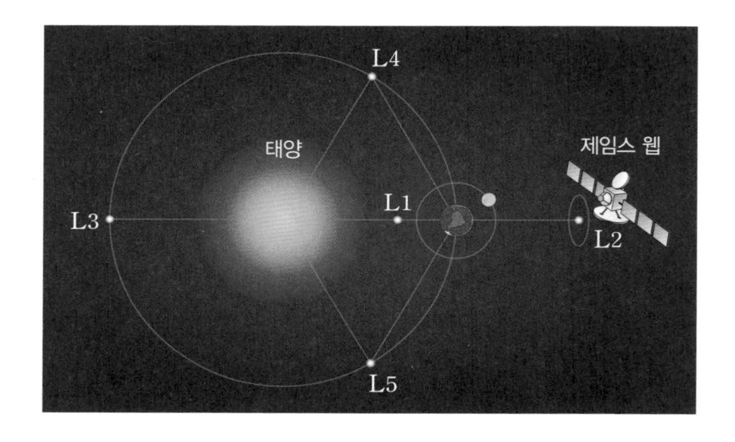

라그랑주 점의 존재는 1772년 프랑스의 수학자 겸 천문학자 라그랑주가 미분을 활용해 처음으로 발견했다. 모든 라그랑주 점을 찾는 구체적인 방법은 모르더라도 우주에 그런 곳이 존재한다는 것이 신기할 뿐만 아니라 직접 가보지도 않고도 뉴턴역학과 미적분을 이용해 정확한 지점들을 찾아내는 수학자들도 대단하며, 기어이 우주 망원경을 실은 로켓을 정확히 그 지점에 보내는 일을 성공시키고야 마는 공학자들에게도 박수를 보내지 않을 수 없다. 그들 덕분에 우리는 경이로운 사진들을 감상하며 우주의 신비와 아름다움을 느끼기만 하면 된다.

허블 우주 망원경 촬영

제임스 웹 우주 망원경 촬영

위 사진은 '스테판의 5중주Stephan's Quintet'라고 불리는 4개•의 은하가 서로 충돌하며 어울려 있는 아름다운 모습을 허블 우주 망원경과 제임스 웹 우주 망원경으로 각각 촬영한 사진으로서, 약 3억 년 전에 출발한 빛이 담겼다. 참고로 우주 망원경으로 찍은 사진에는 불가피하게 대형 반사 거울을 지지하는 지지대에 의해 밝은 별의 빛이 갈라지는 현상인 회절 스파이크가 발생하는데, 허블 우주 망원경으로 찍은 사진에는 4개 방향, 제임스 웹 우주 망원경으로 찍은 사진에는 6개(가로 방향의 작은 것까지 포함하면 8개) 방향의 회절 스파이크가 생긴다. 이 차이만으로도 둘 중 어느 망원경으로 찍은 사진인지를 손쉽게 구별할 수 있다.

• 이 중 10시 방향에 있는 은하는 다른 4개의 은하보다 지구에서 훨씬 가까운 은하인데, 우연히 절묘한 위치에 있어서 함께 보이는 것이다.

16

빛의 수학

빛이 굴절하는 이유

빛은 공기 중에서 직진하다가 물을 만나면 진행 방향이 꺾이는데, 빛의 입사각이 달라지면 굴절각도 달라진다.

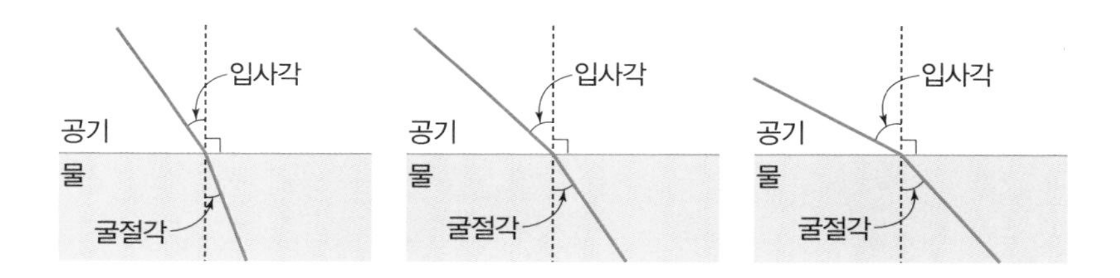

네덜란드의 수학자 스넬리우스Willebrord Snellius, 1580~1626는 빛의 굴절 현상을 관찰해

$$\frac{\sin(\text{입사각})}{\sin(\text{굴절각})}=k\ (k\text{는 상수})$$

라는 '스넬의 법칙'을 발견했다. 그는 빛이 공기에서 물로 들어갈 때의 상수 k가 약 1.33이라는 것을 실험을 통해 알아냈지만, 이 상수가 어떤

의미를 갖는지는 알지 못했다.

빛이 평면거울에서 반사될 때는 입사각과 반사각이 항상 같으며, 이 경로는 가장 짧은 동시에 가장 빠른 경로다. 그러나 가장 짧은 경로와 가장 빠른 경로가 항상 일치하는 것은 아니다.

예를 들어 해변에서 한 사람이 육지인 A 지점에 있고, 다른 사람이 물속인 B 지점에서 위험에 처해 있다고 가정해 보자.

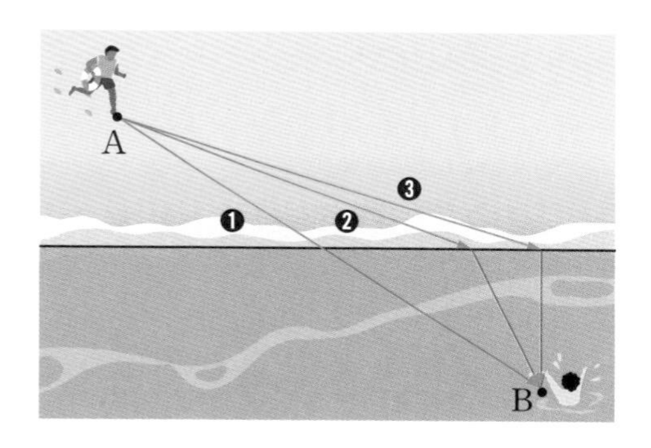

육지에 있는 사람은 물에 빠진 사람을 구하기 위해 어떤 경로로 달려가야 할까? 한시가 급하므로 가장 짧은 경로가 아니라 가장 빠른 경로를 택해야 한다.

그렇다면 위의 세 경로 ❶, ❷, ❸ 중에서 어떤 경로를 따라 달려가는 것이 가장 빠를까? 정확한 계산을 위해서는 A 지점에 있는 사람의 육지에서의 속도와 물속에서의 속도를 알아야 하고, 이를 이용해 B 지점까지 가는데 걸리는 시간을 나타내는 함수를 만든 다음, 그 함수가 최솟값을 갖는 지점을 찾아야 한다. 하지만 지금 한가하게 계산하고 있을 상황이 아니다. 본능과 직관에 의존하며 무작정 달려가야 할 때다. 그렇지만 대부분의 사람들은 정신없는 와중에서도 육지에서 달리는 속도가 물속에서 헤엄치는 속도보다 훨씬 빠르다는 사실을 경험적으로 알고, ❷와 비슷한 경로로 움직일 것이 틀림없다. 직접 물속으로 헤엄쳐 들어가 구하기가 어려운 상황이라면 ❸의 경로로 가서 다른 도구를 이용하려 할 것이다. 이것이 이성을 가진 인간의 일반적인 행동이다.

빛도 사람과 마찬가지로 물에서는 공기에서보다 느리게 움직인다. 그렇다면 빛은 오른쪽 그림의 A 지점에서 B 지점으로 가는 무한개의 경로 중에서 과연 어떤 경로를 따라 움직일까?

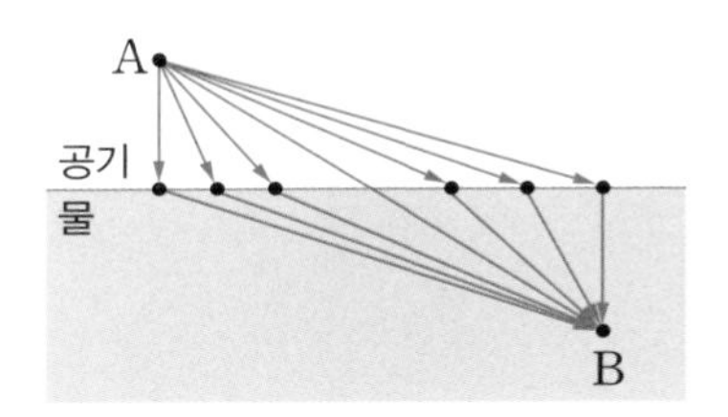

빛은 미분의 결과대로 움직인다

그 비밀을 처음으로 푼 사람은 페르마였다. 페르마는 빛이 가장 짧은 경로 대신 가장 빠른 경로를 따라 움직일 것으로 추측하고 그 경로를 미분으로 구해 보기로 했다. 그의 방법을 오늘날의 미분법으로 확인해 보자.

오른쪽 그림과 같이 좌표평면을 설정해 빛이 공기에서는 점 A$(0, a)$에서 x축 위의 점 P$(x, 0)$까지 c_1의 속력으로 갔다가, 물에서는 점 P$(x, 0)$에서 점 B(b, d)까지 c_2의 속력으로 움직인다고 하자. 이때

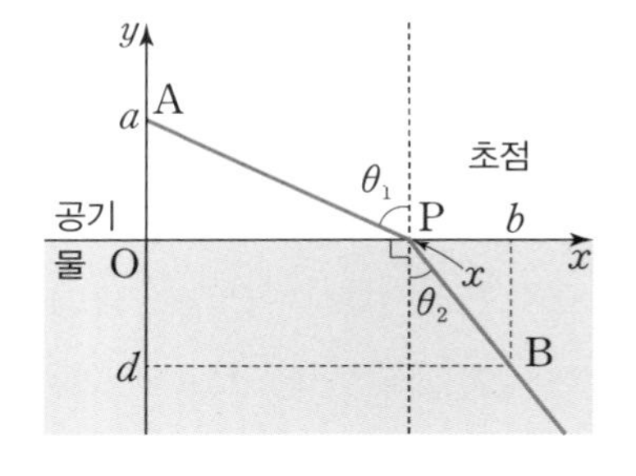

$$\overline{\mathrm{AP}}=\sqrt{x^2+a^2},\ \overline{\mathrm{PB}}=\sqrt{(b-x)^2+d^2}$$

이므로 점 A에서 점 B까지 가는 데 걸리는 총 시간을 $T(x)$라 하면

$$T(x)=\frac{\sqrt{x^2+a^2}}{c_1}+\frac{\sqrt{(b-x)^2+d^2}}{c_2}\bullet$$

이다. 이때 미분법과 삼각비를 사용하여 $T'(x)$를 구해 보면

$$T'(x)=\frac{\sin\theta_1}{c_1}-\frac{\sin\theta_2}{c_2}\blacktriangle$$

이다. 이때 $T(x)$가 최소이려면 '페르마의 정리'에 의해 $T'(x)=0$, 즉

$$\frac{\sin\theta_1}{c_1}=\frac{\sin\theta_2}{c_2},\ \text{즉}\ \frac{\sin\theta_1}{\sin\theta_2}=\frac{c_1}{c_2}$$

이 성립해야 한다. 여기서 $\frac{c_1}{c_2}$은 상수인데, 우리는 스넬의 법칙을 통해 실제로 빛이 굴절되는 경로에서

$$\frac{\sin\theta_1}{\sin\theta_2}=k\ (k\text{는 상수})$$

가 성립함을 이미 알고 있다. 따라서 스넬리우스가 실험을 통해 확인한 빛이 '실제로 굴절되는 경로'와 페르마가 미분을 통해 계산한 '가장 빠른 경로'가 서로 일치한다는 사실이 확인된 것이다.

아울러 빛이 공기에서 물로 굴절될 때의 실험 결과인

• $T(x)=$(점 A에서 점 P까지 가는 데 걸리는 시간)$+$(점 P에서 점 B까지 가는 데 걸리는 시간)이고, (시간)$=\frac{(\text{거리})}{(\text{속력})}$이다.

▲ 무리함수와 합성함수의 미분법이 사용되므로 이 과정은 무시하고 결과만 음미해도 충분하다. 참고로 $T'(x)=\frac{x}{c_1\sqrt{x^2+a^2}}-\frac{b-x}{c_2\sqrt{(b-x)^2+d^2}}$이고, $\sin\theta_1=\frac{x}{\sqrt{x^2+a^2}}$, $\sin\theta_2=\frac{b-x}{\sqrt{(b-x)^2+d^2}}$이다.

$$\frac{\sin(\text{입사각})}{\sin(\text{굴절각})}=1.33\fallingdotseq\frac{4}{3}$$

로부터 물에서의 빛의 속력이 공기에서의 빛의 속력의 약 $\frac{3}{4}$배라는 사실도 알게 됐다.

빛이 무한개의 경로 중에서 가장 빠른 단 하나의 경로를 순식간에 찾아내 빛의 속도로 이동한다는 사실은, 우주와 모든 생명체의 근원이라 할 수 있는 빛이 정확하게 수학적으로 움직인다는 것을 의미한다. 빛이 스스로 계산하며 움직일 리는 없을 텐데, 도대체 이게 무슨 조화造化일까?

페르마도 믿기지 않는 이 사실에 크게 놀랐으며 자신의 발견에 엄청난 지적 만족감을 느꼈다고 고백했다. 빛이 미적분의 법칙대로 움직인다는 페르마의 증명은, 케플러의 법칙에 이어 우주가 수학적으로 작동한다는 사실을 다시 한번 확인한 쾌거였고, 미분을 이용해 자연의 비밀을 발견한 최초의 사례가 됐다. 나아가 수학자들과 과학자들에게 미분을 통해 우주의 더 많은 비밀을 캐낼 수 있다는 가능성을 보여준 신호탄이었다.

무지개의 비밀

누구나 살면서 몇 번씩은 보게 되는 자연현상 중 가장 신비롭고 아름다운 것은 무지개가 아닐까? 무지개는 공중에 떠 있는 많은 물방울에 햇빛이 들어가 굴절되고 반사되는 과정에서, 파장에 따라 굴절률이 다른 가시광선이 분산되면서 원 모양인 색띠로 보이는 현상이다.• 보통 비가 그치자마자 해가 나왔을 때 해를 등지고 바라보는 하늘에서 보인다.

한편, 가시광선이 물을 만나 굴절될 때 보라색이 가장 많이 꺾이고 빨간색이 가장 적게 꺾이는데, 이것이 무지개의 색깔이 바깥쪽부터 안쪽으로 차례로 '빨주노초파남보▲'인 이유다.

그런데 이러한 빛의 굴절과 반사의 원리가 수학의 미분과 만나자 무지개의 또 다른 비밀이 밝혀졌다. 그 비밀이란 태양의 고도와 우리가 무지개를 바라보는 각 사이에 특정한 규칙이 있다는 것이다.

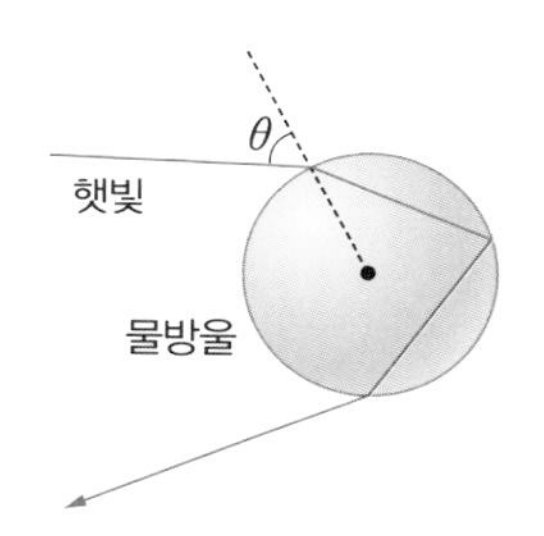

햇빛이 물방울에 닿는 순간 오른쪽 그림과 같이 물방울의 반지름의 연장선과 빛이 이루는 각도 θ에 따라 최종적으로 빠져나오는 햇빛의 양 L이 달라지는데, L이 최대일 때의 θ를 미분으로 계산해 보면 약 59.4°이고 이때 무지개의 물방울에서 최종적으로 반사되어 나오는 빨간 가시광선을 관찰자가 바라보는 시선과 햇빛이 이루는 각은 약 42°라고 한다. 따라서 태양의 고도가 낮을수록 무지개는 더 높이 떴던 것이고, 그래서 많은 사람들이 무지개를 볼 수 있는 시간대는 주로 아침이나 저녁즈음이었던 것이다. 그리고 같은 시각에 같은 방향의 무지개를 보고 있는 사람들일지라도 사실은 모두 자신만의 유일한 무지개를 보고 있는 셈이다.

• 실제로 하늘에서 보는 무지개는 완전한 원 모양이라고 한다.

▲ 무지개의 색을 7가지로 나눈 사람은 뉴턴이다.

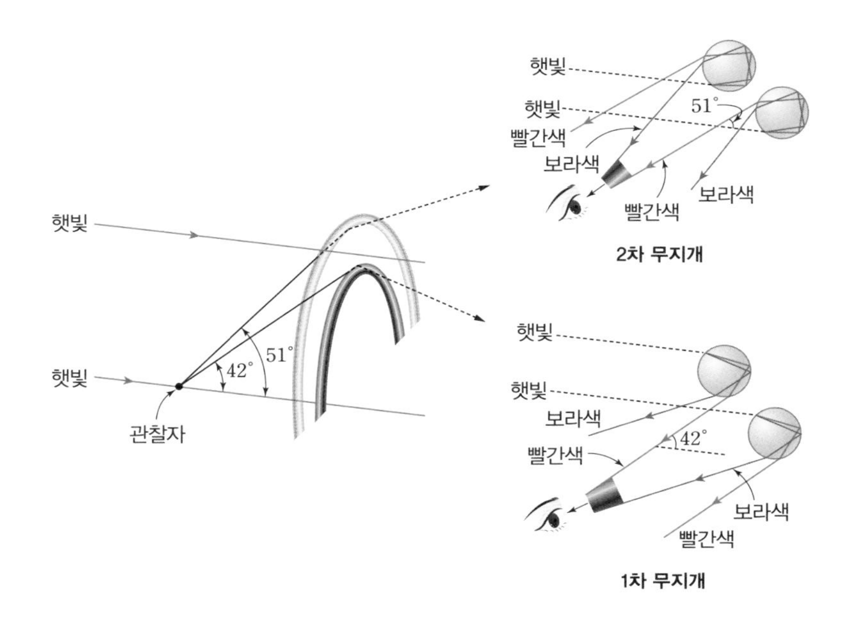

한편, 가끔 '쌍무지개'를 보게 되는 행운을 경험할 수 있는데, 이는 1차 무지개primary rainbow의 바깥쪽에 2차 무지개secondary rainbow가 생성되어 보이는 현상이다. 이때 2차 무지개는 햇빛이 물방울의 아래쪽에서 위쪽으로 두 번 반사되면서 생기기 때문에 색의 배열이 1차 무지개와는 반대이고 상대적으로 덜 선명하다. 또한 관찰자가 2차 무지개의 빨간색 부분을 바라보는 시선과 햇빛이 이루는 각의 크기는 약 51°라는 사실도 미분을 통해 밝혀졌다.

1666년 뉴턴이 프리즘을 통해 햇빛의 가시광선이 아름다운 색깔로 펼쳐지는 광경을 처음으로 보았을 때, 뉴턴의 머릿속에는 가장 먼저 무지개가 떠오르지 않았을까?

그리고 무지개가 공기 중의 물방울들이 프리즘 거울과 같은 역할을 한 결과임을 깨닫자, 뉴턴의 마음속에도 지적 희열의 무지개가 아름답게 떠올랐을 것이다.

그 이전의 사람들은 햇빛에는 아무런 색도 없다고 여겼을 테니 무지개가 주는 신비로움은 지금과는 비교할 수 없을 만큼 컸을 것이고, 과학과 수학이 무지개의 필연적인 원리를 밝힘으로써 신의 선물처럼 여겨지던 무지개의 신비감이 조금은 퇴색되었을지도 모른다. 그러나 사람들이 주변의 자연현상을 과학과 수학의 눈으로 탐구해 그 비밀을 하나씩 밝힐 때마다 자연과 우주의 신비감은 오히려 더 커져만 갔다.

17

미분이 펼친 직관의 세계

그래프라는 직관

동물과 식물, 세균과 바이러스 등의 시간(t)에 따른 개체수의 변화를 나타낼 때 사용되는 대표적인 함수

$$f(t)=\frac{L}{1+e^{-k(t-t_0)}}$$

을 '로지스틱 함수logistic function'라고 한다. 이때 L은 최대 개체수, t_0는 개체수가 가장 빠르게 증가하는 시점을 나타내며, 상수 k의 값에 따라 증가하는 속도가 달라진다. 대부분의 나라에서 코로나19COVID-19 누적 확진자 수도 이 함수의 경향과 유사하게 증가했다. 하지만 이 함수식만으로 확진자 수의 추세를 파악하기는 쉽지 않다. 그렇다면 위 함수의 그래프가 다음 그림과 같다는 사실을 알게 된다면 어떨까?

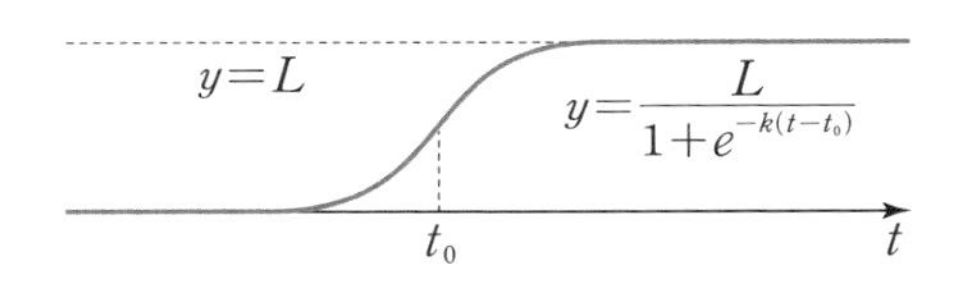

e나 지수함수를 잘 모르더라도 앞 그래프만으로 다음 사실을 쉽게 추론할 수 있다.

① 총 확진자 수는 지속적으로 증가한다.

② 신규 확진자 수는 $t < t_0$일 때는 점점 증가하다가 $t > t_0$일 때는 점점 감소한다.●

③ 오랜 시간이 흐르면 총 확진자 수는 L에 수렴한다.

이러한 이론을 바탕으로 방역전문가들은 신규 확진자 수의 증가 속도를 조사해 앞으로의 추세를 예상하고 여러 대책을 마련해 함수의 증가 속도를 낮추기 위해 노력했을 것이다. 참고로 다음은 2021년부터 2022년까지 우리나라의 실제 누적 확진자 수를 나타내는 그래프▲다.

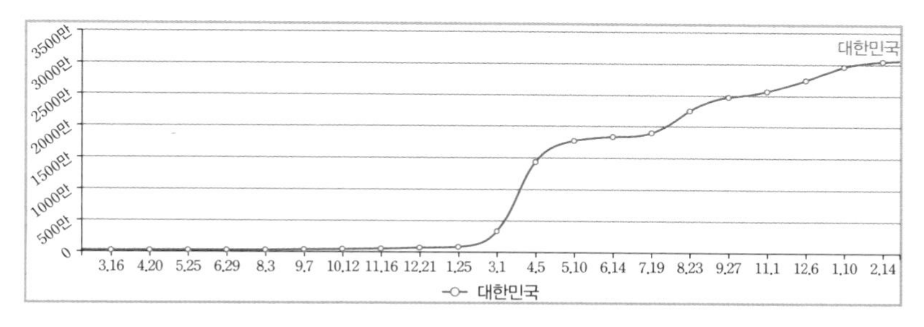

이처럼 어떤 함수의 그래프를 알면 그 함수와 관련한 여러 가지 정보를 쉽고 빠르게 파악할 수 있다는 장점이 있다. 그래서 수학은 물론 모든 분야에서 함수의 그래프를 그리는 것이 중요할 수밖에 없다. 오늘날에야 그래프 그리는 법을 몰라도 그래프를 그려주는 편리한 프로그램들이 많지만, 컴퓨터가 없던 시절에 함수의 그래프를 그리는 방법은 엄청

● 신규 확진자 수는 확진자 수의 변화량과 같다.

▲ 코로나19 실시간 상황판(coronaboard.kr).

난 가치를 지닌 기술이었다. 그리고 그 시절에 함수의 그래프를 그리는 데 있어 오늘날의 컴퓨터 못지않은 첨단기술의 역할을 했던 것이 바로 미분이다.

미분을 창안한 수학자들은 접선이 한없이 작은 구간에서의 '곡선의 방향'을 알려준다는 직관을 갖고 있었다. 그리고 임의의 점에서의 접선의 기울기를 알면 그 전체 곡선의 개형을 한눈에 파악할 수 있다는 사실도 통찰하고 있었다.

그래프를 그리는 가장 원시적인 방법

이차함수 $y=x^2$의 그래프를 그리기 위해 중학교 때 사용했던 방법을 떠올려 보자. 아마 곡선 $y=x^2$이 지나는 몇 개의 점

$$(-2, 4), (-1, 1), (0, 0), (1, 1), (2, 4)$$

를 좌표평면에 나타내고, 이 점들을 부드러운 곡선으로 연결해 오른쪽 그림과 같은 포물선 모양으로 그렸을 것이다.

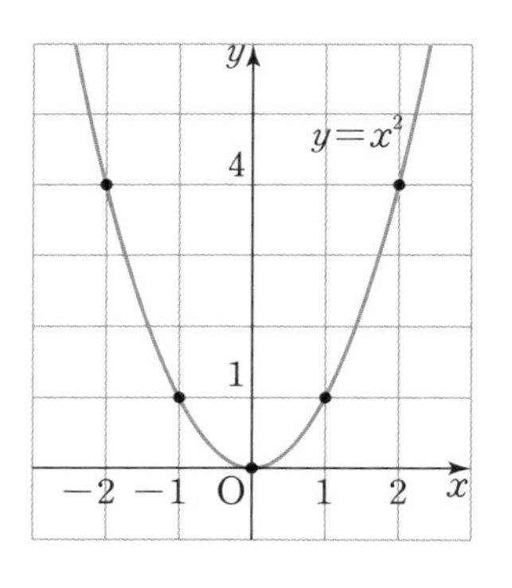

이 방법으로 삼차함수 $y=x^3-x$의 그래프의 개형도 그려 볼까? 이번에도 [그림 1-1]과 같이 $x=-2, -1, 0, 1, 2$일 때 이 곡선이 지나는 점 $(-2, -6), (-1, 0), (0, 0), (1, 0), (2, 6)$을 찍은 다음 부드러운 곡선으로 이어 보자. 그러면 [그림 1-2]와 같은 곡선이 그려지는데, 설마 삼차함수 $y=x^3-x$의 그래프가 이렇게 생겼을 리 없다.

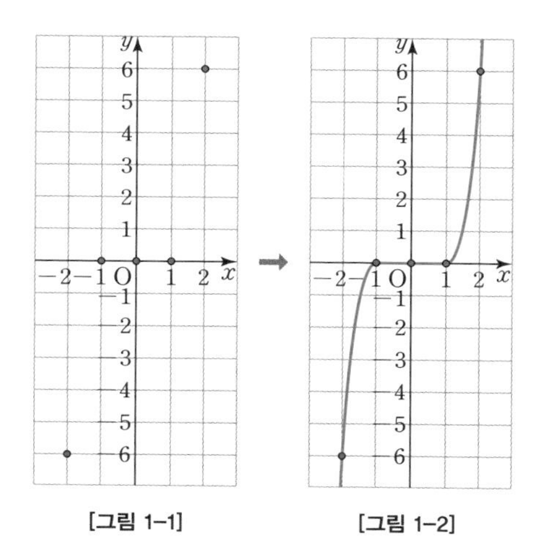

[그림 1-1]　　[그림 1-2]

그렇다면 닫힌구간 $[-1, 1]$에서의 그래프를 좀 더 세밀하게 추정하기 위해 [그림 2-1]과 같이 $x=-\frac{1}{2}$과 $x=\frac{1}{2}$일 때의 점 $\left(-\frac{1}{2}, \frac{3}{8}\right)$, $\left(\frac{1}{2}, -\frac{3}{8}\right)$을 추가로 찍은 다음 [그림 2-2]와 같이 그래프를 그려 볼 수 있겠다.

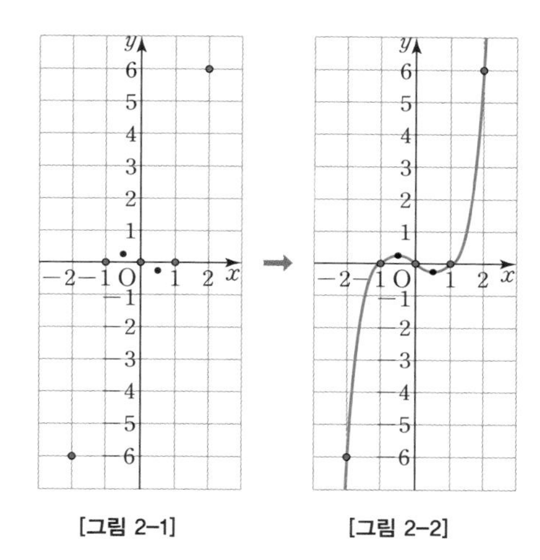

[그림 2-1]　　[그림 2-2]

미분을 아직 배우지 않은 학생이 이런 과정으로 삼차함수의 그래프의 개형을 그렸다면 칭찬받아 마땅하다. 여기에 $x=-\frac{1}{2}$에서 그래프가 증가하는지([그림 3-1]), 감소하는지([그림 3-2]), 아니면 증가하다 감소하는 모양인지([그림 3-3])를 아직 정확히 알 수 없다는 사실까지 알고 있다면 금상첨화일 것이다.

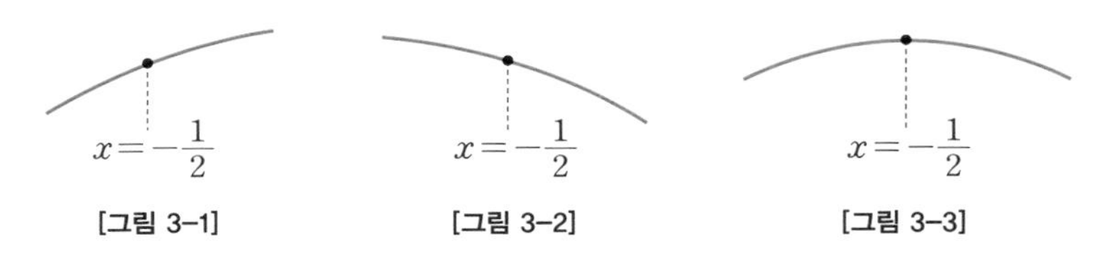

[그림 3-1] [그림 3-2] [그림 3-3]

그렇다고 증가하다 감소하는 순간의 x의 값을 구하기 위해 또다시 여러 개의 수를 일일이 대입해 보려고 하는 것은 너무나도 무모해 보인다.

미션: 위치와 방향을 동시에 나타내라

그래프 그리는 법을 탐구하던 수학자라면 누구라도 다음과 같은 생각을 하지 않았을까?

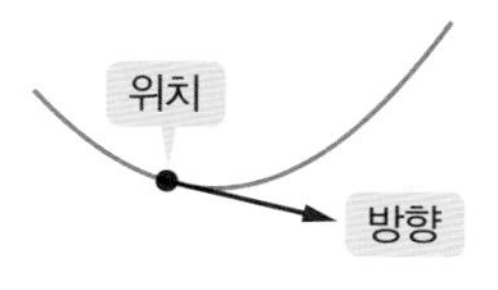

'좌표평면에 점 $(1, f(1))$을 찍는 것은 그 점의 '위치'라는 단 하나의 정보를 기록하는 것이다. 그렇다면 점 $(1, f(1))$의 '위치'와 그 점에서의 곡선의 '방향'이라는 두 가지의 정보를 동시에 기록할 수는 없을까?'

그런데 우리는 곡선의 방향, 즉 접선의 기울기를 구하는 도구인 미분을 이미 알고 있지 않은가? 그리고 위치와 방향을 동시에 나타내는데 아주 적절한 도구 '화살표'가 있지 않은가?

이 발상을 삼차함수 $f(x)=x^3-x$에 적용해 보자.

이 함수의 도함수는 $f'(x)=3x^2-1$이므로 x좌표가 $-1, -\frac{1}{2}, 0, \frac{1}{2}$, 1인 점에서의 곡선의 방향, 즉 접선의 기울기는 각각

$$f'(-1)=2,\ f'\left(-\frac{1}{2}\right)=-\frac{1}{4},\ f'(0)=-1,\ f'\left(\frac{1}{2}\right)=-\frac{1}{4},\ f'(1)=2$$

이다. 이제 앞에서 좌표평면에 표시해 놓았던 점들의 위치와 그 점에서의 곡선의 방향을 화살표로 나타내면 [그림 4-1]과 같고, 이를 부드러운 곡선으로 이어보면 [그림 4-2]와 같다.

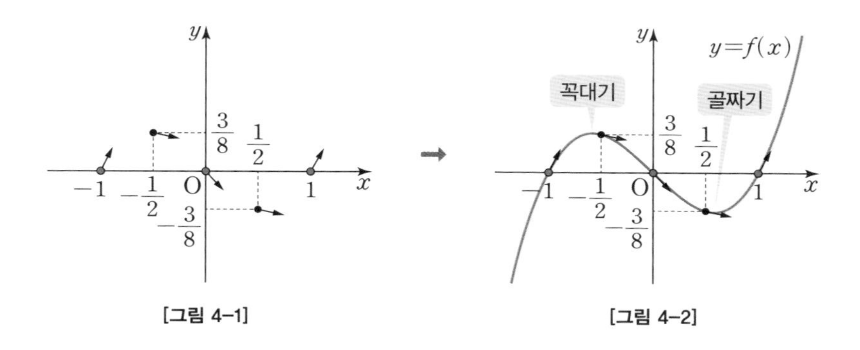

[그림 4-1] [그림 4-2]

이 결과로부터 곡선 $y=x^3-x$의 '꼭대기'는 열린구간 $\left(-1, -\frac{1}{2}\right)$에 있고, 이 곡선의 '골짜기'는 열린구간 $\left(\frac{1}{2}, 1\right)$에 있을 것이라고 추측할 수 있는데, 방금 '꼭대기'와 '골짜기'라고 언급한 점의 x좌표를 찾는 것이 이 그래프를 그리는 과정에서 가장 중요한 요소라는 것에 모두가 동의할 것이다. 예를 들어 어느 다항함수의 그래프에서 '꼭대기'와 '골짜기'인 모든 점이 [그림 5-1]과 같이 주어진다면 [그림 5-2]와 같이 이 점들

을 부드러운 곡선으로 연결하는 것만으로도 그래프의 개형을 꽤나 정확하게 그릴 수 있기 때문이다.

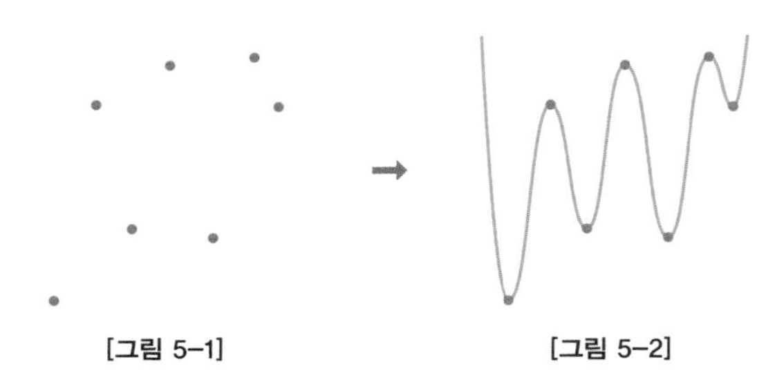

[그림 5-1] [그림 5-2]

수학자들은 곡선의 꼭대기에는 '극대', 골짜기에는 '극소'라는 이름을 붙여주었다. 그렇다면 [그림 5-2]에서 극대이거나 극소인 점들의 공통점은 무엇일까? 바로 접선의 기울기가 0인 점이라는 것이다.

그러나 접선의 기울기가 0이라고 해서 무조건 극대 또는 극소인 것은 아니다. 예를 들어 함수 $f(x)=x^3$에서 $f'(x)=3x^2$이므로 $f'(0)=0$이지만 함수 $f(x)$는 $x=0$에서 극대도, 극소도 아니다.

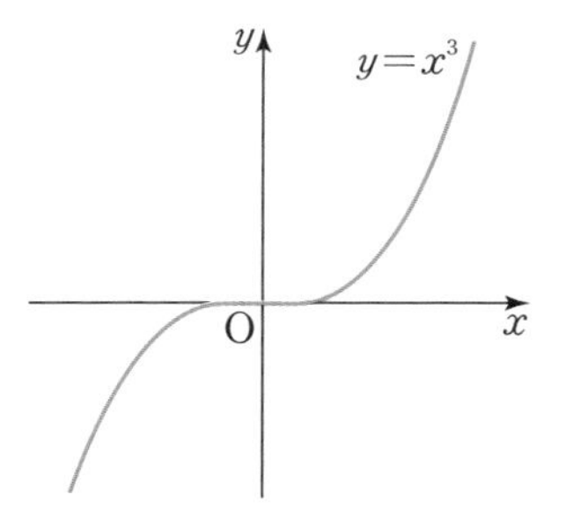

삼차함수 $f(x)=x^3-x$의 그래프를 그리기 위해서 가장 중요한 일은 '극대'와 '극소'인 점을 찾는 것이라고 했다. 이 점들을 찾기 위해서는 이차방정식 $f'(x)=3x^2-1=0$의 실근을 구하면 $x=\pm\frac{\sqrt{3}}{3}$이므로 [그림 4-2]로부터 함수 $f(x)$는 $x=-\frac{\sqrt{3}}{3}$일 때 극대이고, $x=\frac{\sqrt{3}}{3}$일 때 극소라는 사실을 알 수 있다.

이제 [그림 4-2]에 그려진 지저분한 화살표를 함수 $f(x)=x^3-x$의 증가와 감소를 나타낸 표에 기록해 두거나 우리의 머릿속에 감춰두면 오른쪽 그림과 같이 함수 $y=x^3-x$의 그래프가 그 깔끔한 자태를 드러낸다.

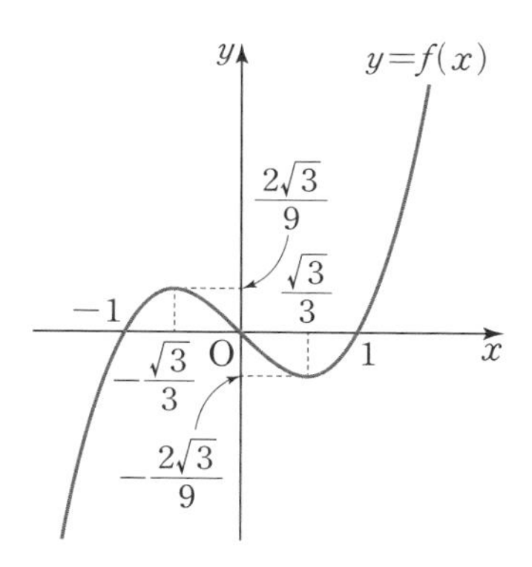

x	$\cdots$	$-\frac{\sqrt{3}}{3}$	$\cdots$	$\frac{\sqrt{3}}{3}$	$\cdots$
$f'(x)$	$+$	0	$-$	0	$+$
$f(x)$	↗	$\frac{2\sqrt{3}}{9}$	↘	$-\frac{2\sqrt{3}}{9}$	↗

교과서를 바꾼 함수

지금의 교과서에서는 함수의 극대, 극소를 다음과 같이 정의한다.

함수의 극대와 극소의 정의

함수 $f(x)$가 실수 a를 포함하는 어떤 열린 구간에서 최댓값이 $f(a)$이면 함수 $f(x)$는 $x=a$에서 극대라고 하고, 최솟값이 $f(a)$이면 함수 $f(x)$는 $x=a$에서 극소라고 한다.

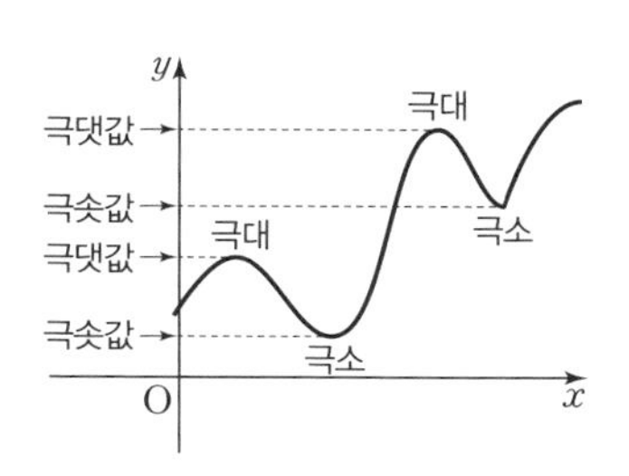

극대와 극소를 영어로 각각 'local maximum', 'local minimum'이라고 부른다는 것을 생각하면 이해가 쉬울 것이다. 이 정의에 의하면 다음 그림의 ①, ②, ③과 같이 $x=a$에서 불연속일 때도 극대 또는 극소가 될 수 있다. 반면 ④, ⑤의 경우에는 $x=a$ 부근에서 최대도, 최소도 아니기 때문에 극대도 극소도 아니다.

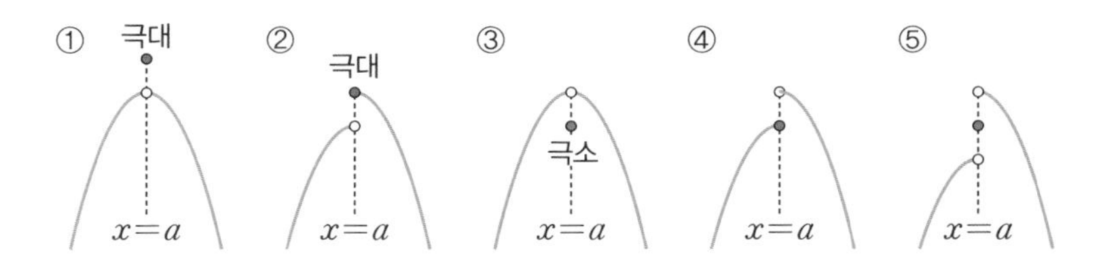

한편, 상수함수 $f(x)=c$는 모든 점에서 최댓값과 최솟값 c를 동시에 가지므로 모든 실수 x에서 극대인 동시에 극소다.

$f(x)=c$

그런데 예전의 교과서에서는 함수의 극대·극소를 다음과 같이 연속함수에 대해서만 정의했던 적이 있었다.

2000년대 초반까지의 교과서에 서술된 극대 • 극소의 정의

함수 $f(x)$가 $x=a$에서 연속이고, $x=a$의 좌우에서

$f(x)$가 증가 상태에서 감소 상태로 바뀌면 $f(x)$는 $x=a$에서 극대라 하고,

$f(x)$가 감소 상태에서 증가 상태로 바뀌면 $f(x)$는 $x=a$에서 극소라고 한다.

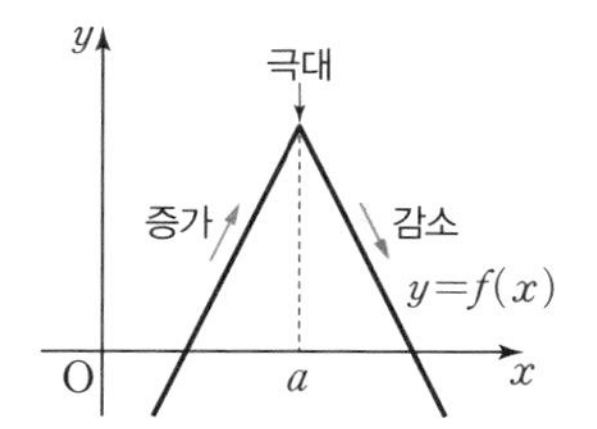

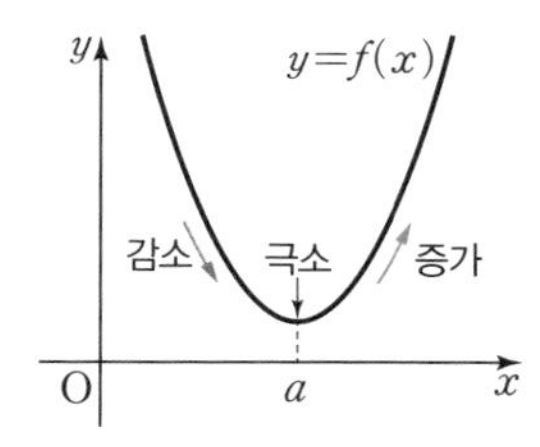

위 정의는 불연속인 점이나 상수함수●의 극대, 극소를 제대로 정의할 수 없다는 단점이 있었으나, 연속함수 $f(x)$의 극대·극소를 고등학생들이 직관적으로 이해하기 쉽게 설명하고자 하는 의도가 있었다.

그런데 다음과 같은 괴상한 함수가 시비를 걸었다.

$$f(x)=\begin{cases} x^2\left(2+\cos\dfrac{1}{x}\right) & (x\neq0) \\ 0 & (x=0) \end{cases}$$

다음 그림은 함수 $y=f(x)$의 그래프▲다.

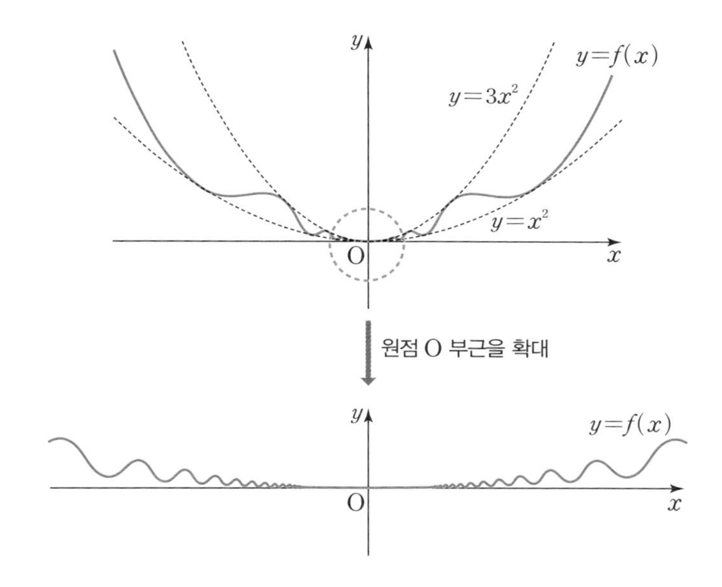

● 이 정의에 의하면 상수함수 $f(x)=c$는 극대와 극소를 갖지 않는다.

▲ $-1\le\cos\dfrac{1}{x}\le1$에서 $1\le2+\cos\dfrac{1}{x}\le3$이므로 곡선 $y=f(x)$는 두 곡선 $y=x^2$과 $y=3x^2$ 사이를 움직인다.

이 함수 $f(x)$는 $x=0$에서 극소일까? $x\neq0$이면 $f(x)>0$이고 $f(0)=0$이므로 함수 $f(x)$는 $x=0$에서 최솟값 0을 갖는다. 따라서 현재 교과서의 정의에 의하면 함수 $f(x)$는 $x=0$에서 극소다.

그런데 함수 $y=f(x)$의 그래프를 살펴보면 $x=0$의 부근에서 증가했다 감소하는 구간의 간격들이 한없이 짧아진다. 따라서 $x=0$을 포함하는 열린구간을 아무리 짧게 잡더라도 그 구간에는 증가하는 구간과 감소하는 구간이 모두 포함될 수밖에 없으므로, $x=0$이 되기 직전까지는 감소 상태였다가 직후부터는 증가 상태로 바뀐다고 볼 수 없다. 그러므로 예전 교과서의 정의에 의하면 함수 $f(x)$는 $x=0$에서 극소가 아니다.

이와 같은 고약한 함수 때문에 아예 극대·극소에 관한 교과서의 정의가 바뀌게 되는 일까지 벌어졌던 것이다.

18

변화라는 세계

안정과 스릴: 삼계도함수

수직선 위를 움직이는 점의 시각 t에서의 위치를 $x(t)$, 속도를 $v(t)$, 가속도를 $a(t)$라 하면

속도는 위치의 변화율이므로 $v(t)=x'(t)$,

가속도는 속도의 변화율이므로 $a(t)=v'(t)$

이다. 이때 결과적으로 $a(t)$는 $x(t)$를 두 번 미분한 함수, 즉 '도함수의 도함수'다. 이처럼 $x(t)$를 두 번 미분한 함수를 $x(t)$의 '이계도함수'라고 부르고 $x''(t)$로 나타낸다. 즉, $a(t)=x''(t)$이다.

한편, 물리학에서는 가속도의 도함수 $a'(t)$도 다루는데, 이를 '저크 jerk'라 하고 $j(t)$로 나타낸다. 즉,

$$j(t)=a'(t)=v''(t)=x'''(t)^{\bullet}$$

• $x'''(t)$를 $x(t)$의 삼계도함수라고 한다.

이다. 저크는 움직이는 물체의 가속하는 방식이 갑작스럽게 변할 때 발생하는 충격과 관련된 물리량으로, 차량이나 엘리베이터의 가속 또는 감속 시의 승차감을 향상시키기 위한 목적으로 주로 활용된다. 특히 짜릿한 스릴과 확실한 안정성을 확보해야 하는 롤러코스터 설계에도 필수적으로 활용된다고 한다.

변화의 속도: 이계도함수

함수 $f(x)$의 이계도함수는 도함수 $f'(x)$의 도함수이므로 $f''(x)$는 접선의 기울기 $f'(x)$의 증가·감소를 알려준다. 곡선 $y=f(x)$ 위의 점에서의 접선의 기울기를 점점 증가시키거나 점점 감소시키면서 그래프를 직접 그려 보면 다음과 같은 성질을 이해할 수 있을 것이다.

$y=f(x)$의 그래프		
기울기	기울기가 점점 증가	기울기가 점점 감소
$f'(x)$	$f'(x)$가 증가	$f'(x)$가 감소
$f''(x)$	$f''(x)>0$	$f''(x)<0$
곡선 모양	아래로 볼록한 곡선	위로 볼록한 곡선

이처럼 이계도함수 $f''(x)$의 부호는 그래프가 볼록한 방향을 알려주는 역할을 한다.

이러한 그래프에 관한 성질을 제대로 이해하고 있는지를 확인할 수 있는 간단한 퀴즈가 있다.

퀴즈

함수 $y=f(x)$의 도함수 $y=f'(x)$의 그래프가 오른쪽 그림과 같을 때, 다음 중 함수 $y=f(x)$의 그래프의 개형으로 적절한 것은? (단, $f(\alpha)<0$)

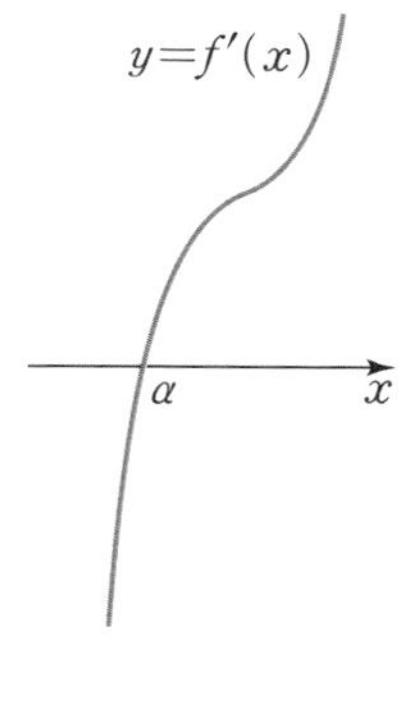

①
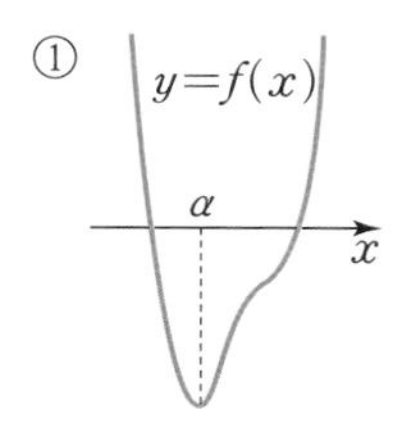

②
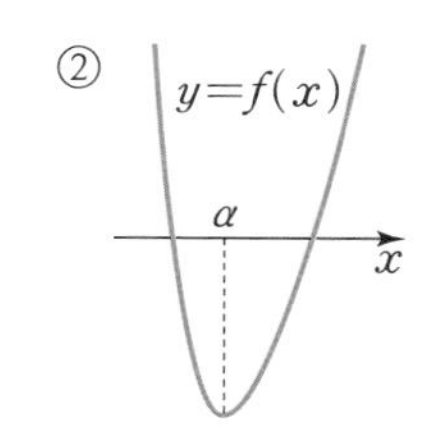

학생들이 ①을 정답으로 생각하는 경우를 많이 경험했다. 그러나 주어진 도함수 $y=f'(x)$의 그래프의 접선의 기울기, 즉 $f'(x)$의 도함수의 함숫값은 항상 양수이므로 항상 $f''(x)>0$이다. 따라서 함수 $y=f(x)$의 그래프는 항상 아래로 볼록해야 하므로 ②가 적절한 그래프다.

새로운 변화가 시작되는 순간

어떤 질병이 무서운 속도로 확산될 때, 방역 당국이 어떤 대책을 써서 감염자 수를 어느 날 갑자기 줄어들게 하는 것은 무척 어려운 일이고, 현실적으로는 감염자 수의 증가속도라도 점점 줄어들게 하는 것이 가장 시급한 목표가 된다. 이때 감염자 수를 $f(x)$라 하면 감염자 수의 증가

속도는 $f'(x)$이므로 방역 당국의 시급한 목표는 $f'(x)$의 변화율을 양수에서 음수가 되도록 만드는 것, 즉 $f''(x)>0$에서 $f''(x)<0$이 되도록 만드는 것이라고 할 수 있다.

이를 함수의 그래프로 분석해 보면 곡선 $y=f(x)$가 '아래로 볼록'에서 '위로 볼록'으로 바뀌는 순간이다. 이처럼 곡선의 오목과 볼록이 바뀌는 경계에 있는 점을 '변곡점 inflection point'이라고 한다. 특히 이계도함수가 존재하는 함수 $y=f(x)$에 대하여 $f''(a)=0$이고 $x=a$의 좌우에서 $f''(x)$의 부호가 바뀌면 점 $(a, f(a))$는 곡선 $y=f(x)$의 변곡점이다.

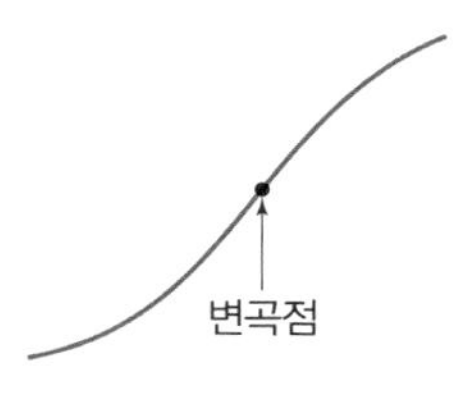

스키 선수가 스키를 타고 산비탈을 내려올 때, 몸을 오른쪽으로 기울이면 그 선수의 스키는 우회전하는 경로를 그리고, 몸을 왼쪽으로 기울이면 좌회전하는 경로를 그린다. 그리고 이 선수가 진행 방향을 바꾸려면 몸을 순간적으로 똑바로 세워야 한다. 이처럼 진행 방향을 바꾸기 위해 몸을 똑바로 세우던 순간들이 그 선수가 지나온 경로의 변곡점•이 된다.

변화의 원천을 찾아서

이제 세 함수 $f(x)$, $f'(x)$, $f''(x)$의 부호와 연속함수 $y=f(x)$의 그

• '추세의 변화'가 시작되는 순간이라는 의미에서 일상생활에서도 '변곡점'이라는 말을 흔히 사용한다.

래프 사이의 관계를 확실하게 이해하면 다음과 같이 도함수 $y=f'(x)$의 그래프로부터 원래 함수 $y=f(x)$의 그래프의 개형을 손쉽게 그릴 수 있게 될 것이다.

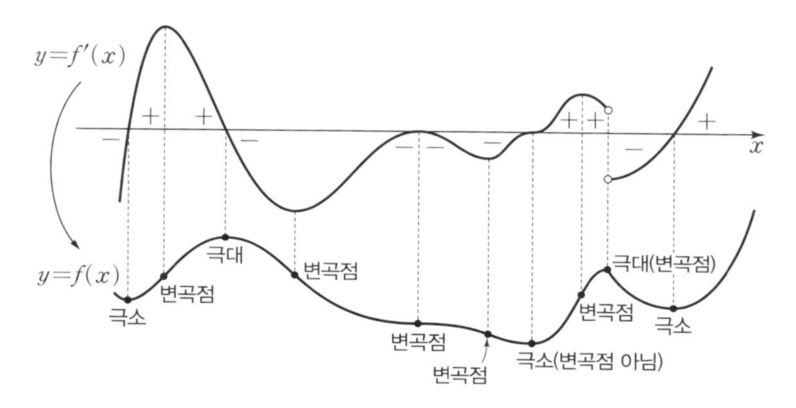

접선의 개수와 변곡점

한 점에서 어떤 함수의 그래프에 그을 수 있는 접선의 개수에 대해 생각해 보기로 하자.

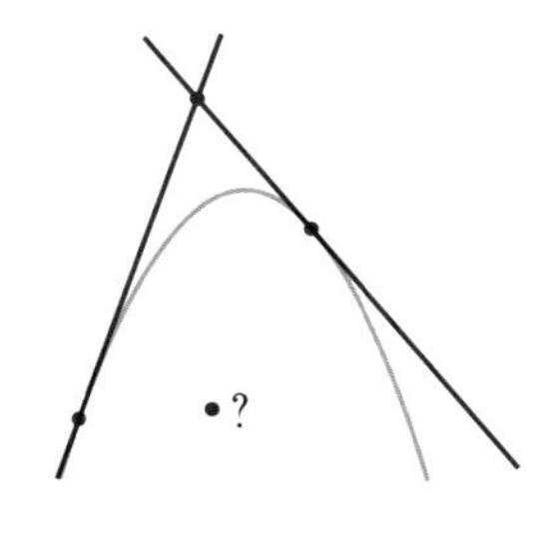

오른쪽 그림과 같이 위로 볼록한 곡선에 접하는 직선은 모두 이 곡선의 위쪽을 지날 것이다. 따라서 위로 볼록한 곡선의 위쪽에 있는 점에서는 접선을 2개 그을 수 있고, 이 곡선의 아래쪽에 있는 점에서는 접선을 그을 수 없으며, 곡선 위의 점에서는 오직 하나의 접선만 그을 수 있다.

이제 오른쪽 그림과 같이 위로 볼록한 곡선과 아래로 볼록한 곡선이 모두 존재하는 함수 $y=f(x)$의 그래프가 있다고 할 때, 이 곡선 위 또는 곡선 밖에 있는 7개의 점에서 그을 수 있는 접선의 개수를 각각 구해 보자. (단, 이 중 점 A는 곡선 $y=f(x)$의 변곡점이고, 점 D는 점 A에서의 접선 위에 있다.)

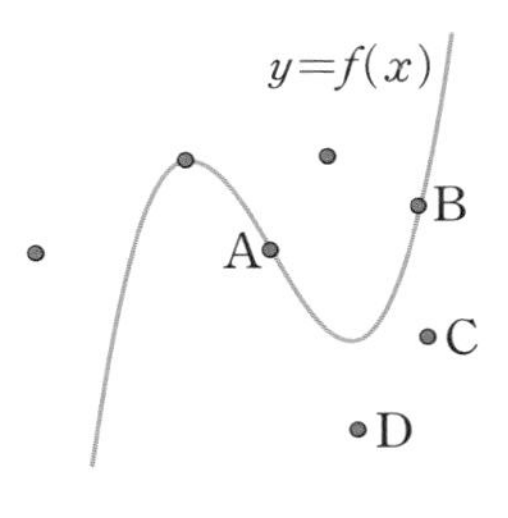

우선 다음 그림과 같이 변곡점 A에서 그은 접선은 1개고, 변곡점이 아닌 곡선 $y=f(x)$ 위의 점 B에서 그은 접선은 항상 2개다.

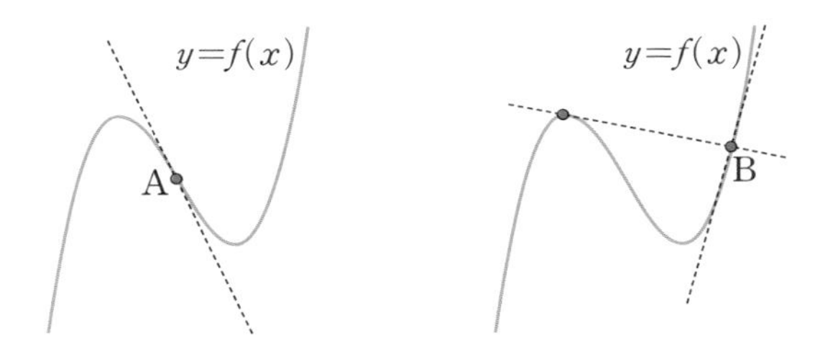

그리고 곡선 위에 있지 않은 점에서의 접선의 개수는 [그림 1-1]과 같이 변곡점에서의 접선을 경계로 달라진다.

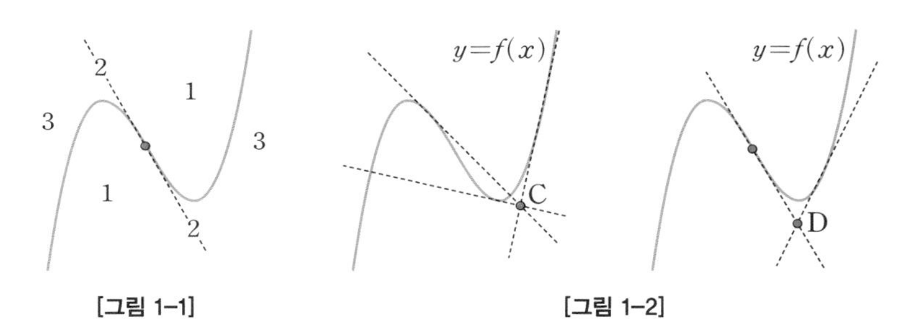

[그림 1-1] [그림 1-2]

따라서 [그림 1-2]의 점 C에서 그은 접선의 개수는 3이고, 점 D에서 그은 접선의 개수는 2이다.

일반적으로 한 점에서 어떤 곡선에 그을 수 있는 접선의 개수는

① 곡선

② 곡선의 변곡점에서의 접선

③ 점근선

을 경계로 달라진다.

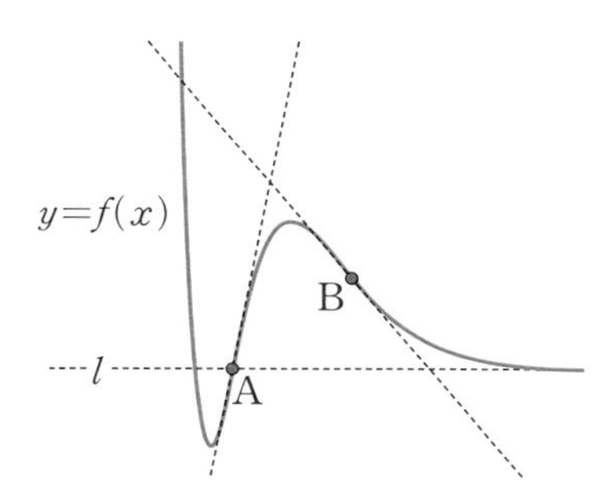

위 그림과 같은 함수 $y=f(x)$의 그래프를 예로 들어 보자. 두 점 A, B는 변곡점, 직선 l은 점근선이고, 변곡점 A는 점근선 l 위에 있다. 이때 이 곡선에 그을 수 있는 접선의 개수는 다음과 같다.

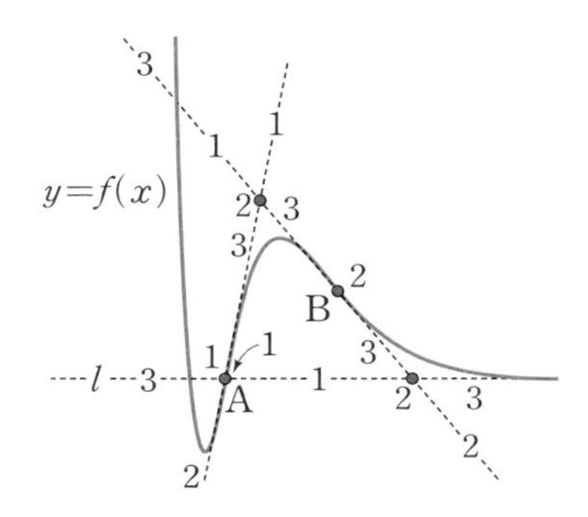

변곡점에서의 접선 또는 점근선 위의 점에서의 접선의 개수

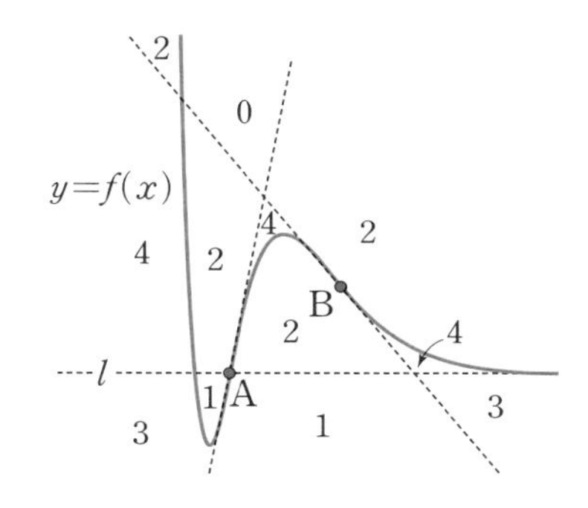

그 이외의 점에서의 접선의 개수

순간이 주는 통찰

앞에서 미분이란 '곡선 위의 임의의 점에서의 곡선의 방향을 접선을 통해 보여주는 수학적 현미경'이라고 표현한 적이 있다. 우리는 이 문장에서 '어떤 점'이 아니라 '임의의 점'이라는 것에 주목해야 한다. 미분의 진정한 힘은 이미 그려진 곡선 위의 한 점에 현미경을 대어 접선의 기울기를 찾는 데에서 머물지 않고, 곡선 위의 모든 점에서의 접선을 통해 곡선 전체의 개형을 그릴 수 있게 하는 데에 있기 때문이다.

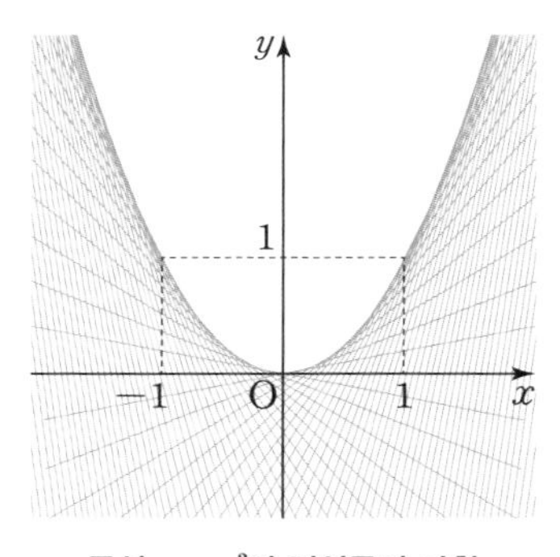

곡선 $y=x^2$의 접선들의 자취

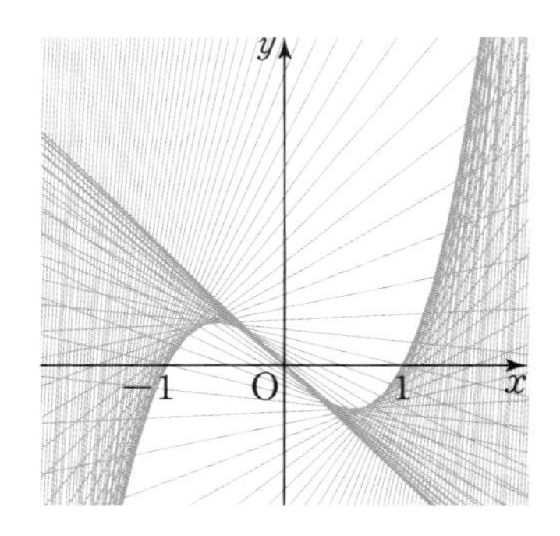

곡선 $y=x^3-x$의 접선들의 자취

이제 그래프란 모든 점에서의 접선들이 그려내는 도형이라고도 말할 수 있겠다. 그리고 미분이란 함수의 모든 순간을 분석해 전체를 파악하는 도구라는 것도 깨닫게 된다.

19

우주의 수학

케플러의 세 번째 법칙

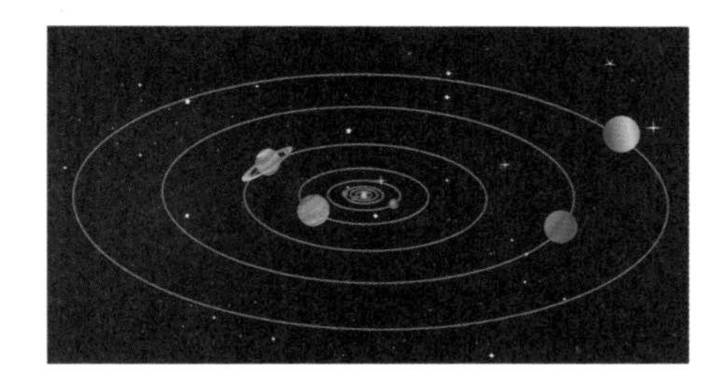

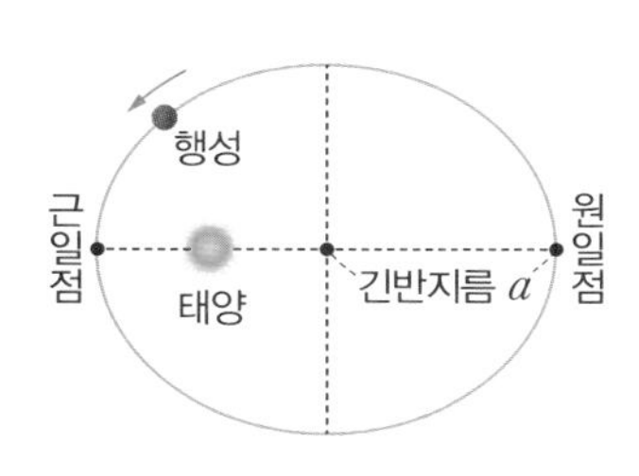

케플러는 17세기 초반에 '케플러의 제3법칙'을 통해 행성들이 수학적으로 움직인다는 것을 밝혀 세상을 깜짝 놀라게 했다. 다음은 타원 궤도를 움직이는 행성들의 공전주기 T(년)와 행성의 공전궤도의 긴 반지름 a(AU)를 나타내는 표다.

	수성	금성	지구	화성	목성	토성	천왕성	해왕성
T(년)	0.241	0.615	1.000	1.881	11.863	29.457	84.017	164.791
a(AU)	0.387	0.723	1.000	1.524	5.203	9.537	19.191	30.069

학생들에게 이 표에서 발견할 수 있는 특징들을 찾아보라 했더니

"T가 증가하면 a도 증가해요."

"수성과 금성에서는 $T < a$이고 화성부터는 $T > a$예요."

와 같은 것들을 금방 찾아냈다. 그러나 화성과 목성 사이의 거리가 엄청 멀다거나, 천왕성부터는 T와 a의 값이 급격하게 증가한다는 특징은 좀처럼 찾아내지 못했다. 표에 나열된 숫자들의 대소 관계에만 주목했기 때문이다. 이웃한 행성들 사이의 상대적인 거리를 잠깐만 상상해 보면 케플러의 시대에 천왕성과 해왕성이 아직 발견되지 않았던 이유가 납득이 될 것이다.

"케플러는 위 표에 있는 T와 a 사이의 관계식을 찾기 위해 약 10년 동안 복잡하고 지루한 계산을 반복해서 수행했단다. 그런데 만약, 우리에게 위 표를 주고 T와 a 사이의 관계식을 찾아내라고 하면 어떤 작업부터 시도해 보면 좋을까?"

다행히 기대했던 답이 생각보다 일찍 등장했다.

"좌표평면에 점으로 나타내 봐요."

나는 우선 그래프 프로그램의 좌표평면에 수성, 금성, 지구, 화성, 목성까지의 좌표 (T, a)를 앞의 표대로 입력한다.

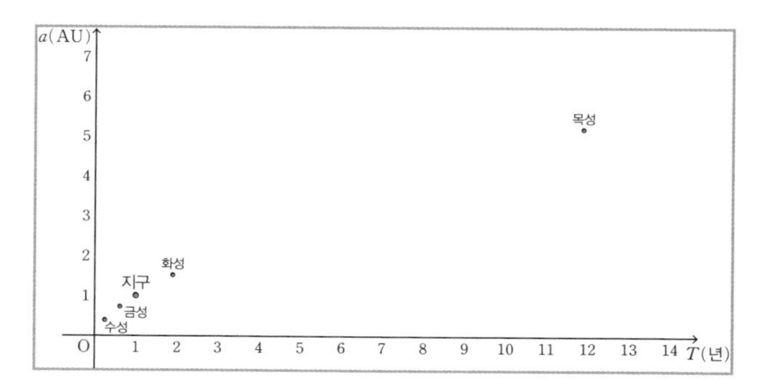

"5개의 점들을 찍기만 했는데도 어떤 규칙이 있을 것만 같은 느낌이 드네. 이 점들을 보니 어떤 곡선이 생각나지?"

마치 답을 확신이라도 하는 듯이 학생들이 이구동성으로

"$y=\sqrt{x}$"

라고 외친다.

"나도 마찬가지 느낌이야. 이제 곡선 $y=\sqrt{x}$를 그려 볼까?"

컴퓨터가 곡선 $y=\sqrt{x}$를 보여준다.

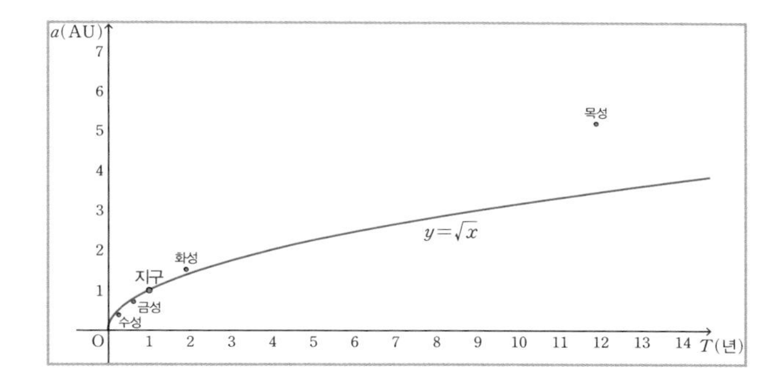

아쉽게도 꽤 큰 오차가 보인다. 학생들은 약간 의외라는 표정이다.

"실망할 필요 없어. 한 번에 성공하면 오히려 싱겁지. 이제 다른 곡선을 추측해 볼까?"

여러 곡선의 식들이 시끄럽게 등장했다가 두 곡선 $y=x^{0.6}$과 $y=x^{\frac{2}{3}}$이 대세를 이룬다. $y=x^{0.6}$은 곡선 $y=\sqrt{x}$를 $y=x^{0.5}$으로 본 학생이 희망하는 곡선일 테고, $y=x^{\frac{2}{3}}$은 곡선 $y=\sqrt{x}$를 $y=x^{\frac{1}{2}}$으로 생각한 학생이 그리고픈 곡선일 것이다. 거수로 투표를 해 보니 두 곡선 중 $y=x^{\frac{2}{3}}$이 압도적이다. 이제 학생들에게 곡선 $y=x^{\frac{2}{3}}$을 보여준다.

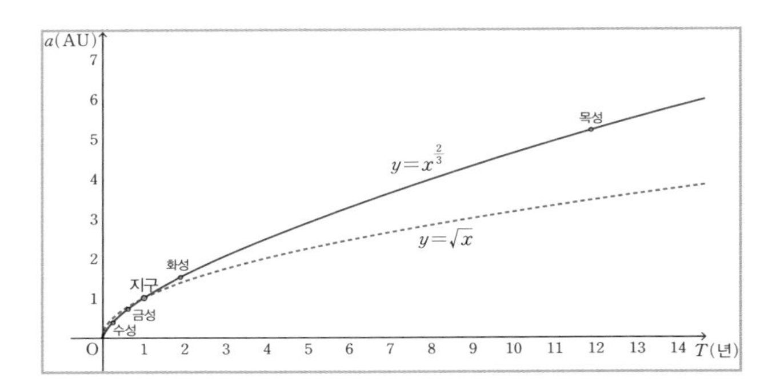

마치 곡선 $y=x^{\frac{2}{3}}$을 먼저 그려놓은 다음 그 위에 점들을 찍은 게 아닐까 하는 의심이 들 정도로 기가 막히게 딱 들어맞았다. 이미 케플러의 제3법칙을 알고 있던 학생들이지만, 컴퓨터 화면에 위 그림이 뜨는 순간 그제야 $y=x^{\frac{2}{3}}$의 의미를 떠올린 듯 진심 어린 작은 탄성을 참지 못했다. 나도 이 정도로 정확하게 들어맞을 줄은 미처 예상하지 못했다. 태양 주위의 암석 또는 기체 덩어리인 행성들은 $a=T^{\frac{2}{3}}$이라는 규칙에 맞춰 태양 주위를 돌고 또 돌았던 것이다. 그렇게 수십억 년 동안 태양과 함께 우리은하를 또 돌고 도는 동안에도 $a=T^{\frac{2}{3}}$이라는 규칙은 전혀 변함이 없었을 것이다.

케플러는 자신의 제3법칙을 다음과 같이 '말'로 설명했다.

'행성의 공전주기의 제곱은 공전궤도인 타원의 긴반지름의 세제곱에 정비례한다.'•

지금은 이 법칙을 수식을 이용해 다음과 같이 알기 쉽게 표현할 수 있다.

'모든 행성에 대하여 $\frac{T^2}{a^3}$의 값은 일정하다.'

• 뉴턴은 'T는 a의 $\frac{3}{2}$제곱에 정비례한다.'라고 표현했다.

특히 거리의 단위를 AU, 시간의 단위를 년으로 하면 지구에 대해서는 $a=1$(AU), $T=1$(년)이므로 모든 행성에 대하여 $\frac{T^2}{a^3}=1$이 성립해야 한다. 케플러는 이 결과를 바탕으로 미래에 새로운 행성이 발견되더라도 그 행성의 공전주기만 알면 공전궤도의 긴 반지름도 금방 알아낼 수 있다고 생각했을 것이다. 그리고 케플러가 죽은 뒤에 발견된 천왕성과 해왕성은 케플러의 생각이 조금도 틀리지 않았음을 입증해주었다.

다음 표는 태양계의 모든 행성들에 대하여 $\frac{T^2}{a^3}$의 값을 계산한 결과다.

	수성	금성	지구	화성	목성	토성	천왕성	해왕성
T(년)	0.241	0.615	1.000	1.881	11.863	29.457	84.017	164.791
a(AU)	0.387	0.723	1.000	1.524	5.203	9.537	19.191	30.069
$\frac{T^2}{a^3}$	1.0021	1.0008	1.0000	0.9996	0.9991	1.0003	0.9987	0.9989

모든 행성에 대하여 $\frac{T^2}{a^3}$의 값들이 1과 놀랍도록 비슷함을 확인할 수 있다. 다음 그림은 케플러의 시대에 가장 먼 행성이었던 토성, 그 후에 발견된 천왕성과 해왕성까지 추가한 다음, 축소해 나타낸 그래프다.

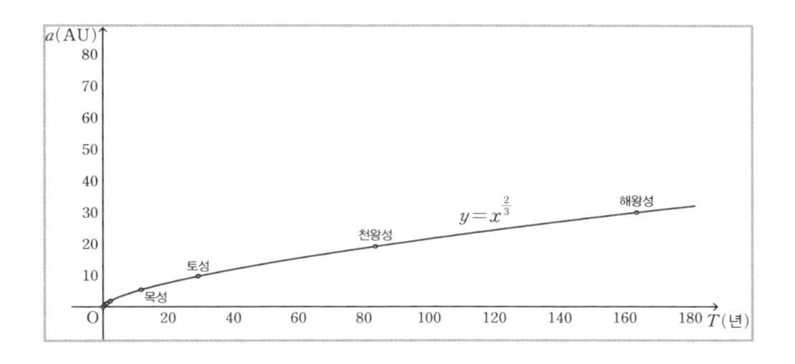

역시나 완벽하게 들어맞고 있다.

케플러는 1609년에 제1법칙과 제2법칙을 발표한 다음, T와 a 사이에 존재할 것만 같은 정확한 관계식을 찾기 위해 고된 계산을 수행한 끝에 제3법칙을 발견했다. 이때가 1618년이다.

이 과정에서 네이피어의 로그를 적극적으로 이용하기도 했는데, 아마 로그가 없었다면 케플러의 발견은 훨씬 뒤로 늦춰졌을 것이라고 한다.

10년 동안의 계산 끝에 이 관계식을 발견했던 케플러가 앞의 그래프를 본다면 과연 어떤 감정을 느낄지 무척이나 궁금하다.

케플러의 법칙이 성립하는 이유

케플러는 행성 운동의 법칙을 계산을 통해 처음으로 확인하는 데는 성공했지만, 이 법칙이 '왜' 성립하는지는 알 수가 없었다. 다만 태양과 행성이 이런 규칙들을 따르는 이유는 태양과 행성 사이에 보이지 않는 어떤 힘이 작용하고 있기 때문이라고 생각했고, 그 힘은 자기력磁氣力과 유사할 것이라고 짐작만 했을 뿐이다. 당시까지는 보이지 않는 힘으로 확인된 것은 자기력밖에 없었기에 어쩌면 다른 선택의 여지가 없었을 것이다.

비록 케플러의 추측은 틀렸지만, 케플러의 계산 결과와 생각은 뉴턴이 만유인력의 법칙을 발견하는 데 큰 영감을 주었다.

그리고 훗날 T와 a 사이에는

$$T^2 = \frac{4\pi^2}{G(M+m)} \times a^3$$

(G: 중력 상수, M: 태양의 질량, m: 행성의 질량)

이라는 관계식이 성립한다는 것이 만유인력의 법칙과 미적분의 힘으로 증명됐다. 케플러의 제3법칙이 '왜' 성립하는지가 밝혀진 것이다. 이 식은 케플러의 제3법칙을 더 일반적으로 확장한 형태로, 태양 외의 다른 천체가 중심에 있을 때도 적용할 수 있다. 즉, 지구와 달 사이에도 성립하고, 달과 달 주위를 도는 인공위성 사이에도 성립하며, 심지어 다른 은하에 살고 있을 외계인의 행성과 그 항성 사이에도 성립할 것임을 예언한다.

한편, $T^2 = \frac{4\pi^2}{G(M+m)} \times a^3$에는 행성의 질량 m이 들어 있으나 케플러의 제3법칙은 m과 무관하므로 엄밀히 따지자면 케플러의 제3법칙에는 오차나 오류가 있다고도 할 수 있다. 하지만 행성의 질량은 태양의 질량에 비해 무시할 수 있을 정도로 작아서 과학에서는 케플러의 제3법칙도 맞는 것으로 인정한다.

이것이 수학과 과학의 커다란 차이점이다. 수학은 모든 학문에 틀림없는 이론과 빈틈없는 논리를 추상적으로 제공하는 역할을 하므로 수학에서는 조그마한 오류나 오차도 허용되지 않는다.

최초의 과학적 예언자

우리는 누구나 미래를 예측할 수 있는 능력을 지니고 있다. 내일 아침이면 또다시 해가 뜰 것을 안다. 달의 모양만 보면 내일 뜰 달이 오늘 뜬 달보다 조금 더 차오를지, 기울지를 예상할 수 있다. 우주가 누군가의 기분이나 주사위 놀음에 따라 제멋대로 작동하지 않고 수학적으로 작동하기 때문이다.

그런데 이처럼 누구나 알 수 있는 것 말고, 아무나 알 수 없는 미래의 천문현상을 미리 알 수만 있다면 누구나 위대한 예언자가 될 수 있다.

천문학적 예언을 처음으로 한 사람은 고대 그리스의 탈레스Thales, 기원전 624~기원전 546로 알려져 있는데, 그가 기원전 585년 일식을 정확히 예언했다는 기록이 있기 때문이다. 그가 백도(해의 길)와 황도(달의 길)를 끈질기고 정밀하게 관찰하지 않았다면 불가능한 업적이다.•

미적분이 보여주는 미래

1682년 밤하늘에 갑자기 밝은 혜성이 나타났다. 영국의 천문학자이자 뉴턴의 후원자▲였던 핼리Edmond Halley, 1656~1742는 뉴턴으로부터 배운 미적분을 이용해 이 혜성의 궤도를 계산했다. 그리고 이 혜성과 비슷한 궤도를 가졌던 과거 혜성들의 출현 시기를 분석해 본 결과 같은 혜성이

• 당시의 지식수준으로는 도저히 불가능한 예언이라서 이 기록을 믿지 않는 학자들도 있다.

▲ 핼리는 뉴턴이《프린키피아》를 출판하도록 강력히 권했고, 오타 수정과 그림 작성도 도왔다고 한다.

76년을 주기로 오고 있다는 사실을 발견했고, 1758년에 이 혜성이 다시 나타날 거라고 예언했다. 핼리는 1742년에 죽었지만 1758년 크리스마스에 그의 예언대로 혜성이 나타났고 그 혜성의 이름은 '핼리혜성'이 되었다. 핼리혜성은 그동안 혜성이 나타날 때마다 등장하던 각종 미신이나 헛소문을 잠재우고, 보통 사람들도 과학의 눈으로 하늘을 바라볼 수 있게 만들었다. 핼리혜성은 2061년에 또다시 지구를 찾아올 예정이다.

1846년에는 행성이 미적분의 엄청난 위력을 다시 한번 확인시켰다. 천문학자들은 천왕성이 미적분으로 계산한 예상 궤도에서 꽤 벗어나는 움직임을 보이자, 미적분을 의심하는 대신 천왕성 바깥에서 미지의 행성이 천왕성에 영향을 주기 때문이라고 추정하고 예상 궤도 근처를 샅샅이 관측한 끝에 해왕성을 발견했다. 태양계의 마지막 행성인 해왕성은 망원경이 아니라 미적분의 눈으로 발견된 셈이다.

이처럼 행성이 수학적으로 운동하는 덕분에, 그리고 인류가 미적분을 이용해 행성의 운동을 완벽하게 파악한 덕분에 오늘날의 천문학은 수백 년 뒤에 일식이 일어날 장소와 시각을 초 단위까지 예측할 수 있게 됐다.

나와 학생들은 2012년 6월 6일에 금성이 태양을 가리는 이른바 '금성 일식'을 직접 관측할 수 있었다. 오른쪽 사진은 옛날 컴퓨터 보조 저장장치인 플로피 디스켓을 카메라 렌즈에 대고 내가 직접 찍은 사진이다. 거의 불투명한 플로피 디스켓 때문에 유난히 빨갛게 보이는 태양 속의 보일 듯 말 듯 한 작은 점 하나가 바로 금성이다. 말이 '일식'이지 금성은 태양의 1%도 가릴 수 없다. 금성의 지름은 달의 약 3.5배이

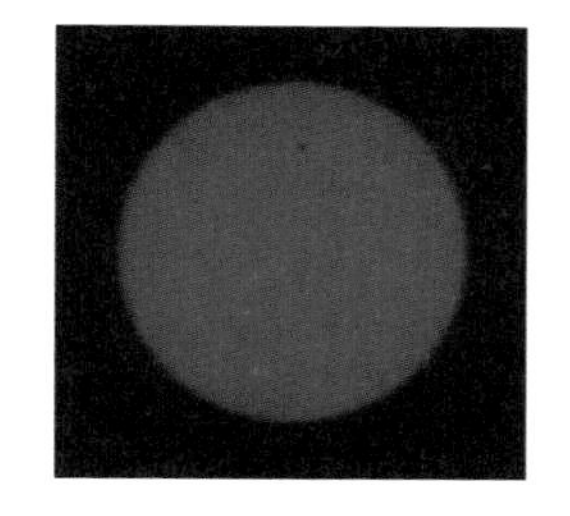

금성 일식

지만, 금성은 달에 비해 지구에서 너무 멀기 때문이다.

달과 태양의 지름의 비는 약 1 : 400이고, 지구로부터 달과 태양까지의 거리의 비는 약 1 : 390이다. 지름의 비와 거리의 비가 거의 같은 이 절묘한 결과가 지구에서 달과 태양이 거의 같은 크기로 보이는 까닭이고, 달이 태양을 모두 가릴 수 있는 이유다. 이 비율은 우연 중의 우연• 이지만 인간에게는 행운 중의 행운이다. 그런 행운이 2035년 9월 2일 오전 9시 47분에서 48분 사이에 우리에게 찾아온다. 드디어 우리나라도 개기일식을 볼 수 있는 기회가 오는 것이다.

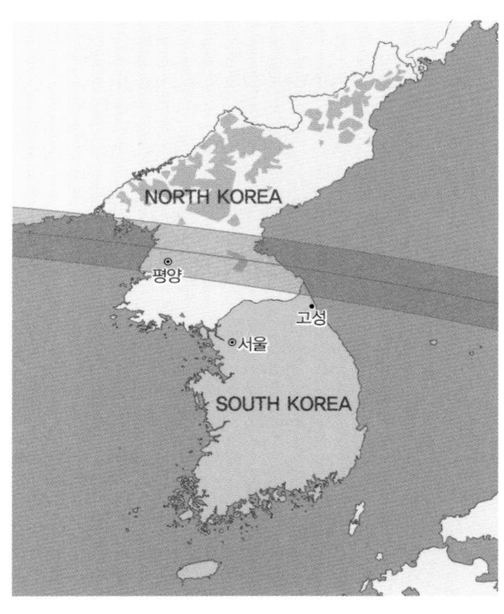

그런데 그 지역이 너무도 작다. 강원도 고성군 일부(그림의 띠 부분)에서 지역에 따라 몇 초에서 1분 여 동안 개기일식이 일어난다. 개기일식

• 이러한 우연을 근거로 달이 외계인이 만든 구조물이라는 이야기가 생기기도 했다.

은 누구라도 죽기 전에 꼭 직접 보고 싶은 천문 현상 중 하나일 텐데, 좀 더 많은 사람이 좀 더 긴 일식을 볼 수 있기 위해서라도 어서 빨리 통일이 되었으면 좋겠다.

이날 서울에서는 태양의 96~97 %가 가려지는 부분일식이 일어난다. 아침에 갑자기 어두워지며 저녁 같은 분위기를 느끼게 될 것이다. 그날은 일요일이지만 아무도 늦잠을 안 잘 것 같다. 늦잠을 자다가 잠시 깼다가는 아직도 아침이 오지 않은 줄 알고 다시 잠에 빠져들지도 모른다.

20

끝은 또 다른 시작

별의 죽음을 보고 싶다

그러고 보니 내가 가장 보고 싶은 천문 현상이 생각난다. 겨울철 별자리로 가장 유명하고 가장 찾기 쉬운 오리온자리에 관한 이야기다.

오리온자리

오리온자리는 그 한 가운데에 있는 오리온 대성운과, 오리온자리의 별 중에 가장 밝고 가장 붉게 빛나는 적색 초거성 베텔게우스 때문에 천문학자는 물론 일반인에게도 가장 많은 사랑을 받는 별자리 중 하나다. 지구에서의 거리는 약 640광년이고 지름은 태양의 약 700~900배•라고 하니, 만일 베텔게우스가 지금의 태양 위치에 있다면 지구는 물론 화성을 넘어 목성 궤도에까지 이를 정도로 어마어마하게 거대한 별이다.

거대한 별일수록 수명이 짧은데, 이미 730만 년을 살아온 베텔게우스의 수명이 지금 거의 막바지에 달해 조만간▲ 별의 생애를 마감하는 초신성 폭발을 일으킬 가능성이 높다고 한다. 태양의 현재 나이가 약 46억 년이고 앞으로 남은 수명이 약 50억 년인 것과 비교하면 베텔게우스는 태양에 비해 거의 하루살이에 불과하다고 할 수 있다. 천문학자들은 지구인들이 21~22세기에 베텔게우스의 초신성 폭발을 목격할 수 있는 가능성도 있다고 예측하고 있는데, 만일 그 예측이 맞다면 이미 초신성 폭발이 일어나 그 순간을 담은 빛이 640년의 세월을 거치며 지금 이 순간에도 우리에게 빛의 속력으로 다가오고 있다는 이야기가 된다. 그 폭발을 담은 빛이 지구에 겨울철에 도착하면 몇 주 동안은 밤에 보름달만큼 밝게 빛날 것으로 예상되고, 여름철에 도착하면 낮에 또 하나의 희미한 태양이 떠 있는 듯한 광경을 볼 수 있을 것이라고 한다.■

• 베텔게우스는 팽창과 수축을 반복해 밝기와 크기가 주기적으로 변한다.

▲ 천문학에서 '조만간'이란 수십에서 수만 년까지를 의미한다.

■ 오리온자리는 겨울철 별자리이므로 초신성 폭발을 담은 빛이 겨울철에 지구에 도착하면 밤에 관측할 수 있고, 여름에 도착하면 낮에 관측할 수 있기 때문이다.

지구 여행자들의 우연한 만남

아이러니하게도 초신성超新星이라는 이름은 무지無知에서 비롯됐다. 아주 옛날 어느 늙은 별이 수백만 년을 살아온 생애를 마침내 마감하는 대폭발을 일으켰고 그 빛이 수백, 수천 년 동안 우주 공간을 날아와 겨우 몇십 년을 사는 사람들의 눈에 닿았을 때, 옛날 사람들은 아무 별도 없던 자리에서 갑자기 새로운 별이 탄생한 것으로 오해해 초신성supernova이라 불렀다. 별의 죽음을 별의 탄생으로 오해한 것이다. 실제로 중국의 문헌에 따르면, 1054년에 갑자기 새로운 별이 나타나 약 2년 동안 낮에도 보일 만큼 밝게 빛났다는 기록이 있는데, 연구 결과 이 별은 초신성 폭발의 결과로 밝혀졌다. 이 폭발의 잔해는 그 모양 때문에 오늘날에는 '게 성운'으로 불리는데, 황소자리 방향으로 지구에서 약 6,500광년 떨

게 성운

어진 거리에 있으며 현재 약 11광년의 크기로 퍼져 있다. 초신성의 폭발은 오랜 세월을 거쳐 또다시 수많은 새로운 별들의 탄생으로 이어진다고 하니, 초신성이란 이름도 아주 틀린 말은 아닐 수도 있겠다.

한편, 초신성이 거느린 행성에서 지적 생명체가 탄생하기엔 초신성의 생애는 턱없이 짧다고 한다. 대신 초신성은 자신의 죽음을 통해 먼 훗날 먼 외계에서 탄생하게 될 생명체들의 몸체를 이룰 원소들을 생산해 내는 방식으로 생명체의 탄생에 기여하고 있다.

우리우주의 시작인 빅뱅 때 세상에 등장한 원소는 거의 대부분 수소 H와 헬륨 He인데, 그 이후로는 단 하나의 수소 원자도 새로 생성되지 않았다고 한다.• 우리 몸의 약 10%를 차지하고 있는 수소▲가 모두 138억 년 전 그때 생겨난 것이라니!

그 후 태양과 같은 항성들은 핵융합을 통해 산소 O, 탄소 C, 철 Fe과 같은 원소를 만들어 냈고, 구리 Cu, 은 Ag, 금 Au, 우라늄 U과 같은 더 무거운 원소들은 대부분 초신성 폭발을 통해서 생성됐다.

이렇게 세상에 태어난 원소들이 오랜 세월 동안 드넓은 우주를 떠돌고 또 떠돌다 지구를 구성하게 됐고, 지구에서 태어난 생명체의 몸을 구성하는 원소가 됐다가 다시 지구의 자연으로 되돌아가는 과정을 수없이 반복한 끝에 이윽고 지금 나의 몸을 구성하고 있는 것이다. 결국 우리 모두는 별의 후예로서, 지구를 여행하다 우연히 잠시 만나 함께 살고 있는 중이다!

• 별의 핵융합 과정에서 수소는 헬륨으로 변환된다.

▲ 인간의 몸의 구성 원소 중 산소는 약 65 %, 탄소는 약 18 %라고 한다.

별의 후예로서

별의 후예인 내가 별의 어머니인 우주에 대해 생각해 본다는 것이 얼마나 엄청난 기적의 결과인가? 감히 생각해 본다. 우리우주는 빅뱅 후 138억 년의 긴 세월 동안 도대체 무슨 목적으로 무슨 일을 벌이고 있는 것일까?

나는 우주 진화의 최종 목적은 **우주를 완벽하게 이해해줄 지적知的 생명체를 탄생시키는** 것이 아닐까 하는 생각을 한다. 왜냐하면 우주가 있어 생명체가 있는 것이기도 하지만, 생명체가 있어 우주가 '존재'할 수 있는 것이라고 생각하기 때문이다. 생명체가 없다면 우주가 존재한다는 것을 증명(!)할 수가 없기 때문이다.

아무런 생명체도 없이 불덩이와 돌덩이만 있는 우주를 상상할 수 있을까? 상상은 오직 생명체, 그것도 지적 생명체의 전유물이기 때문에 상상을 시도하는 순간 이미 생명체가 개입해 버린다. 제아무리 아름다운 모습과 경이로운 법칙들로 우주가 돌아간다고 한들, 우주의 존재를 인지하고 감상해 줄 생명체가 전혀 존재하지 않는다면 그런 우주는 아예 존재하지 않는 것과 무엇이 다르겠는가? 그런 의미에서 과학자들은 우주의 탄생 이후 지금까지 가장 신비롭고 경이로우며 기적과 같은 현상으로 주저 없이 '생명의 탄생과 지적 생명체로의 진화'를 꼽을 것이다.

알 수 없는 이유로 빅뱅이 일어나 우연히 우리은하가 생겼고, 우연히 태양계와 지구가 생겼다. 그 후 수많은 우연들이 생기고 겹치면서 이 작은 지구 위에 생명이 싹텄고, 수많은 돌연변이를 거치면서 인류의 조상들이 이 아름다운 지구에 태어났다. 지구는 인류의 여러 조상 중에서 우주의 비밀을 밝힐 적임자로 오직 호모사피엔스를 선택했다.

약 6,600만 년 전에 발생한 소행성 충돌로 인해 공룡이 멸종된 것을 안타까워하는 사람도 많지만, 만약 그 소행성이 없었더라면 우리 인류는 아예 지구에 태어나지 못했을 가능성이 크다. 그 소행성도 오늘날의 우리를 있게 해준 소중한 우연 중의 하나였던 것이다. 그렇게 이 땅에 태어나고 진화한 인류는 스스로 원했든 원하지 않았든 이미 이 지구와 자연으로부터 한 발짝도 떨어져 살 수 없는 존재가 되어 우주를 끝없이 탐구하는 중이다.

우주의 진짜 시나리오는?

공룡은 지구를 2억 년에 가까운 세월 동안 지배한 반면, 호모사피엔스는 이제 고작 30만 년을 살고 있는 중이다. 인간의 입장에서는 공룡 대신 인류가 지구를 지배하게 된 것이 행운이자 다행이다. 그러나 우주의 관점에서 보면, 한 종류의 생명체에 불과하면서도 지구 역사상 가장 많은 생명체를 직간접적으로 멸종시키고 있는 '인류'라는 지적 생명체 대신 다른 지적 생명체를 지구에 탄생시켜, 지구를 더 깨끗하고 더욱 평화롭게 지키면서도 우주의 더 많은 비밀을 밝혀내도록 하는 것이 원래의 시나리오였을지 누가 알겠는가? 어쩌면 이는 언젠가 현실로 다가올 수도 있는 인류의 멸망 뒤에, 이 지구에서 펼쳐질 미래의 진짜 시나리오일지도 모를 일이다.

부록

'소수의 개수는 무한하다.'의 증명

소수의 개수가 유한하다고 가정하자. 즉, 모든 소수가 $p_1, p_2, \cdots, p_n$뿐이라고 할 때

$$N=p_1\times p_2\times\cdots\times p_n+1$$

이라 하면 N을 $p_1, p_2, \cdots, p_n$으로 나누면 나머지가 모두 1이므로 $p_1, p_2, \cdots, p_n$ 중 어느 것도 N의 약수가 아니다. 이때 $N>1$이므로 N은 새로운 소수다. 이는 소수가 $p_1, p_2, \cdots, p_n$뿐이라는 가정에 모순이다. 그러므로 소수는 무한하다.

칸토어의 대각선 논법

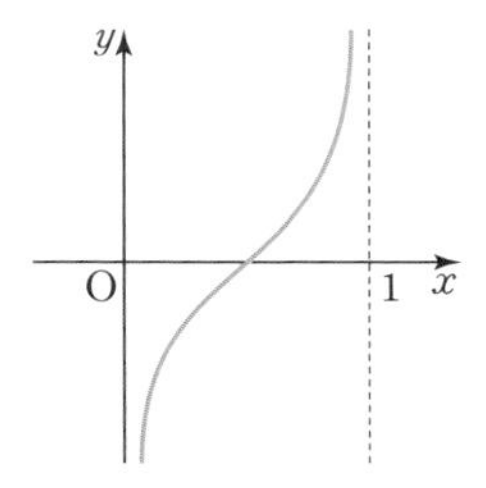

모든 실수 x는 유일한 방법으로 무한소수로 나타낼 수 있다는 사실을 이용해 칸토어는 다음과 같이 '대각선 논법'을 완성했다.

집합 $\{x\,|\,0<x<1\}$과 실수 전체의 집합 사이에 오른쪽 그림과 같은 일대일대응이 존재한다. 따라

서 자연수 전체의 집합과 집합 $\{x|0<x<1\}$ 사이에 일대일대응이 존재한다는 것은 자연수 전체의 집합과 실수 전체의 집합 사이에도 일대일대응이 존재한다는 것과 같은 의미가 된다.• 그래서 칸토어는 자연수 전체의 집합과 집합 $\{x|0<x<1\}$ 사이에 일대일대응이 존재하지 않는다는 것을 증명하기로 했다.

그는 $0<x<1$인 모든 실수 x를 무한소수로 나타내어 다음과 같이 세로로 일렬로 나열하는 데 성공했다고 가정했다. (여기서 a_{mn}은 m번째 실수 x_m의 소수점 아래 n번째 자리의 숫자를 의미한다.)

$$
\begin{aligned}
x_1 &= 0.a_{11}a_{12}a_{13}a_{14}a_{15}\cdots \\
x_2 &= 0.a_{21}a_{22}a_{23}a_{24}a_{25}\cdots \\
x_3 &= 0.a_{31}a_{32}a_{33}a_{34}a_{35}\cdots \\
x_4 &= 0.a_{41}a_{42}a_{43}a_{44}a_{45}\cdots \\
x_5 &= 0.a_{51}a_{52}a_{53}a_{54}a_{55}\cdots \\
x_6 &= 0.a_{61}a_{62}a_{63}a_{64}a_{65}\cdots \\
\vdots & \quad \ddots
\end{aligned}
$$

만약 위 가정이 옳다면 $0<x<1$인 임의의 실수 x는 위에 나열된 x_n(n은 자연수)중 어느 하나와 반드시 모든 자리의 숫자가 일치해야 한다.

그런데 칸토어는 위의 나열 어디에도 들어 있지 않은 새로운 실수를 찾아냈다. 아니, 만들어냈다. 과연 그가 만들어낸 실수는 무엇일까?

칸토어가 만든 실수는

$$\alpha=0.b_1b_2b_3b_4b_5b_6\cdots \left(단,\ b_k=\begin{cases}1 & (a_{kk}\neq 1)\\ 2 & (a_{kk}=1)\end{cases}\right)$$

• 두 함수 $f: X\to Y$, $g: Y\to Z$가 모두 일대일대응이면 합성함수 $g\circ f$는 집합 X에서 집합 Z로의 일대일대응이다.

였다. 예를 들어 $0<x<1$인 실수 x의 나열이

$$x_1=0.111111\cdots$$
$$x_2=0.010101\cdots$$
$$x_3=0.123456\cdots$$
$$x_4=0.432104\cdots$$
$$x_5=0.555555\cdots$$
$$x_6=0.654326\cdots$$
$$\vdots \qquad\qquad \ddots$$

과 같다면 칸토어가 만든 실수는

$$\alpha=0.221211\cdots$$

이 된다.

이런 방식으로 만든 실수 α는 x_1, x_2, x_3, $\cdots$의 목록에 있는 모든 실수 x_k와 소수점 아래 k번째 자리의 숫자가 항상 다르므로 α는 이 목록에 존재하지 않는 수임이 틀림없다.

따라서 $0<x<1$인 모든 실수 x를 일렬로 나열하는 데 성공했다는 가정에 모순이 발생하므로 자연수 전체의 집합과 집합 $\{x|0<x<1\}$ 사이에는 어떠한 일대일대응도 존재하지 않는다.

그러므로 자연수 전체의 집합과 실수 전체의 집합 사이에도 일대일대응이 존재하지 않는다는 결론에 이른다.

고약한 함수의 여러 가지 성질

함수 $f(x)=\begin{cases} x^2\sin\dfrac{1}{x} & (x\neq0) \\ 0 & (x=0)\end{cases}$에 대하여

(i) 함수 $f(x)$의 $x=0$에서의 연속성 증명

0이 아닌 모든 실수 x에 대하여 $-1 \le \sin\frac{1}{x} \le 1$이므로

$$-x^2 \le x^2 \sin\frac{1}{x} \le x^2$$

이때 $\lim_{x \to 0}(-x^2) = \lim_{x \to 0} x^2 = 0$이므로 극한의 대소 관계에 의하여

$$\lim_{x \to 0} x^2 \sin\frac{1}{x} = 0$$

따라서 $\lim_{x \to 0} f(x) = f(0) = 0$이므로 함수 $f(x)$는 $x=0$에서 연속이다.

(ii) 함수 $f(x)$의 $x=0$에서의 미분가능성 증명

$$\lim_{x \to 0} \frac{f(x)-f(0)}{x} = \lim_{x \to 0} x \sin\frac{1}{x}$$

이고, 0이 아닌 모든 실수 x에 대하여

$-x \le x \sin\frac{1}{x} \le x$, $\lim_{x \to 0}(-x) = \lim_{x \to 0} x = 0$이므로

$$\lim_{x \to 0} x \sin\frac{1}{x} = 0$$

따라서

$$f'(0) = \lim_{x \to 0} \frac{f(x)-f(0)}{x} = \lim_{x \to 0} x \sin\frac{1}{x} = 0$$

이므로 $x=0$에서 미분가능하다. (원점에서의 접선은 x축이다.)

(iii) 함수 $f(x)$의 도함수 구하기

$y = x^2 \sin\frac{1}{x}$에 대하여

$$\begin{aligned} y' &= 2x \times \sin\frac{1}{x} + x^2 \times \left\{\cos\frac{1}{x} \times \left(-\frac{1}{x^2}\right)\right\} \\ &= 2x \sin\frac{1}{x} - \cos\frac{1}{x} \end{aligned}$$

이므로

$$f'(x) = \begin{cases} 2x \sin\frac{1}{x} - \cos\frac{1}{x} & (x \ne 0) \\ 0 & (x = 0) \end{cases}$$

뉴턴의 신기한 방법의 원리

함수 $f(x)=x^3-x^2+2x-1$에 대하여 방정식 $f(x)=0$의 실근의 근삿값 n을 알고 있을 때, 더욱 정확한 근삿값 $n+p$ $(0<|p|<|n|)$를 다음과 같이 구할 수 있다.

방법 1 뉴턴의 방법

$$f(n+p)=(n+p)^3-(n+p)^2+2(n+p)-1$$

의 우변의 전개 과정에서 나타나는 p^2, p^3항을 무시하기로 하면

$$(n^3+3n^2p)-(n^2+2np)+(2n+2p)-1=0,$$

$$(n^3-n^2+2n-1)+(3n^2-2n+2)p=0,$$

$$f(n)+f'(n)p=0$$

이므로

$$p=-\frac{f(n)}{f'(n)}$$

따라서 이 방법으로 구한 더욱 정확한 근삿값은

$$n+p=n-\frac{f(n)}{f'(n)}$$

방법 2 접선의 x절편을 이용하는 방법

함수 $y=f(x)$의 그래프 위의 점 $(n, f(n))$에서의 접선의 방정식은

$$y=f'(n)(x-n)+f(n)$$

이므로 이 접선의 x절편은

$$x=n-\frac{f(n)}{f'(n)}$$

이는 **방법 1**로 구한 근삿값과 같다.

도판 출처

1부 끝없는 세계를 직관하다: 극한

23쪽 밤하늘의 이중성단(Double Cluster), ⓒ신범영

50쪽 안드로메다은하 전경, ⓒ신범영

안드로메다은하 확대, ⓒESA/Hubble, Creative Commons Attribution 4.0 International license | Sharpest ever view of the Andromeda Galaxy

71쪽 수소 원자 사진, ⓒStodolna et al. in *Physical Review Letters*, Public Domain | Hydrogen Atoms under Magnification

우주 거대 구조 속의 필라멘트와 거대 공백, WikimediaCommons, Creative Commons Attribution 4.0 International license | Cosmic web

86쪽 은하수, ⓒ신범영

87쪽 우리은하 상상도, WikimediaCommons, Creative Commons Attribution 4.0 International license | Milky Way

2부 변화를 직관하다: 미분

154쪽 포물선 모양을 목격할 수 있는 페루 리마파크의 분수 터널, Shutterstock.com | ID 1409895008

158쪽 해머 던지기, WikimediaCommons, Public Domain

187쪽 파리 에펠탑의 야경, ©박원균

188쪽 미국국립항공우주박물관에 전시된 역반사체, ©NASM | Apollo 15 laser retro-reflector arrays

달에 설치된 역반사체, ©NASA, Public Domain

189쪽 오목거울에 비친 모습, ©박원균

203쪽 창백한 푸른 점, ©NASA, Public Domain

2020년 나사가 보정한 사진, ©NASA, Public Domain

205쪽 지구돋이, ©NASA, Public Domain

207쪽 블루마블, ©NASA, Public Domain

208쪽 우주에서 바라본 수평선, Shutterstock.com | ID 2264572845

209쪽 우주에서 바라본 남극, Shutterstock.com | ID 2121428201

우주에서 바라본 칠레의 화산, Shutterstock.com | ID 1519320440

우주에서 바라본 마다가스카르의 베시보카강, Shutterstock.com | ID 1295607223

241쪽 스트링 아트, Shutterstock.com | ID 2192621021

256쪽 셔터 속도 1/1000초, ©박원균

셔터 속도 1/3초, ©박원균

셔터 속도 약 2시간, Shutterstock.com | ID 188587613

257쪽 거미줄에 새벽이슬이 맺혀 탄생한 이슬은하, ©박원균

창가의 물병에 햇빛이 굴절된 모습, ©박원균

259쪽 갈릴레오가 그린 달의 표면, WikimediaCommons, Public Domain

263쪽 허블 우주 망원경 촬영, ©NASA, Public Domain

제임스 웹 우주 망원경 촬영, ©NASA, Public Domain

299쪽 금성 일식, ©박원균

302쪽 오리온자리, Shutterstock.com | ID 2537312677

304쪽 게 성운, ©NASA, Public Domain

참고 문헌

《나는 물리로 세상을 읽는다》, 크리스 우드포드, 이재경 옮김, 반니, 2021.

《문제해결로 살펴본 수학사》, 스티븐 크란츠, 남호영 · 장영호 옮김, 경문사, 2012.

《물리가 쉬워지는 미적분》, 나가노 히로유키, 위정훈 옮김, 비전코리아, 2018.

《미적분의 역사》, C. H. Edwards Jr., 류희찬 옮김, 교우사, 2012.

《미적분의 힘》, 스티븐 스트로가츠, 이충호 옮김, 해나무, 2021.

《빛Light》, 김성근 외, 휴머니스트, 2016.

《수학사대전》, 김용운, 경문사, 2020.

《수학은 어떻게 문명을 만들었는가》,
마이클 브룩스, 고유경 옮김, 브론스테인, 2022.

《수학을 잘하기 위해 먼저 읽어야 할 수학의 역사》,
지즈강, 권수철 옮김, 더숲, 2011.

《수학의 천재들》, 오승재 편역, 경문사, 2002.

《역사를 품은 수학, 수학을 품은 역사》, 김민형, 21세기북스, 2021.

《이해하는 미적분 수업》, 데이비드 애치슨, 김의석 옮김, 바다출판사, 2020.

《코스모스》, 칼 세이건, 홍승수 옮김, 사이언스북스, 2006.

《프린키피아》, 아이작 뉴턴, 박병철 옮김, 휴머니스트, 2023.

미적분 직관하기 1

눈으로 푸는 미분의 비밀

1판 1쇄 발행일 2025년 3월 3일
1판 2쇄 발행일 2025년 4월 28일

지은이 박원균

발행인 김학원
발행처 (주)휴머니스트출판그룹
출판등록 제313-2007-000007호(2007년 1월 5일)
주소 (03991) 서울시 마포구 동교로23길 76(연남동)
전화 02-335-4422 **팩스** 02-334-3427
저자·독자 서비스 humanist@humanistbooks.com
홈페이지 www.humanistbooks.com
유튜브 youtube.com/user/humanistma
페이스북 facebook.com/hmcv2001 **인스타그램** @humanist_insta

편집주간 황서현 **편집** 최현경 임영선 **디자인** 유주현
조판 글사랑 **용지** 화인페이퍼 **인쇄·제본** 정민문화사

ISBN 979-11-7087-304-4 04410
ISBN 979-11-7087-303-7(세트)